U0012463

紅沙龍

Try not to become a man of success but rather to become a man of value.
~Albert Einstein (1879 - 1955)

毋須做成功之士，寧做有價值的人。——科學家　亞伯・愛因斯坦

跑出全世界的人

NIKE創辦人 菲爾・奈特
夢想路上的勇氣與初心

Phil
Knight

SHOE
DOG

A Memoir by
the Creator of NIKE

菲爾・奈特 *Phil Knight*——著　鍾玉玨、諶悠文、洪世民、戴至中——譯

獻給我的孫子，

他們才會知道NIKE當時的故事。

初學者的心是空空如也的，不像老手的心那樣飽受各種習性的羈絆。

——鈴木俊隆《禪者的初心》

各界好評

我國中開始熱愛籃球運動的時候，我的第一雙球鞋，就是NIKE球鞋。每次在鞋店選鞋的過程，都是一種非常美好的享受。在閱讀NIKE創辦人菲爾．奈特（Phil knight）即將在台灣出版的新書之後，更深刻體會到原來每雙球鞋背後所象徵的意義；必須歷經了熱情、冒險、艱困、創新與感恩的價值累積，才能轉化成今天的卓越成就。菲爾．奈特一生創業傳奇精彩無比，他總是能夠在每一次困難的當下，發現未來的機會，並且完成自己所設定的目標。

如果，您正在台灣努力；如果，您正在突破生活挑戰；如果您正在期待自己成長，這是一本非常值得推薦的好書，分享給大家。

何培鈞（小鎮文創／天空的院子創辦人）

很難想像，當初若沒有菲爾．奈特的堅持，就不會有NIKE誕生，沒有了NIKE，現在整個運動產業會很不一樣。我想，最直接的影響就是不會如此蓬勃發展、具前瞻性、不斷尋求科技突破，更不用提選手本身因為產品帶來成績的進步、商業價值的提升。

現今全世界都認同這個品牌的重要性，當初的創業者卻是underdog，在不被看好之下，僅僅向父親借五十美元建立帝國，這完完全全就是「Just do it」的精神。我從高中畢業開始與ＮＩＫＥ合作，無論是球員時期，或現今在螢光幕前推廣籃球運動、娛樂產業，ＮＩＫＥ一直支持我。當我是球員時，ＮＩＫＥ可以透過數據來支持我；如今我退到幕後工作，他們仍願意支持，我感念在心。

他們認同我自始至終、堅定信念做一件事，這是品牌看重的精神。我永遠相信ＮＩＫＥ教我的一句話：「不只是Just do it，而是做對的事，Do the right thing。」做對的事，永遠最重要。

相信這本書可以幫助更多的讀者，菲爾．奈特在人生過程中所碰到的困難與挑戰，適用於各行各業，我們能從中學習，一起追求卓越。

Just do it.

陳建州（知名主持人、運動員、富邦勇士籃球隊副領隊）

「瘋狂」像是一個引領人邁向成功的領隊，它很難定義，我想裡面還有許多不知名的成分在裡頭。翻開這本書，彷彿菲爾．奈特就在身邊侃侃而談，聊起最初的瘋狂讓他一路創辦全球知名品牌ＮＩＫＥ的故事。

ＮＩＫＥ創辦人菲爾．奈特不只製造商品，他還製造了讓人想要一直跑下去的動力。

馬克媽媽（親子圖文部落客）

NIKE，我最喜歡的品牌；菲爾．奈特，田徑長跑運動員，和我一樣。他沒有運動員就是頭腦簡單、四肢發達的概念，所以能秉持一股運動員的拚勁衝向全世界。他對於跑步的熱愛、對於跑鞋的痴迷，有如史蒂夫．普雷方丹（Steve Prefontaine）每次都毫不保留向前衝刺的跑法。不管是田徑場還是商場，領頭羊總是比較辛苦，但唯有這樣才不會浪費自己的天賦。

張嘉哲（二〇一二年倫敦奧運馬拉松國手）

在形而上的意義探究，每個人都是生命的跑者，在生命的康莊或崎嶇上馳騁。有些人走上了平凡寧靜的道路完成旅程，有些人挑選了柳暗花明、起伏跌宕的山徑挑戰自我，但只有極少數的人，會從慣性、常識主宰的世界突圍，衝出地圖的侷限，看見不一樣的天空。

「Just do It」，正是超越規模與格局的第一步。

謝哲青（作家、節目主持人）

推薦序　用信任建立起來的生意

王秋雄

到今年九月，豐泰與ＮＩＫＥ合作滿四十週年。說起來也真有緣分，ＮＩＫＥ今年滿四十五年，豐泰一樣，也是四十五年前成立，然後就和菲爾．奈特這樣碰在一起。

第一次見到菲爾，我只有三十四歲，他還不到三十八歲，跟一般客戶差不多，拿個皮箱就來拜訪。ＮＩＫＥ要買加硫運動鞋，台灣會做加硫鞋的工廠沒有幾家，有位貿易商傑瑞．謝知道豐泰會做，他就帶菲爾到我們這裡來了。

我跟菲爾一樣是害羞的人，碰到漂亮小姐都會臉紅，他可能從我身上發覺到跟他一樣的特質，很單純，不講花俏的話，年輕，剛創業不久。他在一九七六年九月間來豐泰，參觀工廠後，問我有沒辦法在十二月底生產、隔年二月出口，我說ＯＫ，菲爾便決定簽約；我們是ＮＩＫＥ往東南亞設廠的第一站，除了豐泰，還有韓國工廠。

那時候豐泰規模很小，只有四條生產線，不到一千人，一開始只幫ＮＩＫＥ生產加硫運動鞋，後來菲爾要什麼、我就做什麼，我們兩方面配合得很好。一年多後，ＮＩＫＥ做完加硫帆布鞋，馬上要做皮製鞋，而且要用正面的皮再反過來做，然後鞋底又要加硫，在當時不是簡單的技術。我們一起克服了很多技術，彼此互相倚靠，就像夫妻在一起，亦步亦趨。ＮＩＫＥ那時候很小、豐泰也很小，我們一同創新，四十年後，現在ＮＩＫＥ有六萬多人，豐泰有十一萬多人，一路走來，不是普通的革命情感。

二十五年前，我五十歲生日，菲爾送我三樣禮物。

第一個是ＮＩＫＥ員工商店的終身使用卡，意思是我一輩子可以到他們員工商店買東西；二是ＮＩＫＥ世界總部的出入證，菲爾把我納進他們管理階層的名單裡，後來我還成為ＮＩＫＥ子公司的董事。第三個禮物，是喬丹的照片和親筆簽名，上面寫「Happy fifty birthday, CH（即秋雄的英文縮寫）」；菲爾知道，喬丹退役之前所有的喬丹鞋，都是豐泰做的。真的好貼心。

很多人問我：你台大商學系畢業，難道不懂雞蛋不能放在同個籃子裡？

一九九二年，在豐泰上市的審核會議中，官員問的也一樣：你豐泰全公司八成只做ＮＩＫＥ一個品牌要怎麼上市？風險太大了吧？

結果豐泰上市二十幾年，到現在還存在。（笑）

我只是要說，基於我們兩人心目中互相的信任，這是用信任建立起來的生意。

菲爾是種老派的生意人風格，我也是。

我們可以握手就同意做某樁生意，不必簽什麼合約；反過來說，我們的合約也可以在三十天內取消。公司上市前，有很多人批評，ＮＩＫＥ不就是一個客戶？客戶的合約可以在三十天內取消，還有什麼價值可言？我想說的是，信任，超乎合約之上。

除此之外，菲爾在書裡說他很少稱讚人，然後在最後一章略感後悔；的確，他從來沒對我說過「幹得好！」（Good job!）可是他就是會讓你知道你做得很棒，用不同於口頭感謝的種種反應，讓你感受到他的肯定，而這些反應往往讓你感到力量、感覺更強壯，願意繼續走下去。

一九八七年，台幣兌換美金從四十塊，升值到三十塊，突然間變成二十五塊，這簡直是災難，有誰渡得過去？

在第一時間，菲爾馬上派ＮＩＫＥ的財務長和採購兩個副總裁過來，跟台北花旗銀行洽商能不能預借美金給豐泰，至少渡過一整年，沒談成。

在八七到八九年兩年內，台灣工廠爆出走潮，兩千多家工廠全跑了，全部關門。

菲爾知道我不願放棄台灣，一方面在一九八八年，找我去接管NIKE大陸工廠；另一方面NIKE一直把高價鞋款的訂單繼續下給台灣豐泰，他知道單價愈高、愈有本錢吸收調高的人工成本。這樣支持我十年到一九九八年，豐泰收起台灣最後一條生產線，利用這十年時間，將台灣據點轉型成研發中心。

這段時間，NIKE本身也有轉型壓力，菲爾會直接卡掉別家工廠，但沒有卡豐泰。

他給了我時間。

受菲爾影響，NIKE是一家不斷往前走的公司，每幾年都會有重大策略上的改變，因為我直接跟NIKE管理層溝通與做生意，當他們不斷往前走，我也學到很多經營理念與管理制度。有一年我問現任執行長馬克．帕克（Mark Parker），誰負責編排NIKE董事會的議程，他說是他，要負責經營策略與目標的規劃和設定，我回來以後，就很堅持Richard（豐泰現任總裁王建弘）要自己做這些事。

豐泰跟NIKE學習很多制度，但有一項是NIKE學豐泰：托兒所。豐泰有托兒所的時候，NIKE剛來下單，生意做了五年、八年，我常常跟他們提，你們沒有托兒所。等到NIKE搬到現在新總部時，他們終於有托兒所，這是NIKE學豐泰。

四十年下來，菲爾和我，NIKE和豐泰，我心中有他，他心中有我；我們之間有沒有熱情，我很難形容，但是信任，讓我們活著有意義。過去十年中，菲爾幾次告訴我：「CH，我們都已經富有，但如果繼續工作下去，NIKE會更好！」我也只好繼續工作……

（本文作者為豐泰企業董事長，亦為創辦人）

推薦序　我創新，因為我深信

邱奕嘉

每個人的鞋櫃至少都有一雙ＮＩＫＥ球鞋；運動時尚的頭版永遠展示著ＮＩＫＥ最新的聯名款；攤開去年的財報，ＮＩＫＥ的市占率仍然穩居第一，收益也是一路長紅。究竟這一頁傳奇是如何寫下的？而傳奇又如何翻新再翻新，持續創造下一個市場上的傳奇？

菲爾．奈特——ＮＩＫＥ創辦人——在本書中以第一人稱的方式，敘述ＮＩＫＥ公司發跡的過程。書中揭露許多不為人知的小故事，讓讀者一睹這個全世界最大運動用品帝國的成長祕密。有趣的是，即使現在的ＮＩＫＥ富可敵國，但它也跟一般公司一樣，經歷過創業失敗的風險，也面臨過競爭威脅的挑戰。但創辦人堅持創業初心，一路挺進到現在。

這樣的撰寫風格與內容，使得本書不像是一本商業管理書，倒像是一本勵志的創業故事。讀者看不到策略經營、行銷作為等專業術語與相關分析研究，卻可以透過許多故事，了解創辦人的信念與理想，在平實的文字中、在公司的日常中，他反覆驗證的關鍵字就是創業成功的第一條：創業熱情。

創業熱情為什麼是第一條？因為對照創業的高風險與高失敗率，它並不是一個最好的賺錢管道；若再計算創業家所投注的工時與精力，它更不是一個最佳的投資機會。若僅僅是為了投資賺錢而創業，結果可能會讓許多人失望。

從表面上看來，創業好像是在開創一個新事業。其實成功的創業家，往往是透過創業，把內心的信念化為外在實際的行動，具體落實心中的「相信」。這樣的過程中，有許多的「變」與「不變」：創業家必須因應外在競爭態勢的改變，不斷調整策略思維與經營模式；也要在風起雲湧的競爭中，保有創業初心。在變與不變的兩個極端，執兩用中才是經營的最大挑戰。所以，創業家不只是在「新」創一個事業，也是在「原」創自我。

因此，在創業之前，創業家除了要能找到新的機會、資源、人脈等，更需要先問問自己「相信」什麼？這個「相信」才是未來面對各種挑戰的中心支柱。缺少了這個「相信」，抑或是相信的不夠堅定，都可能因為接踵而至的挑戰裹足不前。

倘若你的「相信」已經成形！恭喜你，請務必堅守信念；

倘若你仍迷惘惶惑、前路茫茫！提醒你，請重新整理初衷。

堅守理念的創業家，這本書就是激勵你前進的鼓聲；摸索前路的創業家，這本書就是釐清個人思緒的指引。透過NIKE創辦人的第一手心路歷程，重新檢視他當初所面臨的各種創業抉擇，你可以澄清並修正自己的「相信」，找出原創的自我，而非僅是蠻幹瞎闖、隨波逐流。創新來自於內在敢與眾不同、堅持理想的驅動力，這股能量可以因為前人的典範而更加有力，可以因為前人的借鑑而更加集中，期許台灣的企業主與創業家們，秉持著原創精神，走出一條創新之路。

（本文作者為政治大學經營管理碩士學程〔EMBA〕執行長）

推薦序　忘了自己，才能看清自己

吳寶春

為了寫這本書的推薦序，我盡可能閱讀內容，理解NIKE這麼大的世界品牌，究竟是怎樣創造出來的。讀完後心裡滿激動，我想，書出版後，我一定要細細、認真再體會一遍這樣的人生故事。

二十多年前，我首度北上，朋友陪我到現已被拆除的西門町中華商場二樓，我想買雙鞋穿回家見媽媽。麵包師傅的標準鞋就是藍白拖，工作穿、下工穿，我還穿到台北逛街。

我看上鞋架上一雙白鞋，很白，有一個特殊的標誌在上面，像彎月又像閃電，滿好看的。跟老闆說要試穿，他看了看我的腳，走到後面去，接著拿出兩個塑膠袋，要我套在腳上才可以試穿。

我愣了一下，低下頭看了看自己的腳。是啊，一雙這麼髒的腳跟一雙這麼白的鞋……

二十多年過去，我至今忘不了這件事。我買了人生第一雙球鞋，雙腳套著塑膠袋試穿才買的。到很後頭才知道那個閃電、還是彎月叫做logo，我當時既然買得起這樣的鞋，那就不知道純白的那雙NIKE是真貨還是仿冒品了。

NIKE這麼大的公司，卻是創辦人奈特借了爸爸的五十元美金開始的。他二十四歲邊打工邊旅行去了香港，看到殘破的景象很沮喪，站在維多利亞公園山頂，遠遠望著聽說更貧窮的中國卻去不了，他想像著那裡有十億人、二十億隻腳；有一天，總有一天，他可以做點什麼……

一九九六年九月，我在日本B&C雜誌上看到日本麵包師傅得到世界麵包大賽冠軍的照片。我想像，有一天，總有一天，我希望自己也可以登在這本雜誌上，成為世界比賽冠軍。同事們勸我，人生要踏實，不要東想西想，多賺點錢，照顧家庭、買房子，比賽當不了飯吃。

二〇〇八年七月，我贏得比賽的照片登在B&C雜誌上，已經過了十二年。比賽前，我的戶頭存款從來沒有超過二、三十萬。贏了比賽、四十歲創業前，扣掉照顧家人等等開銷後，存款也沒高過百萬。為了去日本找師傅學，我買書、買材料、上課，一趟五天、七天的學習，要存上一整年錢才能成行。同事、朋友、家人是真的擔心、關心，甚至生氣，他們不明白，我到底想追求什麼。

時間已經過去五年、十年，說自己一直不擔心、不難過，一直樂觀追求夢想是騙人的。人生走到一半，真是一步一腳印，再大的成績都從最小的地方做起。奈特不是賣鞋，他關心的，是穿鞋的人；在五十年前，他就關心顧客的需求，一直改良產品，在心裡決定了NIKE的未來，一直往那個目標走去，即使面臨破產、訴訟、對手阻撓、環境不友善，他都沒有忘記二十四歲時立下的志願。

我身為麵包師傅，也體會到我不是賣麵包，我關心的是吃麵包的人。吃進嘴裡的食物，有太多消費者看不見的細節。消費者愈看不見，比如清潔衛生，我們愈要關注堅持，這是我們的誠意，總有一天客戶會了解的。很多工作者也許覺得這些要求很麻煩、很費事，但身在服務業，我最大的體會是，一般人覺得很麻煩的，經常就是客人需要的。我們是服務、照顧客人，不只是那個麵包，或是賣那個麵包的幾張鈔票。

所以，我在《跑出全世界的人》這本書裡，感受到共鳴，感受到萬丈高樓平地起、真誠的熱情人生。不急著吃棉花糖的小孩，總會顯現存在的價值，只要我們一直記得反省、確立自己的夢想，不能輸在那臨門一腳。自己都不相信自己，是沒辦法要別人來相信、支持我們的。

希望年輕的朋友一起來讀這本書，不管世界多變化，人心人情怎麼來去，生命的價值都是我們自己的，也要自己認真守護。奈特在書裡重複講了幾次這句話：「忘了自己，才能看清自己。」我感同身受，要經歷多少事情才能有這樣的領悟。我小時候讀書不多，長大明白了，拚命想辦法補功課，學習是既甜美收穫又孤單寂寞的過程。忘了自己，拚命努力，我們就會漸漸認清自己的使命。

（本文作者為世界麵包大師賽冠軍，吳寶春麵包店創辦人）

推薦序　公車要進站了，你現在站在哪裡？

游文人

菲爾．奈特在此書中提到：「我說不上來自己到底是什麼樣的人，也不知道未來可能變成什麼樣的人。和所有的朋友一樣，我希望功成名就，不過和他們不同的是，我不知道成功的定義是什麼。……我希望自己的人生有意義、有目的、有創意。最重要的是……與眾不同。」

這讓我回想起，每次在台北對學生們講演時最喜歡分享讀中學時的搭車經驗。每天都有不同的狀況、不同的氛圍和不同的感受，讓我年輕的生命更為豐富。

中學時代，從我家到學校搭公車大約要四十分鐘，途中會經過十所學校，紅紅綠綠的學校制服總是把上學時光妝點得充滿生命力。但問題來了，那麼多的學生，要擠上同一條路線的公車是多麼辛苦的事，我的戰鬥ＤＮＡ就是從那時候開始培養起的。

要搭上公車最主要有三種狀況，第一狀況是：你帶著輕鬆的心情站在公車站牌下面等，公車來了，再臉不紅氣不喘地上車，前往你想去的目的地。第二種狀況是：你距離公車站牌還有二十公尺，公車從你身邊開過準備進站。一般狀況下，這類問題也不大，小跑步即可搭上公車，公車司機通常會等你上車。第三種狀況則是你距離公車站牌三百公尺，公車從你的身邊開過去，此時除非你曾是百米短跑比賽冠軍，才有機會拚一下，不然可能只好不揮揮衣袖、也帶不走一片雲彩，目送公車離你遠去，再等下一部公車來。這種日子我經歷了三年，搭車經驗深深地烙印在內心深處。

進入職場後，我開始自己開車上下班，不再搭公車，但沒想到，高中時搭公車經驗成了另一種在我的工作中出現的模型，我重新定義這項經驗，也成了我自己的公車理論。

理論上，每個人在職場、在自己的工作崗位上，每天都努力且戰戰兢兢的把工作做好，期待有好的表現、取得好的成績，得到應得的獎勵和晉升。問題是，你知不知道下一站是哪裡？你距離公車站牌有多遠？你準備好了嗎？如果準備好了，就如搭公車般，你會站在公車站牌下面等；等公車來就上車，前去你的下一站。如果你已有準備（但還不完全充分），也沒有關係，就如你離公車站牌只有二十公尺，小跑步一下還是上得了車，司機也會願意等你，給你個機會。但是如果你完全沒有準備，或是差距非常遙遠，那就是距離站牌三百公尺，只有眼睜睜地看著公車從你的身邊經過，把你晾在一邊，頭也不回地載著其他人開往下一站。

「公車」是什麼？是我們每個人在職場上的「機會」。我不知道每個人的人生中會有多少輛公車經過，也不知道你的公車何時會來；但是我可以清楚告訴你的是：你的公車是沒有時間表的，該出現時它就會出現；如果你不在站牌下、沒有實力、沒有準備，它不會等你。機會只會留給準備好的人。更何況有些時候，縱使你身在站牌下，公車來了你都還上不了，因為車已然客滿，沒有位置。你還是得等待下一班公車、下一次機會。

這就是人生，也是真實的職場。你知道你的下一站要去哪裡嗎？你準備好了嗎？公車要進站了，你現在站在那裡？

NIKE創辦人菲爾．奈特，這位「跑出全世界的人」，在書中完整地剖析了當年的初心與勇氣。有了勇氣、把握機會；公車來了，你一定上的了車。

努力，讓人生更精彩！

（本文作者為中達電通董事總經理）

導讀 在痴迷者與執著者的世界，奈特先生如是說

《商業周刊》出版部

一九六二年底，美國奧勒岡州一個二十四歲的青年人，向父親借了五十美元，跟日本的鬼塚株式會社訂了十二雙米白色跑鞋，將近一年後，他收到了，據他自己描述，那十二雙鞋「美呆了，美到連我在佛羅倫斯或巴黎所見的藝術品都不如」。

年輕人名叫菲爾．奈特，從代理銷售這十二雙日本鞋開始，五十三年後、超過半世紀的今天，他所創立的NIKE公司年營業額已超過三百億美元，全球員工六萬八千多人，代工廠與消費者遍世界，是全球第一名的運動用品大廠。長年神隱於外界，幾乎不受訪的奈特身價超過百億美元，已宣布要在今年退休。退休前，他出版了英文原名《*SHOE DOG*》的回憶錄，在全球賣出二十三國版權，包括此刻就在你手上的這一本。

所以，我們要讀一本人生勝利組的傳記嗎？在「成王敗寇」的商業世界中，我們還聽不夠成功者的「諄諄教誨」？

奈特先生給了我們一個意外。這本回憶錄本文結束在一九八〇年十二月一日，隔天的二日是NIKE公開發行上市日，一股二十二美元。幾度拒絕上市提議後，奈特終於在這一天正式脫離十餘年跑三點半的日子，所有困苦相依的創業夥伴、家人鬆了口氣，而奈特卻告訴讀者，他覺得遺憾，他希望自己能重來一遍。

遺憾什麼？在商業與志業之間，在生命與事業之間，奈特如是而說。

這本回憶錄有如小說般，以讓讀者驚喜的坦誠、直白，陳述了美國鄉下一個跑不贏比賽、茫然的年輕人，如何痴迷於跑步、痴迷於運動，也痴迷於一雙雙穿在運動員腳下的鞋子；他寫論文研

究、學做會計師、兼差教書打工，住在堆滿鞋盒的房間，就為了維繫做運動鞋、賣運動鞋的生意。歷歷場景如在眼前。

奈特是二流的跑步選手，他的創業夥伴中，一個半身不遂、一個酗酒肥胖、一個只要有書讀萬事皆休，這個組合只有兩個字可形容：**shoe dog，鞋痴**，他們是迷戀跑步、迷戀運動、迷戀運動鞋，迷戀到令常人不解的團隊。

喔，還有一位，是奈特念大學的跑步教練比爾．鮑爾曼（Bill Bowerman），不斷瘋狂手工打造運動鞋給奈特試穿，因為奈特不夠頂尖，可以放心嘗試，不擔心影響成績。你穿過鱈魚皮的鞋子嗎？鮑爾曼教練做過，NIKE的鬆餅鞋底就是他的發明。順帶一提，鮑爾曼還是美國奧運隊的教練，鮑爾曼鄙夷人們對運動的誤解，他認為：「**只要你有身體，你就是運動員。**」

奈特寫道：「**鞋痴……是一種痴迷的狂熱，一個可辨別的心理障礙，關切鞋子的內底、大底、襯裡、沿條、鉚釘和鞋面，到了不可思議的地步。但是，我懂。……**」這份痴迷使人接受無休無止的工作、借錢借到顏面盡失、銀行刁難、廠商背叛、同業聯合打擊、政府興訟……書中以詩意的語言，描述出痴迷者、執著者非做不可、永無後路的堅定心意，描繪了創業者不斷被質疑、甚至被誣陷、捲入商業爭戰陰謀的細節。

NIKE代言人是運動世界中數一數二的明星，永遠的飛人喬丹（Michael Jordan）打下了NIKE基業的第一仗，老虎．伍茲（Tiger Woods）、約翰．馬克安諾（John McEnroe）、安卓．阿格西（Andre Agassi）、炙手可熱的「詹皇」雷霸龍．詹姆斯（LeBron James）……歲月流離，奈特與他們各有交往，是生意、也是情義，是運動員「英雄惜英雄」極特殊的企業情懷，在生命高低起伏時互勉度過。詹皇曾送奈特一支錶，上面刻著：**謝謝對我賭一把**。（With thanks for taking a chance on me.）

奈特先生如是說，是的，可以這麼說，對別人賭一把、對自己賭一把。他賭來了一個世界級企業和無數人的成敗人生。他在《一路玩到掛》（*The Bucket List*）的電影氣氛中，開始擬定七十六歲之後的遺願清單，還有很多想做、該做的事；他說：「**這一切的一切絕非只是生意，永遠都不是。假如有朝一日真的變成純粹是生意，那就代表這門生意非常糟糕。**」

幾十年來，每個人也許都擁有過一雙名叫ＮＩＫＥ的運動鞋，但我們卻不知道在那個世界知名的勾勾之後，隱藏了這樣一段過往。

歡迎來到痴迷者、執著者的世界，歡迎來到讓人讀了會逐漸熱起心腸的人生。

這是兌現夢想的初心與勇氣的世界。

目次

［第2部］

序章・黎明

瘋狂點子

就讓別人說我的想法瘋狂吧……
繼續跑下去就對了，永遠別停腳。
甚至連想都不要想，直到抵達那兒，
千萬不要把過多的注意力放在「那兒」是哪裡。
不管碰到什麼，繼續跑下去就對了。

我比家裡其他人都早起。早於鳥兒，早於日出。我喝了杯咖啡，吞了片吐司，換上短褲、運動衫，穿上跑步鞋繫好鞋帶，然後悄悄地走出後門。

我伸展雙腿、拉拉腿後筋、活動活動下背部，準備踏上冷冽的長路。四周被白霧籠罩，抬腳邁出大步，前幾步痛得忍不住呻吟，心想為什麼每次起步都這麼難啊？

四周看不到車，看不到人，看不到任何生命的跡象。天地獨屬於我，但沿路的樹木不知怎地似乎知道我來了。這裡是奧勒岡州，此地的樹木似乎什麼都知道，一直默默地守護我們。

環顧四周，心想我的出生地實在是美。平靜清幽、充滿綠意。我自豪地告訴大家奧勒岡是我的家，告訴大家波特蘭這小城市是我的出生地。但也不免有些遺憾，因為奧勒岡美是美，一些人對它的印象卻不外乎過去沒發生過驚天動地的大事，未來可能也不會有。若說我們奧勒岡人什麼最出名，莫過於那條祖先披荊斬棘從中西部一路闖到這裡的古道。自那之後，這裡大致風平浪靜。

我生平碰過最棒的老師，也是我認識最傑出的男士之一，經常提到這條古道。每次提到它，他都會拉高分貝說，它是我們生來就有的特權，形塑我們的個性、命運，還有我們的DNA。他告訴我：「懦夫永遠跨不出第一步，弱者在路上一一被淘汰，然後留下了我們。」

我那位老師深信，沿著奧勒岡古道可找到罕見的拓荒者精神——一種大到不成比例、包容一切可能的樂觀心態，中間或攙了些空間被壓縮的悲觀情懷。身為奧勒岡人，我們有義務讓這基因傳承下去，生生不滅。

我點頭，表達對他應有的敬重。我喜歡這位老師，但是和他道別後，心想：天哪，奧勒岡古道不過是一條泥路。

一九六二年那個起霧的早上，那個不平凡的早上。當時，我才剛做了自己人生道路的開路先鋒——在外地七年後，決定返家。再次回到老家、再次每天被雨水洗禮，感覺有些不習慣。但更不習慣的是再次和父母、雙胞胎妹妹一起住，重新睡在自己兒時的床上。三更半夜躺在床上，環顧房內的大學教科書、中學獎盃與藍色彩帶，心想：這是我嗎？**還是原來的我嗎？**

我加快跑步速度，吐出的氣息變成白色、冰冷的煙圈，消逝在晨霧裡。在這美好時刻，我品味著肉體趕在腦袋完全清醒之前逐一被喚醒的感覺，四肢與關節逐漸放鬆，肉身開始融化，從僵硬的固體化成自由的液體。

我告訴自己，快些，再跑快些。

理論上，我已是個成年人。畢業於不錯的奧勒岡大學，在頂尖的史丹福大學商學院取得碩士學位，熬過在陸軍路易斯堡（Fort Lewis）與尤斯蒂斯堡（Fort Eustis）一年的兵役。我在履歷上寫著高學歷、役畢、二十四歲男子……但為什麼我覺得自己還是個孩子？

更糟的是，和小時候一樣，還是那麼害羞、蒼白、瘦得跟竹竿一樣。

也許因為我尚未經歷太多的人生，至少還未體驗人生諸多的誘惑與刺激。我至今沒抽過一根菸，沒碰過一次毒品，沒打破一條規定，更別說犯法。一九六〇年代才剛揭開序幕，那是叛逆與反動的年代，而我是全美唯一一個循規蹈矩、未曾叛逆的人。我想不起來自己有哪一次行為放浪、出人意表。

我甚至沒交過女友。

我的心思何以老在這些我未做過的事上打轉？理由很簡單，這些都是我最熟悉的事。我說不上來自己到底是什麼樣的人，也不知道未來可能變成什麼樣的人。和所有的朋友一樣，我希望功成名就，不過和他們不同的是，我不知道成功的定義是什麼。財富？也許吧。娶妻？生子？買房？當然，如果我運氣好的話。這些都是我被教導應該追尋的目標，而一部分的我也的確對這些心生嚮往（純粹出於本能）。但是內心深處，我要的不只這些，我想要更深刻的東西。我意識到人生苦短，短於我們的認知，短如一次晨跑。我希望自己的人生有意義、有目的、有創意。最重要的是……與眾不同。

我希望在世上留下足跡。

我希望贏。

不，這麼說不對，應該說我只是不想輸。

然後奇蹟出現了。我年輕的心臟開始怦怦作響，粉色的肺葉如鳥翼般向外開展，樹木模糊成一大片綠色背景，我要的人生完整地浮現在我眼前：比賽（play）。

是的，沒錯，就是它了。快樂的祕訣（我向來懷疑有這玩意）、美與真的本質（或者我們終其一生只須知其一）會在生活的某時某刻冒出來，可能在球劃過半空中等著進籃的那瞬間，可能在兩個拳擊手等著裁判按鈴的關鍵時刻，可能在跑者快接近終點線時，可能在群眾不約而同整齊劃一的站了起來。勝負決定前那扣人心弦的半秒鐘，神智格外清明。這就是我想要的東西，不管它究竟是什麼，我希望的人生與日子就是那樣。

有時我會幻想自己是偉大的小說家、傑出的記者、優秀的政治人物。但不管從事什麼職業，一流的運動員始終是我的終極夢想。可惜天生沒這個命，我的運動細胞雖然不錯，但稱不上一流，直到二十四歲才終於認清了這個事實。我以前參加過奧勒岡的田徑賽，表現不俗，四年內有三年都拿獎。但就這樣了，再無突破。今早我輕快地跑完一趟又一趟六分鐘的距離。看著冉冉升起的太陽將路邊松樹最下層的針葉曬得火熱，邊跑邊問自己：有沒有可能不當運動員就能經歷和運動員一樣的感受？可以一天到晚比賽而不用工作？有無可能熱愛工作到甚至把工作視為競賽？

世上到處是戰爭、苦難，人們每天被苦差事搞得身心疲累，我認為懷抱遙不可及的偉大夢想也許是脫離苦海的唯一出路。這夢想有實踐的價值、有趣好玩、和自己的能力與興趣相符。有了夢想後，學習和運動員一樣——心無旁鶩、全力以赴、朝目標衝刺。不管喜歡與否、同意與否，人生就是比賽。任何人否認這事實或是拒絕參賽，就只能站在邊線觀戰。要我做什麼都可以，就是不要這樣的人生。

說到人生，一如既往，每次都走到同一個結論：「瘋狂點子」（Crazy Idea）。我心想，應該再重拾一次我那個瘋狂點子，也許它會成功？

也許吧。

我愈跑愈快，彷彿在追人，**也**彷彿被人追趕。奈特狂想**會**成功，我向天發誓，我會**讓**它成功，不容任何失敗的可能。

我突然笑了，幾乎大笑出聲。全身是汗地繼續往前跑，一如既往，步履優雅又輕快，迎向在眼前閃耀的狂想，我心想，這點子沒那麼瘋狂啊。其實它連想法也還稱不上，倒像是某個人、某種生命力，在我之前就已存在了，和我既是兩個分開的個體，又好像是我的一部分。等著我，同時又避著我。這聽起來也許有些文謅謅、有些**瘋狂**，但我當時就是這麼想。

話說回來，我當時也可能沒那麼想。也許我的記憶誇大了「啊哈，有啦！」的心情，將多次興奮激動的時刻一古腦湊在一塊才會如此。但說不定真有這樣的時刻，類似跑步人跑到某個距離後產生的愉悅感（runner's high）。總之我不知道，也說不清楚。那些歲歲年年月月就這麼過去了，慢慢自理出頭緒，宛若口鼻吐出的白色、冰冷煙圈，消失於無形。臉孔、數字、決定這些原本以為迫切需要、永世不變的東西，如今全消失了。

經過淘洗，最後留下的是令我欣慰的篤定，以及永不消失的真理。二十四歲時我**的確**有一個瘋狂點子，儘管和其他二十郎當的年輕男女一樣，難免會隨波逐流、人云亦云、對未來恐懼、對自我懷疑，但當時我**真的**認定，瘋狂點子打造了這個世界。歷史是瘋狂點子串起的長河。我的最愛——書籍、運動、民主政體、自由企業制度等，都始於狂想。

說到瘋狂，鮮少想法的瘋狂程度可和我最愛的跑步相提並論。跑步艱辛、痛苦，還有風險，回報卻少之又少，也完全不保證付出努力就有收穫。不論是跑在橢圓形的跑道上，還是跑在空曠的路上，並無真正的終點或目標。跑步時，找不到一個可讓努力與付出完全站得住腳的理由，那麼為何要跑？說穿了，跑步本身就是目的。跑步沒有終點線，完全由跑者自訂。不管跑步得到的是苦還是樂，你必須從跑步本身去尋找去探究，是苦是樂完全看你如何形塑跑步，看你如何說服自己踏入跑步的世界。

每個跑者都知道這點。你持續地跑，跑完一英里又一英里，但你從來不真的明白自己何以會如此。你告訴自己，你是為了某個目標而跑，為了趕上什麼而跑，但實際上你是因為不敢停止而持續地跑，因為停下腳步讓你害怕得要死。

因此一九六二年的那個早上，我告訴自己：就讓別人說我的想法瘋狂吧……繼續跑下去就對了，永遠別停腳。甚至連想都不要想，直到抵達那兒，千萬不要把過多的注意力放在「那兒」是哪裡。不管碰到什麼，繼續跑下去就對了。

這是我深思熟慮後得出的道理、洞見、心得。不知怎地突然想通這點，然後逼自己盡量接受這樣的指點。過了半世紀，我深信這是最好的勉勵，也可能是我們能給其他人的唯一建言。

－第1部－

現在，**在這裡**，你看到，**你**盡全力跑，卻仍然留在原位。如果想去別的地方，你得跑得比現在最少快一倍。

——路易斯．卡洛爾（Lewis Carroll）

《愛麗絲鏡中奇遇》（*Through the Looking-Glass*）

| 第1章・1962年 |

行，你去吧！

野雁群以整齊的V型隊伍飛行，
因為帶頭的野雁擋掉風的阻力，
後面的野雁只須用掉八成體力；
所有跑者都懂這個道理，
所以一馬當先的跑者總是最辛勞，並承受最大的風險。

我鼓足勇氣向父親提及我的瘋狂點子，還特地選在晚上六、七點左右，因為這是和他打交道的最佳時間點。這時的他輕鬆自在、吃飽喝足、暢快愜意，舒服地躺在可調整後背高低的塑膠躺椅上，看著電視。現在我微仰著頭、閉上雙眼，似乎都還可聽到電視傳出的觀眾笑聲，以及《篷車英雄》（*Wagon Train*）、《曠野奇俠》（*Rawhide*）等電視劇的主題曲。

演員萊德・巴頓斯（Red Buttons）是父親一輩子不變的最愛。電視劇每一集開頭可聽到他唱的片頭曲：**呵呵……嘻嘻……怪事登場**。

我搬了張直背椅坐到父親身旁，帶著親切的笑容，等著下一個廣告出現。我在腦海裡預演了一遍又一遍要說的話，尤其是開場白。**那個……老爸，你記得我在史丹福大學寫過的狂想計畫嗎？**

那是我在畢業前最後幾門課之一，有關創業的專題討論課。我針對鞋子寫了一份研究報告，一開始只把報告當成普通的作業，後來卻全心投入、欲罷不能。我熱愛跑步，對跑步鞋略懂一二。再者，身為商學院學生，我清楚日本打入了一度被德國壟斷的相機市場。所以我的報告主張，日本製跑步鞋可能會做同樣的事。這個想法引起我的興趣，激發我的鬥志，也擄獲了我。心想這見解簡單明瞭卻潛力無窮。

我花了數週時間撰寫報告，期間整天待在圖書館，猛啃和進出口、創業相關的資料。最後一如老師規定，上台向同學做正式的口頭報告，但同學的反應客氣冷淡，沒有一人提問。我的熱勁與用功只換來勉為其難的嘆氣和空洞的凝視。

教授認為我的狂想有其可取之處，給了我A，一切到此為止，至少理應在此畫上句點。但這份報告一直縈繞在我腦海揮之不去，出現在史丹福剩下的日子，浮現於每次的晨跑，直到對父親坦白的那天。期間，我一直考慮前往日本，在那兒開一家製鞋公司，對**他們**兜售我的狂想，希望他們的反應比我的同學來得熱絡，希望他們願意和我這個害羞、蒼白、瘦得跟竹竿一樣的奧勒岡人合作。

我也考慮過在進出日本途中，繞道海外轉轉，只不過沒怎麼把這想法當一回事。我當時心想，若沒出國**看看**，怎能在世上留下足跡？參加路跑大賽之前，跑者會先去探路，熟悉路徑。既然如此，我何不背著行囊繞著地球走一圈。那個年代，沒有人討論遺願清單這種事，但是這東西還滿貼近我的想法。我希望在死前、老到不能動之前、被每日瑣事累垮之前，能親訪地球上最美、最奇特的景點。

當然我可以順道品嘗異國美食、聽聽他國的語言、浸淫他國的文化，但我真正渴望的是一種非常神聖的、精神上的昇華。我希望能經歷中國人所謂的「道」（Tao）、希臘人所謂的「理」

（Logos）、印度人所謂的「智」（Jñāna）、佛教徒所謂的「法」（Dharma）。我認為，出發踏上個人的人生旅程前，得先理解與探索全人類留下的宏偉寺廟、教堂、聖殿，親炙最神聖的江川與山巔，希望能感受到……怎麼說呢，上帝的存在？

我告訴自己，沒錯，就是這樣。因為沒有更好的字，姑且暫用上帝一詞。

但首先我得徵求父親同意。

再者，我也需要他挹注資金。

前一年我就跟他提過要遠遊，父親似乎未反對，但他顯然已忘了這回事，我只好再次提醒他，並在原來的計畫上加料，把附帶到日本一遊、開家公司的狂想加了進去——盡是燒錢之舉。

當然他覺得這些是遙不可及的目標。

也很花錢。我在服役期間存了一些錢，過去幾年趁暑假打工也攢了部分積蓄。另外，我得先賣掉一九六〇年出廠的暗紅色名爵（MG）汽車，這車配備跑車輪胎與雙凸輪，和貓王在電影《藍色夏威夷》（*Blue Hawaii*）開的那輛同款。總財產加起來約一千五百美元，還差一千美元，所以才得和父親商量。他點點頭，嗯哼了一聲，將視線從電視挪向我，然後又轉頭看著電視，我繼續滔滔說著計畫。

老爸，記得我當時說的話嗎？我說我想去環遊世界？

喜馬拉雅山？埃及金字塔？

死海，老爸？死**海**嗎？

嗯，我還想順道去日本。記得我跟你提過的那個狂想嗎？日本製跑步鞋？搞不好會大大地成功，老爸，大大地成功唷。

我不斷地誇大它有多麼可行，口若懸河地拚命遊說父親，真的是拚命，一來是我一向討厭自我推銷，二來是這門生意談成的機率幾乎是零。父親已花了數百美元讓我上奧勒岡大學，接著又投資了數千美元送我到史丹福大學念研究所。父親是《奧勒岡日報》（*Oregon Journal*）的發行人，收入穩定，可以給家人基本的溫飽，讓我們住進克雷伯恩街（Claybourne Street）一棟寬敞的白色屋子，屋子位於波特蘭最僻靜的東莫蘭德區（Eastmoreland）。但父親並非豪門。

當時是一九六二年，世界並非地球村。儘管人類已飛上太空，但多達九成的美國人從未搭過飛機，每個人從家門至可及的最遠距離平均不會超過一百英里，所以跟父親說我想搭機環遊世界，他聽了難免緊張害怕，而他在報社的前輩不幸死於空難，更讓他對搭機出遊心存疑慮。

撇開金錢與安全的顧慮，整件事的可行性幾乎是零。據我所知，每二十七家新創公司就有二十六家以失敗收場，父親也明白這點，所以不解我何以要甘冒這麼大的風險，因為這完全違背他的認知與信仰。從多方面而言，父親是保守的聖公會信徒（基督徒），但他也信奉另一個密教——體面。殖民式房子、美麗嬌妻、聽話兒女，這些固然是父親喜歡的東西，但他更愛親友與鄰居**知道**他擁有這些東西。他喜歡別人崇拜與景仰他，喜歡每天在河裡游泳健身。對他而言，為了玩樂而行旅全球於情於理既說不通也行不通，一個體面男子的體面兒子更是萬萬行不得。這種事是其他小孩的專利，是嬉皮與「垮世代」浪子才會做的事。

父親這麼堅持體面很可能是因為害怕，害怕別人看到他內心混亂糾結的一面。我潛意識覺得父親缺乏安全感是因為他這毛病三不五時會無預警發作。三更半夜家裡電話突然響了，我接起來，一端傳來熟悉的粗嘎聲音，跟我說：「來接你老爸回家。」

我穿上雨衣——似乎每逢這種晚上都下著綿綿細雨——然後開車到鎮上父親常去的俱樂部，我對這俱樂部記憶猶新，一如我對自己臥室清楚得如數家珍。俱樂部已有百年歷史，書架從地板直抵天花板，用的是高背椅，設計風格類似英國鄉下別墅的客廳。換言之，體面之至。

我看到父親待在他慣坐的桌子與椅子上，扶著他慢慢站起來，「你還好吧，爸爸？」「沒問題，好得很。」我攙著他上車，一路上兩人假裝啥事也沒發生，他坐得直挺挺，宛若帝王般端坐。兩人聊到運動賽事，因為這話題可讓我在倍感壓力時，轉移注意力，安撫緊張的心情。父親也喜歡運動。運動一向是體面的話題。

在客廳電視櫃前，我心想父親聽到我一番帶勁地吹捧後，十之八九會皺眉或潑我冷水。「哈，狂想啊。成功機會渺茫，巴克。」（我的教名是菲利普，但父親習慣叫我巴克。其實我出生之前，他就一直叫我巴克。母親告訴我，我還在她肚裡時，父親習慣低頭輕拍著她的肚皮說：「今天巴克乖嗎？」）我語畢，父親傾身向前，看我的眼神有些古怪。他說，他後悔沒有趁年輕時多到外面看看。他認為，出遊也許可作為我正規教育的最後一筆裝飾。他說了很多，重心都放在出遊而非我那個狂想，但我並未插話糾正他，也打定主意不再抱怨，因為他最後送上了祝福以及現金。

「行，你去吧，巴克。」他說。

我忙不迭向父親道謝，然後火速離開客廳，以免他變卦。後來我才有些愧疚地領悟出一個隱祕的道理：很可能因為父親沒出過國，反倒讓我想出國看看。環遊世界這個瘋狂點子的確是相異於父親的辦法之一，至少不會像他一樣愛面子。

也許不該這麼說，更正確地說應該是不像他那麼著迷於面子。

除了父親，其他人並沒有那麼支持我。外婆獲悉我要去哪些國家後，對著「日本」驚叫道：「巴克，日本曾派軍隊想殺光我們耶，這事距今才短短幾年，你不**記得**了嗎？珍珠港事件！日軍試圖征服全世界！至今還有一些日本人不知道他們打了敗仗！他們藏匿了起來，可能抓你當俘虜，挖出你的眼珠。他們是這方面的高手——小心你的**眼珠**。」

我愛外婆，我們都叫她哈菲爾德阿嬤（Mom Hatfield）。我可以理解她的懼日情結。她在奧勒岡的羅斯堡（Roseburg）出生長大，一輩子沒離開過那裡。日本之於她約莫相當於你和羅斯堡的最遠距離。暑假時，我多次到她與外公的農莊小住，幾乎每天晚上我們都會坐在陽台，聽著牛蛙叫聲此起彼落地和立地型收音機的廣播節目較勁。一九四〇年代初期的廣播盡是有關戰爭的新聞。

清一色壞消息。

我們一再聽到，日本人過去兩千六百年來戰無不克，未吃過一次敗仗，所以這次似乎也沒有戰敗的跡象。一役接著一役，美軍連連敗退，終於在一九四二年，互惠廣播電台（Mutual Broadcasting）的蓋布瑞爾・希特（Gabriel Heatter）在晚間節目上激動地嘶吼道：「晚安，各位聽眾——今晚有**好消息！**」美軍終於大贏了一仗。評論員不客氣地批評希特興奮報喜是不知分寸，諷刺他背棄了新聞人表面上該有的客觀，但民眾對日本恨之入骨，因此多半站在希特這一邊，讚揚他是民族英雄。之後他節目的片頭都沿用相同方式。「今晚有**好新聞！**」

那是我最早的記憶之一。外婆與外公和我排排坐在陽台，外公用瑞士刀削著蘋果，遞給我一片後，接著替自己削了一片，兩人就這樣我一片他一片輪流吃著蘋果，直到收音機傳來希特的聲音，他才放下手上的活，對我說：**噓！安靜！**我至今還清楚記得兩人嚼著蘋果、覷著夜空。滿腦子都是日本的我們，明知不可能，卻還是希望看見日本零式戰機飛過天狼星的畫面。難怪我第一次搭機時（約莫五歲大），忍不住問父親：「爸爸，日本人會擊落我們嗎？」

雖然外婆的警語讓我頸背寒毛直豎，但我叫她不用擔心，我會平安歸來，甚至答應幫她買件和服。

小我四歲的雙胞胎妹妹吉安（Jeanne）與瓊安（Joanne）毫不關心我要去哪兒或做什麼。我記得母親當時沉默不語，其實她鮮少發表意見，但不同於以往，這次不發一語代表默許，甚至是引以為榮。

帶頭的野雁幫同伴擋風

我花了數週閱讀、籌劃、準備。外出長跑時，動腦思索旅行可能牽涉的所有細節。看到飛過頭頂的野雁，加速腳程和牠們競速。牠們整齊的V型隊伍——我從書上得知飛在後面的野雁相較於帶頭的野雁只須用掉八成的體力，因為前面的雁兒幫牠們擋掉風的阻力。所有跑者都懂這個道理，所以一馬當先的跑者總是最辛勞，並承受最大的風險。

早在找父親商量之前，我便決定要找個旅友同行，史丹福大學的同班同學卡特（Carter）是不二人選。卡特就讀威廉諸爾學院（William Jewel-College）期間，是該校的籃球健將，但別把運動員的刻板印象套在他身上。他戴著厚重眼鏡，嗜讀書籍，而且都是好書。和他講話很輕鬆，不想和他講話也很輕鬆——這是符合朋友資格的兩個等重特質，也是合格旅友的必備條件。

不過卡特不客氣地當著我的面放聲大笑。我把要去的地方一一說給他聽——夏威夷、東京、香港、仰光、加爾各答、孟買、西貢、加德滿都、開羅、伊斯坦堡、雅典、約旦、耶路撒冷、奈洛比（肯亞首都）、羅馬、巴黎、維也納、西柏林、東柏林、慕尼黑、倫敦——他露出不可思議的表情，然後捧腹大笑。我滿臉窘迫，低頭跟他道歉。卡特仍止不住笑，然後對我說：「這點子棒透了，巴克！」

我抬頭看他，發現他笑是因為開心而非嘲弄。他說，他非常感動，因為勇氣十足的人才規劃得出這條路線。他願意加入。

過了幾天，他徵得了雙親同意，並向他父親借了一筆錢。卡特做事又快又準，看到機會，絕不放過。我心想，兩人環遊世界期間，我應該可從他身上學到很多事。

兩人約定，一切從簡，只帶必要物品，所以各自打包了一個行李箱與後背包。我帶了幾條牛仔褲、幾件換洗T恤、跑步鞋、沙漠靴、太陽眼鏡、一件卡其服（一九六〇年代不稱卡其而稱土黃色軍服）。

我也帶了一套「布克兄弟」（Brooks Brothers）綠色雙扣西裝，心想搞不好我的狂想會開花結果，還是預作準備為上。

到檀香山賣起百科全書

一九六二年九月七日，卡特和我擠進他那輛飽經風霜的老舊雪佛蘭，開上州際第五號高速公路，飛快駛過威拉梅特谷（Willamette Valley），離開森林環繞的奧勒岡南端，宛若掙脫了盤根錯節的樹根。離開奧勒岡，駛入種著茂密松樹的加州北部，車子緩緩爬坡，駛過多個蓊鬱的高山隘口，然後開始下坡，直到三更半夜才開到舊金山市。接下來幾天，我們在幾個朋友家打地鋪，然後回了一趟史丹福，讓卡特從貯藏室裡拿回他寄放的幾件物品。最後我們在一家菸酒專賣店買了兩張「標準航空公司」（Standard Airlines）飛往檀香山的單程折扣機票，花了八十美元。

彷彿只過了幾分鐘，卡特和我就到了檀香山機場。我們走出機艙，踏上滿布沙子的停機坪，轉個身，仰望天空，心想：這裡的天空和老家不同。

美麗女子排成一列緩緩靠近我們，她們和老家的女孩也是天差地別。這些夏威夷女郎眼神柔和、一身橄欖色肌膚、赤著雙足、靈活扭擺筋骨超級柔軟的電臀，草裙掃過我們的臉龐，卡特和我互看一眼，臉上慢慢露出笑意。

我們招了輛計程車駛往威基基海灘，住進一家汽車旅館，與海灘僅一街之隔。一進房間，兩人動作一致地放下行李，找出泳褲。「看誰先跑到海邊！」

雙腳一接觸到海沙，我忍不住興奮地大吼、大笑，用力踢掉腳上的運動鞋，縱身跳到水裡，與白浪嬉戲。我一直游到水及脖子的深度，然後往下深潛直到觸底，過了一會兒鑽出水面換氣，忍不住喘吁吁地大笑，繼而仰躺在水上，隨著浪潮載浮載沉。最後顛顛躓躓地走上岸，咚地一聲跌坐在沙灘上，笑看著飛鳥和雲朵。我看起來簡直就像個逃出精神病院的瘋子。卡特挨著我坐，臉上同樣一副瘋癲的表情。

「我們應該留在這裡，」我道。「何必匆忙離開？」

「那你環遊世界的計畫怎麼辦？」卡特問。

「計畫有變。」

卡特開心地回道：「這點子棒透了，巴克。」

所以我們開始挨家挨戶兜售百科全書，當然不是什麼光鮮傲人的工作，但也夠要命的。我們晚上七點開始上班，所以白天有充裕的時間到海邊衝浪。不知怎地，學習衝浪成了人生第一要務，其他都擺在次要位置。我僅試了幾次，就能穩穩地站在衝浪板上，過了幾週，已有模有樣，成了貨真價實的衝浪高手。

如願找到工作後，我和卡特搬出汽車旅館，租了一間附帶家具的套房，房內雖有兩張床，但其中一張以假混真，與其說是床，更像釘在牆上的可收納燙衣板。卡特體型高大，所以睡床，我則將就於燙衣板。我不介意這樣的安排。白天衝浪，晚上兜售百科全書，下了班再找家酒館坐坐，回到家，就算睡在夏威夷烤肉專用的煙窯裡也無所謂。每月的租金是一百美元，我和卡特兩人各分攤一半。

日子過得很開心，宛若置身天堂，只不過有件小事讓人心煩。我不會賣百科全書。

我無法靠推銷百科全書維生。年紀愈大，我愈害羞，陌生人看到我窘迫的表情，心裡也覺得不安。因此，要我賣東西本就是個難事，但要我推銷**百科全書**更是個折磨。在夏威夷，百科全書簡直和蚊子以及觀光客一樣普及，即便我發揮靈活又強勢的手腕，將短暫受訓期間被耳提面命的重要口訣（「各位新人，務必跟客戶說，你賣的不是百科全書，而是浩瀚的人類知識大全……是解決人生各種問題的寶典」）灌輸給客戶，可惜客戶的回應幾乎大同小異，不外乎：

走開啦，小子。

只因害羞個性使然，我的百科全書業績慘澹。我沒有強大的心臟可被這樣一而再再而三地拒絕，而我早在中學就認清自己這點。當時我被棒球校隊淘汰，相較於人生大計畫，這點打擊實在微不足道，但當時的我卻覺得備受挫折。我首次意識到，世上不是每個人都欣賞你、接納你，在我們最需要肯定與接納時，往往會被排擠冷落。

我永遠忘不了那一天。我拖著球棒沿著人行道慢吞吞地走回家，然後把自己反鎖在房裡，傷心、消沉。就這樣鬱鬱寡歡了兩週，母親到我房裡，坐在床邊對我說：「夠了吧。」她勸我試試其他運動。「像什麼？」我嘟囔地將頭埋入枕頭。「跑步如何？」「跑步？」我問道。「你跑得很快，巴克。」「是嗎？」我忙不迭坐起身。

然後我開始跑步。我發現我還真**能**跑，而且沒有人可以剝奪我這個能力。

我決定放棄兜售百科全書，連帶摒棄隨它而來熟悉的回絕與冷落。我繼續翻閱徵人廣告，沒多久便看到了一則小廣告，四周用黑粗線框了起來。**徵人：證券業務員**。我心想，我絕對更能勝任這職務，畢竟我是企管碩士。而且出發旅行前，添惠投資銀行（Dean Witter）才找過我面試，我的表現相當不俗。

我做了一些研究，發現這工作有兩個誘人條件。一，它隸屬「投資者海外服務」（Investors

Overseas Services）集團，該集團的負責人是伯納德．康菲爾德（Bernard Cornfeld），他是一九六〇年代最赫赫有名的企業家。二，公司位於一棟濱海美廈的頂樓，從大片玻璃窗往外看，可以俯視浩瀚的碧海。我被這兩個條件吸引，所以積極爭取面試．說來奇怪，幾週下來，無法說服半個人購買百科全書，卻成功說服康菲爾德小組大膽起用我。

轉做電話推銷

康菲爾德傲人的成就，加上辦公室美得讓人屏息的海景，這些包裝確實會蒙蔽真相，讓人忘了該公司不過是靠電話推銷騙錢的「鍋爐室」（boiler room）。康菲爾德是人盡皆知的厲害角色，他問員工是否**由衷地**想成為富翁？每天十多個貪婪的年輕人**由衷地**露出嗜錢的一面，開心地猛打電話，在電話中對潛在客戶窮追不捨，纏著客戶答應抽個時間見見面。

我的口才並不好，無法天花亂墜，但是我有數字，也知道產品好壞：德雷佛斯基金（Dreyfus Funds）是我推薦的商品。此外，我擅長道出真相。客戶似乎喜歡我這套，所以很快就找到幾個客戶願意抽個時間和我碰面，也成功完成了幾筆交易。不到一週，我賺夠了佣金，足以支付未來半年一半的房租，還有餘錢幫衝浪板上蠟。

我可以全權支配的收入大都貢獻給了海邊的小酒館。觀光客習慣在高檔豪華的度假村或旅館消磨時光，這些飯店多半位於莫瓦納（Moana）、哈雷庫拉尼（Halekulani）等念起來像咒語的商業區。我和卡特偏好小酒館，在這裡和一群志同道合的客人聊天，這些人包括了熱愛大海的年輕人、衝浪玩家、仍在人生路上摸索的男女、漂泊的浪子等等。想到自己置身夏威夷，占了藍天碧海的優勢，忍不住沾沾自喜，進而同情起老家那些可憐蟲，每天渾渾噩噩於單調乏味的人生，還得忍受寒天與冷雨。我和卡特心想，他們為什麼不能跟我們一樣？為什麼不能及時行樂？

我們的及時行樂觀、活在當下論對照於世界即將毀滅的態勢，更顯得合情合理。和蘇聯的核子對峙幾週來不斷升高，蘇聯將三十多枚飛彈部署於古巴，美國要求蘇聯拆卸飛彈，於是雙方攤牌，各自提出自己的底線，結果談判不歡而散，第三次世界大戰隨時可能開打。報紙的報導宣稱，飛彈今天稍晚就會從天而降，最遲在明天，世界將變成如龐貝一樣的廢墟，火山已蠢蠢欲動，隨時會噴發。酒館的客人沒有驚惶失措，心想天若要亡人類，這裡將是欣賞蕈狀雲沖上天際的理想地點。阿羅哈，再見吧，文明。

出人意料地，世界並未毀滅，危機宣告落幕。天空似乎也鬆了一口氣，天清氣朗。時序進入夏威夷舒服的秋天，日子過得舒暢愜意，感覺天堂也不過如此。

不過我突然變得非常焦躁。某天晚上，我在小酒館將喝了一半的啤酒放在桌上，對著卡特說：「我想我們該離開香格里拉了。」

我並未浪費口舌說服他，心想也沒這必要，因為顯而易見是到了回歸正軌，續行人生計畫的時候了。但是卡特皺著眉頭，撫著下巴說：「唉，巴克，我不知道。」

他交了一個女朋友，美麗的夏威夷少女，一雙古銅色長腿、黑色眼珠，正是我們第一天在機場相遇的那類型夏威夷女郎，是我夢寐以求但可望不可即的美女。他希望留下來，而我何忍阻止他？

我對他說我能理解，但還是消沉地離開了酒館，到海灘散散心。我心想該要收起玩心了。打包回奧勒岡嗎？這絕非我所願，但我也不想一個人遊走世界。內心響起一道微弱的聲音，勸我回家，找個穩當的工作，像普通人一樣正常過日子。

然後又響起另一個微弱的聲音，和剛才的口吻一樣慎重：千萬別回家，繼續前進，勿停下腳步。

次日，我向鍋爐室遞出辭呈，告知兩週後將離職。其中一位主管對我說：「太可惜了，巴克。你若當業務前途似錦啊。」我心裡嘟囔道：「上帝不容啊。」

那天下午我到附近的旅行社買了一張一年期有效的機票，不限任何航空公司與目的地，彷彿空中版的歐洲火車聯票（Eurail Pass）。一九六二年感恩節，我背上行囊和卡特握手道別，他對我說：「巴克，保重了，好好照顧自己。」

遭空襲的東京

聽到機長連珠砲似的日文廣播，我開始冒汗。凝視窗外，瞥到尾翼上紅太陽的圖案。哈菲爾德阿嬤說得沒錯，我們和日本的戰爭**才**結束幾年而已。科雷希多島（Corregidor）戰役、巴丹死亡行軍（Bataan Death March）、南京大屠殺等日軍暴行至今記憶猶新，而我卻要到日本**做投機事業**？

為了瘋狂點子嗎？**其實**瘋癲的也許是我。

即便如此，現在也來不及尋求專業協助了。客機在跑道上滑行，發出刺耳的尖銳聲。我覷著窗外，夏威夷猶如玉米粉的白色柔細沙灘、巍巍火山，離我愈來愈遠，終至看不見。此時已無回頭路了。

時值感恩節，機上供應火雞肉、內餡、蔓越莓醬汁。因為是飛往日本，所以也供應鮪魚生魚片、味噌湯、燒酒等。我吃光餐點，拿出塞在隨身背包裡的兩本平裝小說——《麥田捕手》與《裸體午餐》（*Naked Lunch*）。我發現《麥田捕手》的男主角霍爾頓．考菲爾德（Holden Caulfield）與我有些共通點，例如兩人都想在世上找到自己的立足點。但我想不透《裸體午餐》作者威廉．布洛斯（William Burroughs）到底想說什麼。**毒販並未賣毒（商品）給消費者，而是把消費者賣給了毒品**。

因為吃太飽，不敵瞌睡蟲招手，遂夢周公去也。醒來時，班機開始筆直急速下降，準備降落在燈火出奇通明的東京，尤其是銀座，燈光鑠鑠，恍若一棵耶誕樹。

我搭車到下榻的旅館，一路上卻是漆黑一片。東京仍有大片區域到了夜晚就陷入黑壓壓的一片，計程車司機說：「因為戰爭之故，許多建築物都被炸毀。」

一九四四年夏天，美軍B－二九「超級堡壘空中轟炸機」（Superfortress）一連幾晚空襲東京，共投擲了七十五萬磅炸彈，炸彈內填滿了汽油與易燃的凝固汽油。東京是全球歷史最悠久的古城之一，建築物多半是木造，因此一瞬間便陷入火海，約有三十萬人葬身火窟，罹難人數是廣島核爆的四倍。有一百多萬人受重傷，讓人慘不忍睹。近八成建物瞬間化為烏有。氣氛頓時嚴肅起來，計程車司機和我好一陣子都不說話，也不知該說什麼。

司機照我寫在筆記本上的地址停在一家青年旅館前，旅館又髒又暗，其實說它髒還算客氣。我用「美國運通卡」預定了房間，沒有眼見為憑是我失策，這下學到教訓了。我走上坑坑洞洞的人行道，進入彷彿隨時會坍塌的旅館。

一位日本老太太站在櫃台後，對我彎腰鞠躬，後來才發現，我看錯了。她因上了年紀，身形佝僂，就像大樹經過多次暴風雨摧殘而「歪腰」。她慢吞吞地帶我走到我的房間，房間大小和箱子差不多。榻榻米墊子、歪一邊的桌子，除此之外，什麼都沒有。我不是太介意，也沒注意榻榻米薄得跟酥餅一樣。我向老婦人鞠躬道晚安，お休みなさい（Oyasumi nasai）。然後蜷曲在墊子上，沉沉睡去。

忘了自己，才能真正看清自己

過了數小時，醒來時發現房間灑滿陽光。我爬到窗戶邊，發現自己在東京市郊某個像工業區的地方，工廠、船塢林立，這裡當初一定是B－二九主要的轟炸目標。極目所見，全是廢墟，景色荒涼蕭瑟。房舍破的破，傾的傾。走過一個街區又一個街區，全夷為平地，什麼也沒留。

所幸父親有一群朋友在東京的合眾國際社（United Press International，簡稱UPI）工作，我搭了輛計程車到他們的辦公室，受到如家人般熱情的款待。他們拿出咖啡、麵包招待我，我跟他們描述前一晚下榻的旅館，他們聽了哈哈大笑，然後幫我改訂了一間乾淨又像樣的旅館，並推薦了幾個還不錯的餐廳，叫我去試試。

「你跑來日本究竟想幹啥啊？」他們問我。我說我正在環遊世界，然後透露了我的狂想。「啥？」他們疑惑地翻翻白眼，接著提到兩個退役軍人創立了月刊《進口商》（*Importer*），建議我：「和他們聊聊之後再行動，以免草率行事。」

我答應會去找他們，但想先在東京到處看看。

帶著旅遊指南以及美能達盒子相機（Minolta box camera），我拜訪了幾個躲過戰火浩劫的地標，也參觀了最悠久的寺廟和神社。我走進一個四周圍了牆的花園，坐在長凳上查閱日本主要的宗教，發現主要以佛教與神道教為主。我對日本禪宗有關見性或頓悟的概念嘖嘖稱嘆，見性／頓悟宛若相機上的閃光燈，乍現突逝，我喜歡這比喻，也希望自己能頓悟。

首先我得徹底改變方向。我習慣線性思考，根據禪學，線性思維模式只是一個妄想，會讓我們一直受困於鬱鬱低潮的心態。禪學認為，現實並非線性模式，沒有未來，沒有過去，一切都在當下。

不論哪個宗教，似乎都認為最大的障礙就是我執，最大的敵人也是我執，但禪宗明白宣示，「我」根本就不存在，「我」只是妄想、只是黃粱夢。我們固執於「我」的存在，不僅虛擲生命，也縮短生命。「我」是我們日日催眠自己的赤裸裸謊言，想要離苦得樂就必須看穿「我」這個謊言，拆穿「我」這個假面具。十三世紀禪宗大師道元指出，**忘了自己，才能真正看清自己**。內在的聲音，外在的聲音，其實是一體兩面，並無二致。

尤其在競爭與比賽上。禪學認為，賽事上若能忘了自我與對手之別（因為自我與對手不過是一體的兩個分身），誰就是贏家。這點在《箭術與禪心》（*Zen and the Art of the Archery*）裡有精闢詳盡的解釋。**劍術的完美境界在於……心境完全不受「我」、「你」的干擾，忘了對手以及對手的劍，忘了自己的劍與劍法……完全的虛空：擺脫了自我、忘了揮舞的劍、忘了揮劍的手臂，甚至不再意識到空虛這回事。**

我被思緒搞得昏頭暈腦，決定暫時休息一下，改道拜訪與禪學有著天壤之別、堪稱日本最反禪學的大本營——東京證券交易所，這裡的人一心只在乎「我」，無暇顧及其他。證券交易所位於大理石建造的羅馬式建築裡，有希臘式巨柱支撐，從對面人行道看過去，交易所外觀和堪薩斯州生活步調悠閒的小鎮銀行差不多，不過裡面卻是兵荒馬亂。數百名男士揮舞手臂、抓扯頭髮，吼來吼去。比康菲爾德的鍋爐室還要拚命，還要熱烈。

我捨不得挪開視線，緊盯著眼前不放，自問，難道這就是我要的一切？我和周遭的男士一樣都看重錢，但是我希望人生除了追求財富，還有更多更多。

走出東交所，我需要平靜一下心情，因此深入東京最幽靜的核心，來到十九世紀天皇與其皇后的花園，據說這裡匯聚了龐大的靈氣，因此我虔心凝神坐在婆娑的銀杏樹下，旁邊就是美麗的「鳥居」（這是日本神社或寺廟入口的牌坊，據說是通往聖地之門）。我被幽靜神聖的氣氛包圍，恨不得能飲盡這一切。

次日早上，我穿上跑步鞋，慢跑到築地，全世界最大的魚市場。這裡宛若東交所翻版，只不過交易商品從股票換成了魚蝦。我看著上了年紀的漁民把捕獲的海鮮搬到木製推車上，和皮膚又乾又粗的商人討價還價。當天晚上我搭巴士趕到位於箱根山以北的富士五湖，這裡是啟發許多偉大禪詩作者靈感的聖地。佛陀說，**人若無法先成道，無法行菩薩道**。我讚嘆地看著眼前的小徑，從山腳下一平如鏡的湖水一路蜿蜒而上至白雲繞頂的富士山。富士山終年積雪的正三角形山頂，和美國老家的胡德山（Mount Hood）還真像。日本人認為，攀登富士山是一種神祕經驗，是紀念或慶賀的例行儀式，我當下也止不住攀登的衝動，想登高到雲端。但我決定再等等，等我完成值得慶賀的事後再回來攻頂。

不直接說不，也不直接說好

我回到東京，拜訪《進口商》月刊。兩位負責人曾是美國大兵，身材壯碩、肌肉結實，忙得分身乏術，感覺他們似乎忙到會因為我打斷他們工作、浪費他們時間而痛罵我一頓。所幸過了幾分鐘，他們就卸下生人勿近的嚴肅表情，露出溫暖、親切的一面，歡迎我這位美國來的同胞。我們的話題主要圍繞著運動打轉。真不敢相信洋基隊又贏了一場。可憐的威利．梅斯（Willie Mays）。

然後他們開始講自己的故事。

他們是我認識的美國人中，率先喜歡上日本的少數幾人。美軍占領日本期間，他們奉派駐防在日本，深受當地文化、食物、女人所吸引，兵役結束後捨不得離日返美。因此他們在這裡發行了《進口商》雜誌，當時沒有人對進口日製商品有任何興趣，但這本雜誌成功地立足，至今已十七年。

我跟他們透露我的狂想，他們聽得興致勃勃，還煮了壺咖啡，請我坐下來，問我心儀哪一款日本鞋並考慮進口到美國？

我說自己喜歡虎牌*鞋（Tiger），這款鞋出自總部在神戶的鬼塚株式會社。

「沒錯，沒錯，我們看過那款鞋。」他們說。

我告訴他們，我考慮南下到神戶，親自會晤鬼塚公司的員工。

眼前這兩位退役的美國大兵告訴我，若要和日本人做生意，得先注意幾個原則。

「關鍵是切勿緊迫釘人、死纏爛打。別學美國缺德鬼那一套——粗魯、招搖、好鬥、不接受拒絕等，這些都是日本人對外人根深柢固的看法。日本人不習慣強勢推銷，商量事情時習慣軟中帶硬，想想美、俄花了多久時間才說服裕仁天皇投降？他最終宣布投降時，日本已被炸成廢墟，而他在『終戰詔書』中對他的子民說了什麼？『戰況未朝對日本有利的方向發展。』日本文化比較迂迴，沒有人會直接拒絕你，既不直接說不，也不直接說好。日本人說話習慣繞著彎，句子沒有主詞或受詞。切勿覺得沮喪，也不可得意忘形。離開某人辦公室時，喪氣地認定這筆生意沒指望了，其實對方已準備和你合作。反之，你離開時志得意滿，以為生意已是囊中物，其實你已被對方拒絕。**只是你絕不知道。**」

說罷，我皺著眉頭，心想自己無論在什麼情況，都不是交涉與談判的高手，而現在我似乎得在裝了哈哈鏡的辦公室談判？所有常規全派不上用場？

* 鬼塚株式會社成立於一九四九年，以虎牌跑鞋聞名，一九七七年與GTO及JELENK兩家公司合併，更名為亞瑟士（アシックス；ASICS）。

受教了約一個小時，我向兩位退役大兵握手道別。突然有股衝動，想趁腦袋還記得剛剛的諄諄教誨，立刻出擊，所謂打鐵趁熱。我匆忙趕回飯店，火速收拾好後背包與行李箱，然後打電話和鬼塚會社預約見面時間。

當天下午我搭乘火車南下。

藍帶體育用品公司誕生

大家都知道日本非常愛乾淨，也很有秩序。日本文學、哲學、服飾、家務都出奇地純淨、簡約，崇尚極簡主義。**無求、無欲、無爭**——日本不朽詩人的詩句被一磨再磨，直到閃閃發光宛若武士刀的刀鋒，宛若被淙淙山泉洗刷的石頭，光滑無瑕。

也難怪我會納悶為什麼開往神戶的火車又髒又臭？報紙、菸蒂隨意扔在車廂的地板，橘子果皮與報紙散見在座位上。更慘的是，每節車廂都人山人海，幾乎連站的空間都沒有。

我緊拉著靠窗的一個吊環，一站就是七個小時，隨著搖晃的火車駛過偏遠的村落、農田。這些農田不大，和波特蘭住家後院的面積差不多。這段路雖長，但是我的雙腳與耐心並未癱瘓。我滿腦子複習著之前所受的教誨。

我到了神戶，找了家廉價旅館，住進一間很小的榻榻米房間。和鬼塚會社約了次日一早見面，因此立刻躺在榻榻米上休息。誰知過於興奮，害我整晚在榻榻米上翻來覆去，天色一泛白就疲憊地起身，看著鏡中的自己，憔悴而無神。刮完鬍子，我套上布克兄弟綠色西裝，並替自己加油打氣。

你有能力，有自信，這事一定能成功。

你做得到的。

結果卻走錯了地方。

我到了鬼塚會社的門市，但相約的人在城市另一端的鬼塚**工廠**等我，所以我攔了輛計程車拚了命地趕到工廠，距離相約時間已晚了半小時。四位主管在大廳等我，並未因為我遲到而不快或不安。他們對我鞠躬致意，我也鞠躬回禮。其中一人向前，自我介紹他叫宮崎健，希望我跟著他到處看看。

這是我第一次參觀製鞋工廠，每件事都讓我感到非常新鮮有趣，就連聲音聽起來都像音樂。每隻鞋子完成壓模，金屬材質的鞋楦就掉到底層，發出**丁鈴噹啷**的脆響，每隔幾秒就**丁鈴噹啷**一次，特有的旋律猶如製鞋匠的協奏曲。鬼塚的主管們似乎也聽得津津有味，笑看著我與他們彼此。

我們一行人經過會計部門，辦公室裡所有男女立刻站起來，整齊劃一地對著我們鞠躬，以示敬意，彷彿我是美國來的大亨。我從資料中得知英語的「大亨」（tycoon）源於日本幕府時期對將軍（大君，taikun）的稱呼。我並不知道如何回應敬意。在日本，鞠躬還是不鞠躬一直是個難題，讓人難以拿捏。我對他們虛弱地笑了笑，半彎腰後繼續往前走。

鬼塚的主管告訴我，他們每個月生產一萬五千雙運動鞋，「了不起，」我道，但心裡並不清楚這到底是多還是少。他們帶我走進一間會議室，示意我坐在長桌的首座，「奈特先生，請坐**這兒**。」

這個是大位，以示對我更多的敬意。他們則圍著長桌而坐，然後整了整領帶，看著我。攤牌時刻到了。

這個場景在我腦海裡預演了多次，一如每次出賽，都會在鳴槍前預演怎麼跑，但這次會面並非比賽。人有股原始衝動，喜歡把一切——人生、事業、冒險等等——拿來和比賽相提並論，但這樣的比喻往往失之牽強，我只能對大家解釋到這裡了。

腦袋一片空白，記不得自己想說什麼，甚至忘了自己何以會在這裡，我快速吸了幾口氣。一切就看這一役了，如果失敗，搞砸了，我這輩子注定只能推銷百科全書或共同基金，要不就得將就於自己不喜歡的鳥工作。我會讓父母、學校、老家失望，也會對自己心灰意冷。

我看著這幾位主管。過去雖然想像過這樣的場景，卻忽略了重要的一環，未顧慮到二次世界大戰在會議室可能的角色。這場戰爭就在現場，在我們身邊，在我們之間，隱含於我們講的每一句話裡。**晚安，各位聽眾——今晚有好消息！**

然而這場戰爭也可說**不**在現場。日本人在戰時展現的韌性，天皇以節制修辭昭告臣民接受全面戰敗，戰後讓人佩服的重建成績，一路走來，日本人已完全將二戰拋諸腦後。在會議室裡的這些年輕主管年紀和我相仿，看得出來他們覺得戰爭和他們毫無關聯。

換個角度想，他們的父輩和叔輩曾想殲滅我們美國。

又換個角度想，逝者已矣。

再換個角度想，輸贏橫亙，會讓許多交易蒙上陰影，談判變得複雜棘手，若贏家與輸家又都是二戰這個全球性災難的直接關係人，這交易還能繼續嗎？

心情因為糾結於戰爭與和平而七上八下，腦袋也響起嗡嗡的低鳴聲，我對這種尷尬的局面毫無準備。務實的我想勇於承認，理想化的我想視而不見，我握拳掩口咳了一聲，開口道：「各位……」

才開頭就被宮崎先生打斷，問我：「奈特先生，你現在在哪家公司高就？」

「嗯，好問題。」

腎上腺素在血液裡流竄，第一反應是想逃，想躲到世上最安全的庇護所——我父母的家。父母的家已建了數十年，原屋主財力雄厚，遠在我父母之上，因此建築師在屋子後方闢出僕人區，這裡也是我臥房所在，裡面塞滿了我收集的棒球卡、黑膠唱片、海報、書籍——這些全是我的寶貝。我也在房內的一面牆上掛滿了參加徑賽獲頒的藍色綬帶，這是我這輩子最敢大方承認的「偉業」。所以對方問我在哪兒高就，我脫口便說：「藍帶。各位先生，我在奧勒岡州波特蘭的藍帶體育用品公司上班。」宮崎先生笑了笑，其他幾位主管也跟著笑，接著便竊竊低語，我重複聽到**藍帶**、**藍帶**、**藍帶**這幾個字。幾位主管雙手交握，再次沉思不語，然後將視線挪向我。我再次開口道：「各位先生，美國的運動鞋市場很大，多數還是未開發的處女地。若鬼塚可以進軍美國，讓鬼塚虎運動鞋上架到美國商店，並在售價上優於美國運動員偏愛的愛迪達鞋，說不定錢途似錦呢。」

我一字不漏地複述在史丹福的口頭報告，佐以我花了數週鑽研與牢記的線形圖與數據，所以說起來頭頭是道，一氣呵成，看得出對方對我的表現印象深刻。到了尾聲，讓人如坐針氈的沉默又來了。一名主管率先打破沉默，接著大家搶著發表看法，一個比一個還要大聲還要激動。他們不是針對我，而是自家人互相交換意見。

然後他們倏地起身離開會議室。

這是日本人拒絕狂想慣用的方式嗎？一致地起身離開？我是不是揮霍光他們對我的敬意？我被退貨了嗎？現在我該怎麼辦？該識趣地離開嗎？

幾分鐘後他們帶了草圖與樣本返回會議室。宮崎先生幫忙把這些東西遞給我，對我說：「奈特先生，我們早就想進軍美國市場。」

「真的嗎？」

「我們已出口摔角鞋到美國的東北部。我們考慮了好一陣子，有意把更多鞋款出口到美國其他地方。」

他們給我看了三款虎牌鞋，第一款是訓練鞋「熱身」（Limber Up），我說：「不錯。」第二款是跑步鞋「躍起」（Spring Up），我說：「漂亮。」第三款是鐵餅鞋「高擲」（Throw Up，英文另一意是嘔吐）。

我告訴自己要忍住，千萬別笑。

他們連番問了我諸多和美國有關的問題，詢問美國的文化與消費者趨勢，追問美國體育用品商店販賣的運動鞋款。他們問我對美國運動鞋市場的看法，想知道美國市場目前的規模以及未來可能的潛力，我告訴他們說不定可以衝破十億美元大關。直至今日我都不確定這數字是打哪兒來的。他們向後往椅背一靠，看著彼此，不可置信。他們回過頭來向**我**遊說，這下換我愣住了。「藍帶有興趣成為虎牌鞋在美國的代理商嗎？」「沒問題，行，藍帶**願意**。」我說。

我開始侃侃而談我對「熱身」訓練鞋的看法。「這是一雙好鞋，」我說：「我能成功賣出這款鞋。」我請他們立刻把樣品寄給我，寫下寄送地址，並承諾會寄一張五十美元的匯票給他們。

他們起身，超過九十度深深對我一鞠躬，我也回他們一個超過九十度的鞠躬。雙方握手後，我再鞠躬一次，他們也忙不迭回禮，然後大家開心地笑了。哪來的戰爭，哪來的火藥味。我們是合夥人，是兄弟，原本預期十五分鐘可結束的會議，結果談了兩個小時。

從鬼塚株式會社出來後，我直接到最近的美國運通辦事處，寄了封信給父親。**親愛的父親：急事急辦，請匯款五十美元到神戶的鬼塚株式會社**。

吼吼吼，嘻嘻嘻……奇怪的事發生了。

為什麼我在這裡？使命是什麼？

回到旅館，我在榻榻米上來回踱步。一部分的我希望立刻打道回府，等著收到那些運動鞋樣品，及早展開我的新事業。

同時我也因為孤獨寂寞、遠離一切熟悉事物、遠離我認識的每一個人而傷心難過。偶爾看到《紐約時報》、《時代》雜誌，會忍不住哽咽。感覺自己被遺棄，猶如現代版的魯賓遜。我好想回家。

另一方面，我對這個世界的好奇心使我熱血沸騰，還是想多看看，去探索，去征服。好奇心占了上風。

我到了香港。走在熱鬧凌亂的街上，訝然於街上出現缺腿、缺手的乞丐，老頭子跪在髒亂不堪的路上，旁邊是乞討的孤兒。老頭子不說話，小孩則重複哭喊：**拜託，大爺。拜託，大爺。拜託，大爺**。然後哭了起來，頭砰地一聲磕在地上。儘管我掏出口袋裡所有的錢給他們，他們還是繼續哭號並未止歇。

我去到香港的一端，爬到維多利亞公園的山頂，遠眺中國大陸。就讀大學時，我讀到《論語》，有句話大意是說**能移山者，從搬運小石頭開始**[*]。而今我強烈感受到，我絕不可能撼動眼前這座大山，絕不可能再靠近這「祕境」一步，為此我心情低落。

我接著轉往菲律賓，該國和香港一樣熱鬧凌亂，但比香港窮了兩倍。我緩行於馬尼拉街頭，前往麥克阿瑟將軍下榻過的賓館。沿路人山人海、車水馬龍，猶如行走在夢魘裡。古今偉大的將領──從亞歷山大大帝到二戰名將巴頓將軍等，都是我崇拜的對象。我痛恨戰爭，但崇拜戰士與勇士的精神；我痛恨刀劍，但崇拜武士。歷來偉大的將士中，我認為麥克阿瑟最令人佩服。雷朋眼鏡、玉米菸斗是他的註冊商標。他自信十足、運籌帷幄、激勵士氣，還擔任美國奧委會主席，我怎能不崇拜他？

當然，他有一堆的缺點，只不過他有自知之明。他一語成讖地說，**人們只會記住你壞了哪些規矩，不會記住你的優點**。

我原本打算在他下榻過的「麥克阿瑟套房」住一晚，可惜太貴而作罷。

我對自己承諾，有一天我一定會回來。

我下一站到了曼谷。搭乘長竿船航行於污濁的水面上，到了露天的水上市場，喧囂吵鬧的程度彷彿進了瘋人院。我品嘗了鳥肉、蔬果，這些東西我過去從未看過，以後應該也不會再相遇。我避開人力三輪車、摩托車、嘟嘟車、大象，好不容易到了玉佛寺，寺內供奉著由一整塊翡翠雕成的大型玉佛，距今已有六百年歷史，是亞洲信徒心中最神聖的大佛之一。仰望佛祖祥和的面容，我默問，**為什麼我在這裡？我的使命是什麼？**

我等著佛祖回應。

什麼都聽不到。

抑或沉默就是給我的答案。

我來到越南，街上到處是美國士兵，隱含一股不安與憂慮。每個人都清楚，戰爭風雨欲來，一旦開戰將是腥風血雨，截然不同於以往形態。會是一場戲劇化的戰爭，美軍將採極端戰略，聲稱**為了拯救一個村莊，不得不把它摧毀**。一九六二年耶誕節前幾天，我抵達加爾各答，租了一間和棺木差不多大的房間。房內空間不夠，沒有床，沒有椅子，只有一個吊床，吊床下挖了個洞，充當廁所。才短短幾小時我身體就出了毛病，可能是經空氣感染了病毒，可能是食物中毒。一整天我都病懨懨，感覺快撐不下去了，恐怕不久將被死神帶走。

＊編註：奈特在書中提過兩次搬石頭的故事，指的似乎是「愚公移山」，而愚公移山典出《列子》，並非《論語》。

但我勉力打起精神，逼自己下了吊床。次日，我步履蹣跚地跟著數千名朝聖者以及數十隻聖猴，沿著瓦拉納西河壇（Voranasi temple）陡峭的階梯而下，這些河階可以直抵熱氣蒸騰的恆河。走到水位及腰的深度時，我抬頭一瞧——眼前是海市蜃樓嗎？不是，是葬禮，數個葬禮同時在河中央舉行。我看著死者家屬涉入水中，將死者放在高架的木檯上，施以火化。不到二十碼之外，其他人泰然自若地沐浴淨身，還有一些人掬水解渴。

古印度哲學書《奧義書》（*Upanishads*）說，**引領我從虛妄走向真實**。因此我決定遠離虛妄，搭機到尼泊爾首都加德滿都，直奔喜馬拉雅山登山健行，下山時，在熱鬧擁擠的市集狼吞了一碗帶血的生牛肉。我發現在市集的西藏人腳上套著紅羊毛與綠絨布縫製的靴子，鞋尖略微向上翹起，猶如雪橇板翹起的尖端。我突然**注意**到大家腳上的鞋子。

我回到印度，跨年夜的晚上在孟買掃街，穿梭於牛來牛往的街上，因為受不了周遭的喧囂、氣味、顏色、眼神，偏頭痛開始發作，疼痛難當。下一站是肯亞，搭乘長途巴士深入荒地，巨大鴕鳥不服輸地跟巴士競賽，看誰比較快。大小和鬥牛犬差不多的鸛忽地飛過我們車窗。每次司機將車停在某個前不著村後不著店的荒郊，讓幾位馬塞族（Masai）勇士上車，一兩隻狒狒也緊跟在後想搭順風車，司機和勇士就會用長刀驅趕牠們。下車之前，這些狒狒轉頭看我一眼，眼神露出受傷的自尊。對不起啊，老兄。這車不是我的，決定權不在我啊。

我前往開羅，參觀吉薩（Giza）金字塔群。在獅身人面像前，我和沙漠的游牧民族以及披了絲緞的駱駝，不約而同瞇著眼抬頭看著雕像永不闔上的雙眼。毒辣的陽光劈頭照射下來，同樣的毒日也劈頭曬在當年建造這些金字塔的數百萬苦力頭上，以及之後數百萬參觀者頭上。我心想，人來人往，沒有一個人被記得。聖經說，一切都是虛空。禪學說，此刻即所有。沙漠說，一切都是沙塵。

我到了耶路撒冷，參觀一塊聖石，傳說亞伯拉罕當年將兒子捆綁在這石頭上準備殺了獻給上帝。穆罕默德也是踩著這顆石頭升天。根據《可蘭經》記載，這顆石頭原本想跟著穆罕默德升天，但被穆罕默德用腳抵住，攔著它不讓它跟，據說石頭上至今還留著穆罕默德的足印。當時穆罕默德是赤著腳還是穿著鞋呢？我在暗沉沉的小酒館吃了一頓難吃至極的早午餐，周遭坐著一臉煤灰的工人，看起來筋疲力盡、死氣沉沉。他們吃得很慢又心不在焉，彷彿行屍走肉的殭屍。我們為什麼要工作得這麼辛苦？**想想野地裡的百合是怎樣生長的……他們不必辛勞，更不必紡織**。但是一世紀的拉比以利亞撒·本·亞撒利亞（Eleazar ben Azariah）認為，工作乃是我們最神聖的一部分。**每個人莫不對他們的手藝感到自豪。上帝談到祂的工作。人類不該更勤奮嗎**。

我前往伊斯坦堡，戀上土耳其咖啡，在博斯普魯斯海峽沿岸蜿蜒曲折的街弄中迷失了方向。我歇下腳步欣賞美麗的宣禮塔，參觀托普卡匹皇宮（Topkapi Palace），皇宮內部富麗堂皇，猶如迷宮。這裡也是鄂圖曼帝國蘇丹的宮殿，收藏了先知穆罕默德的劍。十三世紀波斯詩人魯米（Rūmī）寫下：**今晚別睡著了。心之所求到時將實現**。

心中的暖陽讓你看到奇蹟。

我來到了羅馬。接連幾天窩在義式小餐館，大啖義大利麵，目不轉睛地盯著全球最美麗的女子和鞋子（凱撒時代，羅馬人認為先穿右鞋再穿左鞋可以帶來財富與好運）。暴君尼祿的臥室已是長滿綠草的廢墟。宏偉的圓形競技場只剩斷垣殘壁。梵諦岡寬廣的長廊和廳室。擔心人擠人，所以我早出晚歸，搶在人龍之首。但是哪來的隊伍與長龍啊？受到史上最強冷氣團籠罩，羅馬成了冰庫，全市不見人煙，整個城市歸我一人獨有。

就連西斯汀禮拜堂（Sistine Chapel）也不見人潮。我一個人站在拱頂下，讚嘆地欣賞米開朗基羅的壁畫。我從旅遊指南中得知，米開朗基羅畫這幅鉅作時非常辛苦，必須仰躺，導致背、頸痠疼，油彩不斷滴進他的頭髮與眼睛。他向朋友訴苦，真是恨不得早日完成畫作。我心想，若連大師都對工作有怨言，那麼其他人還有什麼指望？

我轉往佛羅倫斯，花了幾日追逐但丁、閱讀但丁。這位孤單又厭世的文學巨擘從來不覺得自己找到了人生的方向與目的，到底厭世是因？還是果？

我站在大衛雕像前，懾於他眼裡散發的怒氣。巨人歌利亞**哪是他的對手**。

我搭火車北上米蘭，和文藝復興巨擘達文西展開一番交流，參考他美麗的筆記，不解他獨特的偏好，尤其納悶他何以迷戀人類的雙足。他說過，**人類的雙足是工程學的傑作，是藝術品**。

我有什麼分量與資格和他爭辯？

米蘭的最後一晚我在斯卡拉（La Scala）大劇院度過。我穿上綠色布克兄弟西裝亮相，自負地和身穿高級訂製燕尾服的男士以及珠光寶氣的女士平起平坐。所有觀眾讚嘆地聽著《杜蘭朵公主》（*Turandot*），當流亡中國的韃靼王子卡拉夫（Calaf）唱出詠嘆曲〈公主徹夜未眠〉的歌詞：**下沉吧星星！天破曉時我將得勝。我將得勝，我將得勝！**此時我眼眶泛淚，舞台布幕落下時，我興奮地從座位跳起來。**安可！安可！**

我到了威尼斯，懶洋洋地輕鬆了幾天，追隨馬可・波羅的足跡，駐足在羅伯特・勃朗寧

（Robert Browning）宮殿前面，不知站了多久。**只要擁有單純的美，你就擁有上帝創造的最好東西**。

全球行計畫已近尾聲。家人也催我回家。我趕往巴黎，搭乘地鐵至萬神殿（Pantheon），用手輕觸盧梭與伏爾泰的棺木。**熱愛真理，原諒錯誤**。我找了間又髒又舊的小旅館棲身，看著冬雨如簾幕般傾瀉在窗下的巷弄。我在巴黎聖母院祈禱，參觀羅浮宮時迷了路。在莎士比亞書店買了幾本書，並到二樓，參觀喬伊斯（Joyce）、費茲傑羅（F. Scott Fitzgerald）曾經睡過的地方。有時緩步沿著塞納河左岸散步，累了就停下來在海明威與多斯．帕索斯（Dos Passos）流連的咖啡館啜杯卡布其諾。海明威與帕索斯曾在這間咖啡館互相替對方大聲朗誦《新約》。最後一天，我安步當車在香榭麗舍大道，追蹤解放者的腳步，滿腦子好一會兒都被巴頓將軍霸占。**不用告訴別人怎麼做事，告訴他們要做什麼，他們的表現將令你吃驚**。

在歷來的大將軍中，巴頓最講究鞋子：**士兵穿上鞋子，只是個兵，不過穿上了軍靴，他就成了戰士**。

我飛往慕尼黑，在伯格布洛凱勒（Bürgerbräukeller）啤酒館暢飲冰鎮啤酒。希特勒當年在此啤酒館朝天花板開槍，就此揭開納粹的序幕。我原本打算參觀達豪（Dachau）集中營，但是向人問路時，大家都假裝不知道，顧左右而言他。我到了柏林，在查理檢查哨（Checkpoint Charlie）接受證照檢查，身穿厚重大衣的俄國士兵面無表情查核我的護照，對我上下拍打搜身，並詢問我在共黨統治的東柏林從事什麼事業。我說：「我不做生意。」他們不知怎地查出我曾就讀史丹福大學，讓我非常緊張害怕。就在我抵達這裡之前，兩名史丹福學生嘗試用福斯汽車偷渡一名青少年失敗而遭羈押，現在還關在牢裡。

最後警衛揮手讓我入境。我走了一小段路，停駐在馬克思－恩格斯廣場（Marx-Engels-Platz），環顧四周，什麼也沒有。沒有樹木、沒有商店、沒有生息。我憶及在亞洲遍地可見的貧窮現象，這裡則是另外一種貧窮，明明可以避免卻刻意為之。我看到三個孩童在街上玩耍，兩男一女，都是八歲。我走過去，幫他們拍照。女孩戴著紅色羊毛帽，穿著粉紅色外套，對著我露出笑容。我永遠忘不了她的身影，以及她的鞋子——用硬紙板做的。

我前往維也納，走在瀰漫咖啡香的重要幹道上，想到這裡曾是史達林、托洛茨基（Leon Trotsky）、鐵托（Marshal Tito）、希特勒、榮格、佛洛伊德等人居住的城市。這些約莫在同個歷史時刻出現的重要人物，成了相同咖啡館的常客，沉思該如何拯救（或終結）世界。我走在莫札特走過的石板路上，和他一樣登上美輪美奐的石橋，跨越氣質優雅的多瑙河。仰望聖史蒂芬大教堂（St. Stephen's Church）高聳的尖塔，貝多芬就是在這裡看到鴿子突地振翅飛出鐘塔，但他卻沒聽到鐘塔鳴鐘，而發現自己耳聾的悲劇。

最後我飛往倫敦，走馬看花地去了白金漢宮、海德公園演說者之角、哈洛德（Harrods）百貨公司。我又掐出一些時間走訪下議院。閉上眼睛，想像邱吉爾的喊話：**你們也許會問，我們的目的是什麼？我可以用一個詞來回答，求勝——不惜付出一切代價求勝，藐視一切恐怖地求勝。這是因為，沒有勝利就沒有我們的生存**。我迫不及待跳上駛往史特拉福德（Stratford）的巴士，參觀大文豪莎士比亞的家（伊莉莎白時代的女鞋會在鞋尖綁上紅絲綢玫瑰花）。但是我已經沒有時間逗留了。

我最後一晚回顧著這趟旅行，在日誌上寫下心得，心想這趟旅行的亮點是什麼？希臘。毫無疑問，絕對是希臘。

我離開奧勒岡時，行程表上最感興奮的兩件事莫過於：我想向日本人推銷我的瘋狂點子。再者，我想站在雅典的衛城（Acropolis）前面。

在希斯洛（Heathrow）機場，距離登機返美還有幾個小時，我細想了一下當時在衛城的心情。仰望著神廟巨大的石柱，深受震撼，一如看到美麗鉅作而有的反應，但這次又多了強烈的熟悉感。

難道是我的想像？畢竟，我所站之處是西方文明的搖籃。也許我只是**想要**和它拉近關係，但是我知道並非如此。我腦筋非常清楚：我以前曾來過這裡。

然後走上白色石階，腦筋又冒出另一個想法：這是一切的起點。

在我左邊是帕德嫩神廟，當年柏拉圖看著建築師與工人一柱一石興建而成。在我右邊是雅典娜尼基神廟（Temple of Athena Nike）。根據我的旅遊指南，二十五世紀之前，這裡收藏了一塊美麗的雅典娜女神浮雕板，據信有祂在，「尼基」（意為勝利）就會隨祂而來。

勝利是雅典娜給予的諸多禮物之一。此外，祂也酬庸能促成交易的媒合者。在《奧瑞斯提亞》（*Oresteia*），祂說：「我佩服……有說服力的雙眼。」因此在某種意義上，雅典娜可謂談判者的守護神。

我在這劃時代要地駐足許久，吸收這裡強大的能量與力量。到底站了多久？一小時？三小時？那日之後，不知過了多久，我找到阿里斯托芬（Aristophanes）一齣戲劇，舞台背景就是雅典娜尼基神廟，劇中戰士送了國王一雙新鞋作為禮物。我不記得自己何時才弄清楚該戲劇的名稱是《騎士》（*The Knights*），但我的確清楚，當我轉身離開時，我注意到神廟的大理石正門有好幾個讓人目不轉睛的浮雕，其中一個最為人熟知——尼基勝利女神以不可思議的角度彎身……調整鞋帶。

我的鞋子寄來了嗎？

一九六三年二月二十四日我二十五歲生日當天，我回到奧勒岡，走進家門時，頭髮及肩、鬍子長達三英寸。母親看到我，激動地哭了。雙胞胎妹妹猛眨眼，似乎認不得我，或是根本沒注意到我離家多時。一家人擁抱、尖叫、大笑。母親要我坐下，幫我倒了杯咖啡，準備聽我細細道來這段經歷。但是我筋疲力盡，把背包與行李箱放在走廊後，進到自己的房間，無神地盯著那些藍色彩帶。奈特先生，貴公司的名稱是什麼？

我蜷縮在床上，瞌睡蟲彷彿斯卡拉大劇院的布幕緩緩而降，沒多久就進入夢鄉。

一小時後，被母親叫聲喚醒，準備吃晚餐。

父親已下班回家，看到我走進餐廳，立刻上前抱住我。他也想巨細靡遺地知道一切。我本來就打算告訴他。

但首先我想確定一件事。

「爸，我的鞋子寄來了嗎？」我說。

| 第2章・1963年 |

該做的事

人生裡的最佳時光離我而去了嗎？
環遊世界是我人生的……頂峰了嗎？
鴿子和泰國玉佛寺的佛祖一樣，
沒有回應我。

父親廣邀鄰居到家裡喝咖啡吃蛋糕，同時觀看「巴克幻燈片」的特映會。關了燈，一室漆黑，我站在投影機旁，無精打采地按著切換到下一張的按鍵，依序說明這是恆河、金字塔。但是我人在心不在，一邊神遊於金字塔，一邊心裡嘀咕著鞋子在哪。

我和鬼塚會社主管見面已過了四個月，當時和他們建立了聯繫，贏得他們青睞（或者這只是我自己一廂情願的想法），而今鞋子依舊沒有下文。於是我耐不住怒氣寫了封信給他們：**各位主管好，有關我們去年秋天的會議，說好你們會寄樣本給我，請問你們撥空寄出了嗎……？**然後我放自己幾天假，睡覺、洗衣、找朋友聚聚。

鬼塚立刻回了封信給我，寫道：「鞋子已寄出，請再等幾天。」

我將信拿給父親看，他皺了皺眉道：「**再等幾天？**」然後笑說：「巴克，那五十美元早泡湯了。」

有些東西已一去不返

我的新造型——流浪漢式的蓬頭亂髮、山頂洞人的大鬍子，母親與雙胞胎妹妹都覺得受不了。我不經意看到她們瞧我的眼神與皺眉的表情，似乎能聽到她們說：混混。因此我剃掉鬍子，事後看著房間五斗櫃上的鏡子，跟自己說：「這下算是真正回到原位了。」

但也不完全是。我身上有些東西已一去不返。

母親是第一個注意到我的異樣。某天吃晚餐時，她長長地看了我一眼，眼中充滿詢問的神色。「啊，你看起來更……世故了。」

我想，世故。天啊。

沒有一樣事是你該做的

在鞋子寄來之前（不管會不會寄來），我都必須想法子掙些錢。出國之前，我曾到添惠銀行面試，也許可以再回那兒問問工作機會。我到客廳，徵詢父親的意見，他舒服地躺在那張可調整後背的躺椅上，建議我應先和他的老友唐・費里斯比（Don Frisbee）談談。費里斯比是太平洋電力電燈公司（Pacific Power & Light）執行長。

我認識費里斯比。就讀大學時，某年暑假曾到他公司實習。我喜歡他，也佩服他畢業於哈佛商學院。說到學校，我的確對名校有迷思。此外，他平步青雲，在相當短的時間內坐上了紐約證券交易公司（New York Stock Exchange Company）執行長的位置。

我記得一九六三年春天和他見面時，他熱情地歡迎我，伸出雙手緊握著我寒暄，然後帶我到他的辦公室，示意我坐在他辦公桌的對面。他坐在皮製高背主管椅上，抬眉說：「說吧……你有什麼打算？」

「費里斯比先生，老實說我不知道該找什麼工作，也不知道該投入什麼志業。」

接著用微弱的聲音補充道：「也對人生感到茫然。」

我說我考慮到添惠投資銀行，或是到他的電力公司，也可能到某家大型企業應徵。費里斯比辦公室的燈光經窗戶玻璃折射，光源反射到他無框的眼鏡再投射進我的雙眼裡，彷彿恆河上的日光。「菲爾，那些想法都行不通。」

「費里斯比先生？」

「我覺得剛剛沒有一樣事是你該做的。」

「喔。」

「每一個人一生至少換三次工作。你現在若到投資公司上班，早晚會離開，到了下一個工作又得從頭開始。若你在大企業上班，也是同樣的結果，所以行不通。你應該趁現在還年輕，拿到CPA會計師證照，這張證照加上企管碩士學位，將會是你收入的保障。未來你換工作時（這是必然的），我打包票，至少可以維持既有的薪資水平，不用擔心被減薪。」

他的話聽起來非常務實。我當然不希望薪資開倒車。

但是我的主修並非會計。我必須上九小時的課才有應考的資格，因此我立刻到波特蘭州立大學註冊了三門會計課。父親得知後，嘟囔道：「又要上學？」

更糟糕的是，我選的學校既非史丹福也非奧勒岡大學，而是波特蘭州立大學這樣二流的小學校。

顯見我並非家裡唯一對名校有迷思的人。

我的人生頂峰過了？

修會計課期間，我也在萊布蘭德－羅斯兄弟－蒙哥馬利會計師事務所（Lybrand, Ross Bros. and Montgomery）上班，它是全國八大公司之一，但它在波特蘭的分公司規模不大，只有一個合夥人，三個初級會計師，對我而言，大小適中。小公司意味著同事互動密切，有利於學習。

一開始的確如此。我被指派的第一個項目是替奧勒岡比佛頓（Beaverton）的瑞瑟好食集公司（Reser's Fine Foods）記帳，因為是獨力作業，所以頗常和該公司的執行長艾爾・瑞瑟（Al Reser）打交道。他才長我三歲，但我從他身上學到了一些寶貴經驗，也很開心能博覽他讀過的書。但我的工作量大到不堪負荷，讓我無法百分之百樂在工作。大型會計師事務所轄下的小分公司常見的困擾是人手不足，導致員工的工作量往往超載。若接到臨時加派的工作，根本沒有多餘的人力應付。在十一月至次年四月的旺季，我們每個人都忙得人仰馬翻，每天上班十二個小時，一週六天，忙到沒有時間學習。

此外，我們被嚴密監控，上班的每一分鐘乃至每一秒鐘都被斤斤計較。甘迺迪總統十一月遇刺身亡那天，我向公司請了一天假，打算坐在電視機前，和全國其他收視觀眾一起追思。然而我的上司搖頭反對，宣稱工作第一，追思第二。**想想野地裡的百合花……他們不勞苦，也不紡線**。

至少還有兩件事足堪告慰。一是收入。現在每月有五百美元進帳，所以可以買輛車，只不過再買輛名爵可能說不過去，所以選了普利茅斯的勇士（Plymouth Valiant）。該車性能可靠，外觀帥氣拉風，烤漆鮮豔，售車業務稱這烤漆是湖水綠，我朋友打趣說這是嘔吐穢物綠。

其實更貼切的說法是新美鈔綠。

另一個安慰是午餐。每天中午，我會沿街走到當地一家旅行社，做白日夢一樣盯著玻璃窗櫃裡的海報，瑞士、大溪地、莫斯科、峇里島。我隨手抽了一本小冊子，坐在公園的長凳上，邊吃花生醬與果醬三明治，邊翻閱冊子。我對著鴿子說道：你相信嗎？一年前我還在威基基衝浪，一早在喜馬拉雅山健行後吃著紅燒燉水牛肉呢。

這些人生裡的最佳時光離我而去了嗎？

環遊世界是我人生的……頂峰了嗎？

鴿子和泰國玉佛寺的佛祖一樣，沒有回應我。

這是我一九六三年的生活。沒事就問鴿子問題，替勇士車打蠟，還有寫信。

親愛的卡特，你離開香格里拉了嗎？我現在是個會計師，有時會考慮是否要拿把槍轟了自己腦袋。

| 第3章·1964年 |

第一位合夥人、第一位員工

我不是在賣東西，而是我相信跑步。
我相信，若大家每天跑個幾英里，
世界會變得更好，
我也相信這些鞋比一般跑步鞋更好。

耶誕節之際收到了通知，告知包裹已到。我在邁入一九六四年的第一週，飛車趕到了碼頭倉庫，我不記得當時的詳情，只記得一大早就到了現場，等著倉庫員工上班打開倉庫門。

我把通知遞給他們，他們到倉庫的後面搬了一個大箱子出來，上面寫滿日文字。

我飛奔回家，衝到地下室，用力撕開紙箱，裡面放了十二雙跑步鞋，全是米白色，鞋側邊縫著藍橫條紋。天啊，美呆了，美到連我在佛羅倫斯或巴黎所見的藝術品都不如它。我想把鞋子放在大理石基座上供著，想替它們加裝閃亮亮的金色邊框。我對著燈光高舉鞋子，愛不釋手地東摸摸西摸摸，一如作家對待一整套的新筆記本，棒球選手對待一整排的新球棒。

然後我送了兩雙鞋給奧勒岡大學的田徑教練比爾·鮑爾曼（Bill Bowerman）。

此舉完全是不假思索。鮑爾曼是第一位逼我思考（真正**動腦思考**）大家腳上穿了什麼。鮑爾曼是天才教練、激勵士氣的高手、令年輕氣盛男子佩服的天生領袖，他認為攸關跑者發展與前途的一大關鍵在於鞋子。他對人類如何穿鞋有著高度狂熱。

奧勒岡大學四年期間我一直是他田徑隊的弟子，他老是神出鬼沒於我們的更衣室，暗槓我們的鞋子。先是動手拆了鞋子，再一一把零件重新縫合回去，過了幾天又原封不動送回我們的置物櫃，只不過鞋子已被他改頭換面，要嘛讓我們跑得像鹿一樣健步如飛，要嘛讓我們血濺不止。不管結果是好是壞，都無阻他改良鞋子的熱情。他一心一意想找出辦法改良鞋子對腳背的支撐力、提高鞋子中底夾層（midsole）的避震性、加大前腳掌的容納空間。他一直冒出新的點子與設計，讓我們的跑步鞋更時髦、更輕軟。尤其是減輕重量這部分。他常說，一雙鞋若減掉一盎司（約三十公克），相當於一英里少負重五十五磅（約二十五公斤）。鮑爾曼可不是信口開河，他的數學可是有深厚的硬底子。以男跑者平均一個跨步是六英尺計算，那麼一英里（五千兩百八十英尺）跑下來，約有八百八十個跨步，每一個跨步少掉一盎司，一英里就少掉五十五磅。鮑爾曼相信，輕盈等於少負重，少負重等於省體力，等於更快的跑速。而速度是勝負關鍵。鮑爾曼喜歡贏（這點也感染了我），因此求輕是他不斷努力的目標。

說是目標還算婉轉。為了求輕，他可是什麼都嘗試，獸皮、蔬菜、礦物不一而足，只要是任何可能有助於減輕當年標準跑鞋皮面重量的材質，他都來者不拒，所以有時連袋鼠皮都成了他的實驗對象，鱈魚也曾中獎。你這輩子還沒機會和穿著鱈魚製跑鞋的飛毛腿一較高下過吧，若有，表示你沒有白活。

我們田徑隊裡有四、五個人是鮑爾曼進行足療實驗慣用的白老鼠，但我是其中最受寵的愛徒。我的腳、我的跨步似乎給了他靈感。此外，我禁得起大範圍誤差。我並非隊裡最佳跑者（再怎麼努力也機會渺茫），所以他大可放膽在我身上試誤，過程中無須擔心影響比賽成績。反之，他可不敢在傑出的跑者身上冒不必要的險。

在大一、大二、大三期間，我已數不清穿了多少次他改良過的薄底鞋（flats）或釘鞋（spikes）出賽。到了大四，我所有的跑步鞋都是他從零開始一手打造。

我不疑有他地認為，這款花了一年多才從日本飄洋過海抵美的虎牌鞋會激起教練的好奇心。的確，這款鞋不如他的鱈魚鞋輕盈，但頗具潛力，因為日本廠商已承諾會改良；二，價格實惠，這絕對會打動節儉成性的鮑爾曼。

就連鞋子的名稱都可能讓他絕倒。他習慣叫他門下的跑將「奧勒岡男子」，但偶爾會激勵我們當隻「猛虎」（tigers）。我腦海浮現他在我們更衣室來回踱步的畫面，在賽前叮囑我們「在跑道上化身**猛虎**」（如果你當不成猛虎，你就會被酸言酸語為「漢堡」）。有時我們會抱怨賽前的餐點太寒酸，他會不客氣地咆哮道：「餓肚子的猛虎才是捕獵高手。」

我心想，若運氣不錯，教練應該會替門下的虎將訂購幾雙虎牌鞋吧。

不過無論他下單與否，能讓鮑爾曼留下印象即足矣。光是這樣已可讓我剛起步的公司奠下成功的基礎。

現在想來，當時我所做的一切似乎都在呼應內心深層的渴望，渴望鮑爾曼記住我，渴望討好鮑爾曼。除了父親，我最希望從鮑爾曼身上得到肯定，可是除了我父親，世上也沒有一人比鮑爾曼更吝於給人肯定。「儉省」涵蓋了鮑爾曼這個人的所有層面，他甚少美言，彷彿把讚美當成未切割的裸鑽，只能收藏，不輕易送出。

若運氣不錯，贏得了比賽，鮑爾曼**可能**只是輕描淡寫地說：「跑得不錯。」（這正是他對旗下一名跑者刷新全美記錄，成功突破四分鐘跑完一英里這個了不起門檻時說的話。）跑者締造佳績後，鮑爾曼較常的反應是保持沉默，他穿著粗呢西裝外套，搭配針織背心，套著金屬環的細繩領帶隨風飛揚，已用舊的棒球帽壓得老低。他站在跑者面前，再次點頭，或是給個意味深長的眼神。他那雙透著冰冷氣息的藍色眼眸明察秋毫，能看穿一切，卻不露任何聲色。大家會議論鮑爾曼英俊的外表、利落復古的平頭、直挺的站姿、堅毅的下巴線條，但他那雙紫藍色清明雙眸透出的眼神對**我**最具殺傷力。

我第一天就被他的眼神震到。一九五五年八月，我成為奧勒岡大學的新鮮人，一到學校報到就對鮑爾曼又愛又怕。這兩種原始衝動糾結至今，一直存在於我們兩人之間，我從未停止敬愛他，但也不知如何排解對他根深柢固的懼意。有時懼意少一些，有時多一些，有時往下延伸直抵我腳上的跑步鞋（這些鞋可能都是他徒手親自縫製）。愛與怕這兩種矛盾的感情也主宰了我和父親之間的互動。有時我不禁納悶，這兩人都叫比爾難道只是巧合？畢竟兩人是如此相像——深藏不露、永遠要當第一名、深不可測。

但驅使兩人前進的動力截然不同。父親是屠夫之子，一輩子追求體面；而鮑爾曼的父親曾是奧勒岡州長，對於體面則是不屑一顧。他的祖先是拓荒時代的傳奇人物，當時一群男女走完奧勒岡古道，決定停下來，在奧勒岡東部落腳，不久自成一個小鎮，叫化石城（Fossil）。鮑爾曼小時候住過那裡，及長後動不動就回去一次，看來他一部分的靈魂留在化石城了。說來有趣，他的確和化石有著異曲同工之妙：堅硬、古老、泛黃（brown）。他承繼了史前硬漢的若干特質，集膽識、正直、千古不化的固執於一身。這在詹森總統執政下的美國非常罕見，至今則已幾乎絕跡。

他也是二戰英雄。他在美國陸軍第十山地師擔任少校，派駐於義大利境內的阿爾卑斯山上，曾開槍攻擊敵營，當然對方也不甘示弱回擊（他的氣勢驚人，我不記得有人膽敢開口問他是否打死過人）。若你不由得想避開二戰、第十山地師等在他心中占據重要地位的話題，他就端出那只飽經風霜的手提箱，箱子側邊還用燙金刻出X這個代表十的羅馬數字。

鮑爾曼是美國家喻戶曉的田徑教練，但他從不認為自己是田徑教練，也對這稱呼心存反感。由於他的出身背景加上天性使然，他自然而然將田徑視為達到目的的手段。他自稱「競爭反應教授」（Professor of Competitive Responses），職責是幫學員預作準備克服未來以及奧勒岡之外的難關與競爭。

儘管他有崇高的使命（或者正因為肩負崇高使命），奧勒岡大學的設備卻簡直就是為斯巴達教育而設。潮溼的木頭牆，更衣室已數十年未曾重新粉刷上漆，置物櫃沒門，只用幾塊板子隔開你和隔壁使用者的雜物，衣服掛在生鏽的釘子上，有時候沒穿襪子就上場跑步，但大家從沒想過抱怨。我們視教練為三軍將領，只有絕對的服從。我覺得他就像巴頓將軍，只不過手持的是計時秒表。

這些可都是在他不當高踞於山頂的天神時。

一如古代所有的神祇，鮑爾曼也住在山頂。他有一個占地遼闊的莊園，高踞在俯瞰校園的山巔上。當他回到奧林帕斯山住家時，誰要是得罪了他，他的報復心可是不輸古代的諸神。一位隊友曾告訴我一個插曲，切中要害地印證了這點。

有一位貨車司機膽敢打攪山上鮑爾曼的清靜。他因為轉彎速度過快，經常撞倒鮑爾曼家的信箱，鮑爾曼訓斥過他，並揚言要打斷他的鼻子，但後者完全不把鮑爾曼的威脅當一回事。日復一日，他照樣隨心所欲，愛怎麼開就怎麼開，所以鮑爾曼在信箱裝了炸藥，下次司機再撞倒信箱時，轟的一聲，等煙霧散去，司機發現貨車已被炸成一堆廢鐵，輪胎也變形粉碎，自此再也不敢碰鮑爾曼家的信箱一根寒毛。

像這樣的一個人，你絕對不想和他站在不同陣線，而像我這樣來自波特蘭市郊、身材瘦長的中距離跑者，尤其不敢和他作對。我輕手輕腳地在鮑爾曼身邊跟前跟後，儘管不動聲色，但還是常惹得他不快，有次真的惹火了他。

我當時念大二，忙得分身乏術。早上上課，下午練習，晚上應付功課。某天因為感冒，到鮑爾曼辦公室找他，告訴他當天下午無法練跑。他的反應是：「嗯哼，誰才是當家的教練？」

「你。」

「所以身為本校田徑隊的教練，我命令你立刻到田徑場上。順帶一提……我們今天要進行計時跑。」

我幾乎快哭了。但我強打起精神，全神貫注，沒想到跑出當年數一數二的佳績。我離開跑道，對著鮑爾曼咆哮洩憤。**開心了嗎**。**兔崽……**？他看著我，並瞄了一眼計時秒表，繼而又看了我一眼，然後點點頭。原來他在考驗我，先狠狠將我大卸八塊，再重新組合，一如他對待鞋子。所幸我撐了過來，真正符合他旗下「奧勒岡男子」的條件。那天之後，我成了猛虎。

我立即收到鮑爾曼回覆。他在信中表示，一週後會到波特蘭參加奧勒岡室內運動會（Oregon Indoor），到時可以碰個面。他約我在大都會旅館（Cosmopolitan Hotel）共進午餐，這也是他的田徑隊下榻之處。

一九六四年一月二十五日，緊張忐忑的我跟著帶位的侍者和鮑爾曼一起走到餐桌，坐下後，我記得鮑爾曼點了一個漢堡，我沙啞地跟侍者說：「我也一樣。」

我們先閒聊了幾分鐘。我說著自己去了哪些地方，神戶、約旦、尼基勝利女神殿……鮑爾曼對我在義大利的日子特別感興趣。儘管他曾在那裡與死神擦肩而過，但他對義大利仍有諸多美好的回憶。

最後他講到這次會面的重點。「那些日本鞋子非常好，可不可以讓我加入這門生意？」

我看著他，加入？生意？花了一分鐘才弄清楚他說的話。他不僅想替田徑隊員添購十二雙虎牌鞋，他還想成為我的合夥人？若說上帝乘著旋風而下當面要求做我的合夥人，我都不會感到意外。我結巴地對鮑爾曼說，好。

我伸出手，但半途又縮了回來。「你想要什麼樣的合夥關係？」我問。

我竟然敢和高高在上的神祇討價還價，我真是吃了熊心豹子膽。鮑爾曼也不可思議地微愣了一下，道：「各自持股一半。」

「嗯，你得出資一半。」

「沒問題。」

「我想第一批訂單約一千美元，你分攤一半的話，是五百美元。」

「可以。」

服務生把兩份漢堡的帳單放到桌上時，我們也各付各的，五五拆帳。

和天神鮑爾曼合夥

我清楚記得當天的會面，儘管過了一天、數天、數週，依舊歷歷在目，但是所有的文件卻和我的記憶唱反調。信件、日記、記事本都斬釘截鐵地顯示會面時間比我記得的晚了甚久，但我的記憶就是如此，可見其中一定有什麼原因。我可以**看見**我們那天離開餐廳時，鮑爾曼戴上棒球帽，可以**看見**他順了順細繩領帶，可以**聽見**他說：「我需要你和我的律師約翰．賈夸（John Jaqua）見一面，他可以幫我們的合作關係擬份合約。」

不管孰對孰錯，數日、數週、數年之後，當天的會面差不多是如此。

我將車停在鮑爾曼石造的堡壘前，一如既往，對周遭環境讚嘆了一番。這裡遠離塵囂，人煙罕至。從科堡路（Coburg Road）一路開到麥肯西道（Mackenzie Drive），然後轉進一條蜿蜒的小徑，沿著上坡路大概開個兩三英里就進入了森林。森林裡有一塊空地，種了玫瑰、單生的大樹，還蓋了一棟可愛的房子，房子雖小卻堅固，正面用石頭砌成。房子是鮑爾曼一磚一瓦徒手蓋成。我將勇士車開進停車位，仰頭看著屋子，心想他到底是怎麼一個人獨力扛起這會要人命的苦役。

移山是從搬小石子開始的。

房子四周是寬敞的陽台，木頭地板上擺了幾張露營椅，這些椅子也是出自他的巧手，坐在屋外的陽台可一覽無遺麥肯西河（McKenzie River）。我心想，若說這河是鮑爾曼一手安排讓它躺在現在的位置，我也不會太意外。

我看到鮑爾曼站在屋前的陽台上。他看到我，什麼話也沒說，只瞇了瞇眼，然後走下台階，朝我車子靠近並坐進車子裡。我不記得兩人在車上聊了什麼，只是猛地將車子開上車道，前往他律師的家。

賈夸既是鮑爾曼的律師，也是他最好的朋友兼鄰居。他在鮑爾曼家的山腳下擁有一千五百英畝土地，緊臨麥肯西河的精華地段。開車下山途中，我忐忑不安，不知接下來對我是利是弊。我和鮑爾曼處得不錯，這點毋庸置疑，兩人也達成了協議，但律師就是有本事弄巧成拙、無中生有。更何況是最好的朋友兼律師……？

我的心情七上八下，但鮑爾曼不動聲色，沒有一句安慰話，幫我鬆懈緊繃的心情。他一路上保持沉默，直挺挺地欣賞窗外的風景。

一路鴉雀無聲。我專注於眼前的道路，深思鮑爾曼異於常人的個性，這個性反映在他的所作所為。他永遠要逆著潮流、與眾不同。比如說，他是全美第一個重視休息的大學田徑隊教練，堅信修復與工作同樣重要。但他操練你時，我的天啊，那可是來真的。鮑爾曼訓練一英里跑者的戰術非常簡單：前兩圈快跑，第三圈拚全力地跑，第四圈將速度提升到三倍。這是融合禪學的戰術，因為不可能辦得到，但卻有效。鮑爾曼旗下的一英里跑者有多位跑出四分鐘以下的佳績，人數之多，其他教練望塵莫及。我並非其中一位，而今天我心裡默想，會不會再次在關鍵的最後一圈又辜負了他。

到了之後，賈夸已站在他家前門的陽台。我在田徑場上看過他一兩次，但從未好好仔細打量他。儘管他戴著眼鏡，悄悄邁入中年人生，但他不符合我對律師的印象，因為他太壯碩，太結實。稍後才得知他中學曾是足球隊的明星殿衛（tailback），也是加州波莫納學院（Pomona College）的最佳百米跑者之一。他至今仍難掩曾是運動員的架式與實力，這可從他握手的力道完全顯現。他寒暄道：「巴克魯（Buckaroo，西部人對牛仔的稱呼），你好。」然後抓著我的手臂，跟著他進入客廳。「我本來打算穿你的鞋子，但是鞋子沾滿了牛糞。」

那天是典型的奧勒岡一月天：飄著毛毛細雨、又溼又冷。我們圍坐在賈夸家的壁爐前，這是我見過最大的壁爐，大到足以用來烤麋鹿，大如消防栓的木頭熊熊燃燒，發出劈劈啪啪聲響。賈夸的妻子用托盤端了熱巧克力從另一扇門走進來。她問我需不需要加發泡鮮奶油或棉花糖，我說，**都不用，謝謝妳，女士**。我的聲音高了兩個八度，她側了側頭，然後同情地看了我一眼：**孩子，你自求多福吧，他們會活生生地扒掉你一層皮**。

賈夸啜了一口熱巧克力，抹去唇上的鮮奶油，然後開始說話。他先閒聊了一下奧勒岡田徑以及鮑爾曼這個人。他身穿骯髒的藍色牛仔褲，皺巴巴的法蘭絨襯衫，看著他，我忍不住納悶，他看起來怎麼和專業律師差這麼多。

賈夸說，他從未看過鮑爾曼對於哪個合作案如此熱中興奮，這話非常中聽，我喜歡。「但是，」他接著道：「五五合作模式對鮑爾曼教練而言不是很讓人滿意的安排。他不喜歡當家作主，也不喜歡和你因意見不合而劍拔弩張。何不他五十一你四十九？我們給你百分之百的經營主導權。」

他努力替客戶爭取更優惠的條件，其意不在擊垮我，讓我全軍覆沒。他整個人的氣勢並未給人咄咄逼人的感覺，而是設法當個幫手，讓雙方都是贏家，我相信他。

「我這邊沒問題。就這樣？」我問。

他點頭道：「就這麼說定嘍？」「成交，」我說。我們三人握了握手，簽署文件，現在我正式成了至高無上鮑爾曼的合夥人，雙方的合作有法律的保障與約束力。賈夸的太太問我是否要再來一杯熱巧克力？好的，賈夸女士。可以加些棉花糖嗎？

來一雙「熱身」

當天稍晚我寫信給鬼塚株式會社，詢問對方能否讓我獨家代理虎牌鞋在美國西部的市場，並請對方寄出三百雙虎牌鞋到美國，愈快愈好。一雙若定價三．三三美元，三百雙約一千美元。就算鮑爾曼挹注一半資金，以我手頭現有的資金也不足以補足缺口，所以我再次找父親借錢，但這次他猶豫了。他不介意幫我創業，但他不希望我年年回來找他幫忙。此外，他認為賣鞋這件事只是玩票性質。他花錢讓我念奧勒岡大學、史丹福大學管理學院，不是為了讓我畢業後挨家挨戶賣鞋子，套句他的話「犯蠢搞怪」(jackassing around)。他說：「巴克，你還要為這些鞋子犯蠢搞怪多久啊？」

我聳肩回道：「不知道。」

我看了母親一眼，一如慣例，她沉默不語，露出幾不可察的淺笑，恰如其個性與氣質。我害差的個性遺傳自她，這點大家一目了然，無須贅言。我常感嘆，若自己也能遺傳到她的美貌該有多好。

父親看到母親的第一眼誤以為她是人形模特兒。他當時路經羅斯堡唯一一家百貨公司，瞥到站在櫥窗裡的母親，當時母親正在展示一件晚禮服。了解母親是血肉之軀後，他立刻衝回家，央求家中姊妹幫他打聽櫥窗裡那位絕世美女是哪家女孩，他的姊妹不負所託，發現她叫洛塔·哈菲爾德（Lota Hatfield）。

八個月之後，兩人結婚，母親冠上夫姓，成了洛塔·奈特（Lota Knight）。

當時父親一心想成為開業律師，努力擺脫自小為伍的貧困生活。那年他二十八歲，母親剛滿二十一歲，生活比父親還窮還苦（外公是列車調度員）。貧窮是雙親少數共通點之一。

他們是典型異質相吸的冤家。母親高䠷、美豔、熱愛戶外活動，習慣找個地方獨處，恢復內心平靜。父親體型中等偏小，戴著無邊框厚眼鏡，矯正高度近視（裸視約〇·〇四）。每天他都在打硬仗，想擺脫過去，想變得體面。他拚命在學業上出人頭地，在工作上力求表現。念法學院時，他成績排名第二，仍一天到晚抱怨成績單上有門課只拿了個C（父親認為教授公私不分，不滿父親的政治理念和他相左而處罰他）。

雙親南轅北轍的個性導致問題重重，這時他們會堅持共守的底線，以家庭為重。若連這個共識都失守，日子就難過了。父親開始酗酒，母親變得冷冰冰。

別被母親的外表騙了，以免陷自己於險境。她安分克己，因此外人以為她溫順好說話，直到她祭出出人意表的手段，才驚覺自己受騙。例如，有次醫師警告父親，飲食必須少鹽，以免血壓升高，但他依然故我，將醫師的話當成耳邊風，母親一氣之下把家裡的鹽罐全換成奶粉。還有一次，雙胞胎妹妹和我為了午餐吵嚷不休，完全沒把母親拜託我們安靜當回事。母親忍無可忍，突然扯開嗓門怒吼一聲，並拿起雞蛋沙拉三明治朝牆壁一扔，然後走出家門，越過草坪，直到身影消失在樹叢裡。我難忘雞蛋沙拉沿著牆壁緩緩滑落以及母親頭也不回消失在遠方樹叢裡的那一幕。

動不動就上演的消防演習也許最能彰顯母親的本性。母親小時候曾目睹鄰居房子付之一炬，一人不幸葬身火窟。因此她把一條繩子綁在我睡床的一根柱子上，逼著我練習從二樓窗戶沿著繩子而下，然後計時我花了多少時間。不知當時鄰居看了作何感想？我又作何感想？也許不外乎：人生無常、危機四伏。又或者是：我們一定要隨時做好準備。

又或者是：母親愛我。

我十二歲時，雷斯．史提爾（Les Steers）與家人搬到我們對街，和我最好的朋友賈基．艾莫瑞（Jackie Emory）為鄰。某天，史提爾先生在賈基家後院搭建了一個跳高基地，賈基和我比賽，兩人最好的成績是四英尺六英寸（約一四〇公分）．史提爾先生說：「也許哪天你們會刷新世界記錄呢。」（我稍後才知道，當時的世界記錄六英尺十一英寸是他所締造。）

母親不知從哪兒冒出來（她身穿寬鬆園丁褲與簡單的襯衫）。我心想，糟了，這下我們有苦頭吃了。她看了一下周遭，瞄了賈基和我一眼，然後覷著史提爾先生，道：「把桿子挪高一格。」她脫掉鞋子，用腳趾頭做了個記號，然後咻地往前衝刺，輕鬆跳過五英尺。

我真是愛死她了。

當時我覺得她酷斃了。過沒多久，我發現她是田徑賽的忠實粉絲。

我大二那年，腳底板長了一個疣，很痛。足科醫師建議開刀割除，這麼一來我可能有一季無法參賽。母親對醫師只說了兩個字：「嗯，行。」她到藥房買了一罐除疣藥水，每天幫我搽藥。然後每隔兩週就拿出刻刀，削掉一層疣皮，直到疣完全消失。那年春天我跑出個人生涯最佳成績。

所以當父親指控我犯蠢搞怪時，我不應對母親接下來的反應過於意外才是。當時她默默地打開錢包，掏出七塊錢給我，說：「我想買一雙『熱身』。」音量大到足以讓父親聽見。

這是母親在挖苦父親嗎？還是在力挺她的獨生子？抑或再次重申她熱愛田徑？至今我仍不知道答案，但無論如何，只要看到她穿著日本製的虎牌六號跑步鞋，站在爐灶前煮飯或洗碗槽前洗碗，我沒有一次不被她感動。

拿下美西獨家代理

也許父親想省麻煩，不想和母親鬧僵，所以借了我一千美元，這次我立刻就收到鞋子。

一九六四年四月，我租了一輛貨車，開車到倉庫取貨，海關人員遞給我十個大紙箱。我再次火速趕回家，把鞋子搬到地下室，用力扯掉膠帶打開箱子，每一個紙箱裝了三十雙虎牌鞋，每一雙鞋都用玻璃紙包著（鞋盒成本太高）。過沒多久，地下室各個角落都被鞋子霸占，我忍不住讚嘆、研究、把玩它們，甚至在它們上面滾來滾去。然後才把它們一一收好，整齊地排放在暖氣爐四周與乒乓球桌下，盡可能遠離洗衣機與乾衣機，方便母親洗衣。最後我試穿了一雙，在地下室開心地跳上跳下、轉圈圈。

數日後，收到鬼塚會社宮崎先生來信，答應**我**擔任鬼塚在美西的獨家代理商。

一切如我所願。我辭掉在會計師事務所的工作，父親驚訝，母親竊喜。一九六四年春天，我啥也沒做，就只是開著勇士車，到處兜售鞋子。

我不是在賣東西，而是我相信跑步

我的行銷策略很簡單，但我認為相當高明。被幾家體育用品公司拒絕後（「小子，這世界完全不需要另一個品牌的跑步鞋加入戰局！」），我開車跑遍太平洋西北地區（Pacific Northwest），親訪大大小小田徑運動會。趁比賽的空檔，我會和教練、跑者、粉絲閒聊，拿出跑鞋給他們鑑賞。大家反應熱烈，我都來不及填寫訂單。

開車返回波特蘭時，我對生意突然大好感到不解。我賣不了百科全書，其實也看不起這行。兜售共同基金時業績雖然略好，但感覺像行屍走肉。為什麼賣鞋卻如此不同？原來我不是在賣東西，而是我**相信**跑步。我相信，若大家每天跑個幾英里，世界會變得更好，我相信這些鞋比一般跑步鞋更好。大家感受到我的信念，也想試一試在他們身上是否行得通。

我有堅定的信念。信念擋不住，也讓人無法抗拒。

有些人急著要買我的鞋，寫信或是打電話給我，稱聽聞虎牌鞋不錯，所以非要擁有一雙不可，問我可否寄一雙給他們，貨到付款？我試也沒試，郵購事業就這麼開張上路了。

有時顧客直接登門，出現在雙親的家門前。有幾次顧客夜晚上門，按了門鈴，父親不滿地從躺椅起身，一邊將電視聲音關小，一邊抱怨這麼晚了到底是誰。開了門，發現一個瘦小子站在前廊。他瘦是瘦，腿部肌肉卻異常發達，眼神渙散，透出焦慮，彷彿吸了毒似的。男孩問：「巴克在嗎？」父親喚了我一聲，聲音穿過廚房直抵我在後面僕人區的房間。我走出房間，邀請男孩入內，請他坐在沙發上，跪在他面前，丈量他的腳。父親雙手插在口袋裡，看著整個交易過程，覺得難以置信。

多數人透過朋友間口耳相傳登門找上我，但也有一些人是看了我的處女傳單而來。我親自設計傳單，然後請當地一家影印店印製。在傳單最上面，我用大字體寫著：**平底鞋的大好消息！日本挑戰歐洲跑步鞋的主導地位！**接著解釋：**日本低廉的勞動成本讓一家新公司可以壓低再壓低價格，一雙鞋只要六．九五美元。**傳單最下面附上我的地址與聯絡電話。傳單張貼在波特蘭各地。

一九六四年七月四日，第一批貨完售。我寫信給鬼塚會社，又訂了九百雙鞋，成本約三千美元，這會掏空父親微薄的積蓄與耐心。他說，「老爸銀行」已經關門。他勉為其難地同意幫我作保，我拿著他簽名的保證函，開車到奧勒岡第一國民銀行（First National Bank of Oregon）申請貸款。因為父親信譽佳，我無須提供更多文件就申貸成功。父親老愛吹捧自己的面子大，這下面子終於可以換現了，至少我受益良多。

傑夫・強森來了

我有了可敬的合夥人、有了正規銀行的融資、產品又頗具賣相，一路上真是好運當頭。由於鞋子賣得太好，我決定增聘一、兩位業務員幫我打理加州生意。

問題是我該怎麼往返加州？我當然付不起機票錢，開車又太花時間，因此每隔一個週末，我把虎牌鞋塞滿整個軍用帆布袋，穿上硬挺的陸軍軍服，前往奧勒岡的空軍基地。憲兵只要看到穿制服的，問也沒問就揮手示意我搭下一班飛往舊金山或洛杉磯的班機。到了洛杉磯還可再省下旅館費，因為可借住在史丹福同窗查克・凱爾（Chuck Cale）的家。當年我對創業課的同學口頭報告有關跑步鞋市場的研究時，他曾在現場，給予我精神上的支持。

我利用週末到洛杉磯兜售鞋子，有次參加了在西方學院（Occidental College）舉行的運動會。一如往例，我站在跑道內場的草皮上，讓鞋子自己去發揮魔力。突然一個男子步履從容地走了過來，和我握手寒暄。他雙眼閃閃發亮、長相英俊（說真格的，還真是非常英俊，只不過有些憂鬱）。儘管他表現非常沉穩，但他的眼神卻泛愁，幾乎是帶著哀傷。此外，隱隱感覺有些熟悉。他開口道：「你好，菲爾。」我說：「請問你是？」「傑夫・強森（Jeff Johnson）。」

原來是那個強森！我們相識於史丹福。他曾是個相當優秀的一英里跑者，我們曾在聯合運動會同台較勁數次。有時他也會和我與凱爾一起練跑，結束後一起吃個飯。我說：「嗨，傑夫，近來在忙些什麼？」「念研究所，主修人類學。」他說，計畫畢業後當個社工。「真不賴。」我說，眉頭微揚，心想強森似乎和社工搭不上線。我無法想像他輔導吸毒者以及安置孤兒的模樣。他也不像是當人類學家的料。我無法想像他在新幾內亞和食人族攀談，在阿那薩吉人（Anasazi）營地拿著小刷子在羊糞間東翻西找，看能否找到碎掉的陶片。

但他說，這些只是他平日一成不變的工作，週末就做他想做的事：兜售鞋子。「不會吧。」我說。「愛迪達鞋。」他道。「去他的愛迪達，」我說。「你應該加入我，幫我銷售這些日本製跑步鞋。」

我遞給他一雙虎牌平底鞋，同時講了我在日本旅遊的見聞，以及和鬼塚主管開會的經過。他折彎手上的鞋子，試試彈性，並檢查鞋底。他說，很棒的鞋子。他被我的提議吸引，但最後仍拒絕了我。他說：「我要結婚了，現在最好一動不如一靜。」

我並未把他的拒絕放在心上。這也是我幾個月來第一次聽到「不」這個字。

全美獨家代理商的信

人生順遂如意，美好動人，我甚至交了個女朋友，雖然並無太多時間給她。我非常開心，可謂這輩子最開心的時候，而開心過頭可能潛藏危險，讓我們所有的感官鬆懈遲鈍。因此收到那封讓人寒顫的來信時，我毫無心理準備。

寄信者是一位中學摔角教練，住在東部紐約州長島一個偏遠小鎮，可能叫溪谷（Valley Stream）、馬薩波夸（Massapequa）或曼哈西特（Manhasset）。我讀了兩遍才弄懂是怎麼回事。這位教練宣稱，他剛從日本返美，在日本和鬼塚的高層主管開過會，對方授權他擔任全美的獨家代理商。他聽說我也在賣虎牌鞋，認為這已構成侵權行為，所以他諭令我——「諭令我」立刻罷手。

看完信，心臟緊張地怦怦跳，遂打了個電話給表弟道格·豪瑟（Doug Houser）。他已從史丹福法學院畢業，目前在波特蘭一家知名的律師事務所上班。我請他調查一下這位曼哈西特先生，看看他是什麼來歷，然後回信給他，要他知難而退。表弟豪瑟問我：「信裡到底要寫什麼？」我說：「任何妨害藍帶公司之舉或企圖，本公司會立刻不假辭色因應。」

我的「事業」才上路兩個月，我就被官司纏身？誰叫我得意忘形，這下真的是自作自受。

隔天我火速而激動地寫了封信給鬼塚會社。**各位先生，我今早收到紐約州曼哈西特一位男子來信，讓我非常苦惱。對方宣稱……**

我等著對方回信。

一等再等。

我再次寫了封信。

石沉大海。

毫無音訊。

「萬寶路硬漢」出手

豪瑟調查發現，曼哈西特先生也算是個名人。他擔任中學摔角教練之前，曾當過模特兒——

是「萬寶路硬漢」（Marlboro Men）第一代男模之一。我心想，這下可好了，將上場和虛構的美國牛仔比一比誰尿得遠。

我意志消沉，一天到晚發脾氣，無法和人和平相處，女友受不了和我分手。每晚和家人晚餐時，心不在焉地撥弄盤裡的燉肉和蔬菜。晚餐結束，和父親一起坐在電視機前，悶悶不樂地盯著螢幕。父親開口道：「巴克，你看起來彷彿被人從後腦勺狠狠地揍了一頓，打起精神來。」

但是我辦不到。我不斷回想當初和鬼塚會社主管開會的情形。對方非常禮敬我，向我鞠躬行禮，我也回以鞠躬禮。我對他們直爽而坦誠，多半講的是實話。沒錯，「嚴格而言」我當時並沒有一家名為「藍帶」的「公司」，但這只是微不足道的分歧。至少我現在有了啊，而且獨家將虎牌鞋進口到美國西岸，只要鬼塚願意給我一點機會，虎牌鞋的銷量將會十倍速成長。然而鬼塚卻要淘汰我？讓那個萬寶路硬漢取而代之？這下要走進有滋有味的世界了（Come to where the flavor is，萬寶路廣告詞）。

不能放棄，至少還不到時候

至夏末為止，我一直未收到鬼塚來信，灰心得幾乎想放棄賣鞋事業。不過到了勞動節左右，我改變心意，告訴自己不能放棄，至少還不到時候。不放棄意味得飛一趟日本，強迫鬼塚和我攤牌。

我徵詢父親的看法，他不改其意，不喜歡我繼續犯傻下去，但他更不喜歡有人占他兒子便宜。他皺了皺眉道：「也許你應該去一趟日本。」

我也跟母親提了這回事。她說：「當然得去，哪還需要考慮。」

正是她開車載我去機場的。

《如何和日本人做生意》

即使過了五十年，當時車內的情形依舊歷歷在目，我仍記得每一個細節。當天風和日麗、萬里無雲、清爽乾燥，氣溫在攝氏二十七度左右。一路上我和母親保持沉默，靜靜看著日光在擋風玻璃上漫舞。之前她多次載我去參加田徑運動會，兩人在車上也都不講話。這天我忙著和自己緊張的心情奮戰，無心說話，母親比任何人都了解我的心情，所以也不多言。她尊重我們在危機時豎立的防線，不會越雷池一步。

快到機場時，她終於打破沉默對我說：「你只需做自己。」

我看著窗外。做自己，真的可以嗎？這是我最好的選項嗎？**忘了自己，才能真正看清自己**。

我低頭看了一下自己。這身打扮完全是另一個我。全新的西裝，非常得體的炭灰色。腳邊拖著一個小型行李箱，箱子的側袋塞了一本新書《如何和日本人做生意》（*How to Do Business with the Japanese*），天曉得我是打哪兒知道這本書的。至於最後一個細節，則讓我現在想起來還忍不住扮鬼臉：我戴了一頂黑色圓頂紳士帽。這帽子是我為這趟日本行特別買的，心想可以讓我看起來老成些。說實話，這帽子讓我看起來彷彿徹頭徹尾的瘋子，猶如從超現實畫家馬格利特

（Magritte）作品裡一間維多利亞瘋人院逃出來的病患。

無論如何我們繼續跑下去吧

飛行途中，大部分時間都在啃背《如何和日本人做生意》，直到雙眼疲累才闔上書，轉頭看著窗外。我試著對自己喊話，替自己加油打氣。告訴自己必須放下受傷的情緒，放下不公不義的想法，否則只會讓自己情緒化，無法理智思考。情緒會致命，我必須保持冷靜。

我回顧自己在奧勒岡大學的跑步生涯。我曾和成績、跑速、體型都遠在我之上的跑者同台，其中不乏未來奧運之星。比賽時，我會訓練自己忘了這些讓人不快的事實。一般人直覺地認為，競爭是好事，透過競爭可以激發潛力，讓人更上層樓。不過這點之所以成立，是因為這些人比賽時能夠忘記比賽這回事。我從田徑場上學到，競爭是一門遺忘的學問，並不斷提醒自己要牢記這點。我告訴自己必須忘了自己的侷限、忘了疑慮、忘了疼痛、忘了過去。必須忘了內心的嘶吼，忘了「別再跑了」的哀求聲。若是忘不了，也必須和它討價還價。我回顧過去參加的大小賽事，身體想要這個，心理卻想要那個，這時我會告訴身體：「的確，你提出了一些絕佳的觀點，但無論如何我們繼續跑下去吧……」

儘管我和那個哀求聲討價還價多次，但這項本事尚未練到應用自如的地步，現在更因為疏於練習，而生疏了不少。班機加速下降，快飛抵羽田機場時，我告訴自己，必須盡快把這項本事叫回來，否則就只有潰敗一途。

一想到會輸，就覺得忍無可忍。

企圖說服森本

一九六四年奧運即將在日本登場，所以我在神戶選了家嶄新、價格又合理的旅店。名為新港的旅店就位在市中心，頂樓有一個旋轉餐廳，一如西雅圖太空針塔（Space Needle）的頂樓也開了一家旋轉餐廳，這樣的交集讓我有了家的感覺，稍稍安撫緊張的心情。打開行李之前，我打電話給鬼塚會社，並留言給對方。**我已到了神戶，希望能見個面**。

我坐在床沿，盯著電話不放。

終於電話響了。祕書用她公事公辦的聲音告訴我，我要找的宮崎先生已經離開鬼塚會社。不好的兆頭。他的接班人森本先生不希望我到總公司。非常不好的兆頭。她說，森本先生會在我旅館樓上的旋轉餐廳和我碰面，時間約在明天早上。

我早早就寢，但是睡得不沉，睡睡醒醒。夢裡出現飛車追逐、監獄、鬥毆等畫面，以前大型運動會、約會、大考前夕都會被同樣的噩夢糾纏。我起了個大早，早餐是一碗加了生雞蛋的熱米飯搭配一些烤魚，並灌了一壺綠茶。吃完飯，一邊背誦《如何和日本人做生意》的重要段落，一邊刮著下巴冒出的鬍子，不小心刮傷自己一兩次，血流不止，看起來實在慘不忍睹。最後穿上西裝，蹣跚地走出房門去搭電梯，按下頂樓鍵時，發現我的手蒼白如死灰。

森本先生準時與會。他年紀和我相仿，但是遠比我成熟、自信。他穿著深色休閒西裝外套，衣服有些縐，臉也是皺成一團。我們坐在靠窗的位置，我立刻切入正題，趕在服務生幫我們點餐之前，滔滔不絕講起我的現狀，就連之前告誡自己不能說的也全部傾瀉而出。我告訴森本，因為地盤被萬寶路硬漢侵吞，我覺得非常苦惱。我告訴他，就我的印象，我和前一年認識的那些主管的確建立了關係，這並非自己空想，因為宮崎先生曾寫信給我，稱美西十三州全交給我獨家代理。因此我才會不解今天何以會遭此待遇。我希望我的一番談話能引起森本的公平與榮譽感。他看起來有些侷促，所以我暫時打住話，並深吸了口氣。我從個人情誼講到公事，引述我亮眼的銷售成績，也端出合夥人的名字。我這個厲害的教練名聲響亮，連遠在太平洋的另一端都肯定他的實力。我不斷強調未來能替鬼塚會社做什麼，只要給我機會，一定不負所託。

森本喝了口茶。我繼續叨叨說個不停，直到心裡的話全說盡了，這時森本放下杯子，看著窗外。旋轉餐廳在神戶上空繞行了一圈又一圈。「我會再跟你聯絡。」

創辦人鬼塚先生

又一個睡睡醒醒的夜晚。夜裡起來了數次，走到窗邊，遠眺船隻在神戶深紫色海灣進進出出。我心想，多美的地方啊！可惜美麗事物已和我無緣。一個人只要輸了，世界再也沒有美麗可言。這次我大概輸定了，而且是大輸特輸。

我想，天亮後森本應該會聯絡我，告訴我他很抱歉，不是對你有成見，而是在商言商，我們還是決定與萬寶路硬漢合作。

九點整，床頭的電話響起。森本先生來電。「鬼塚先生……**本人**……想和你見一面。」他說。

我穿上西裝，坐上計程車趕往鬼塚會社總部。進入那間熟悉的會議室，森本要我坐在中間的位子，這次是中間位子，不同於上次坐首位。這次也沒有鞠躬禮。他坐在我正對面，直視我的眼睛，一邊等著其他主管魚貫坐入自己的位子。待大家坐定，森本對我點點頭，說了聲：「可以開始了。」

我立刻接手，基本上把前一天對他說的話再重複一遍。說得正精彩，準備結語時，大家突然轉頭一致看著門口，硬生生打斷我說了一半的話。會議室溫度陡降了十度。來者正是公司的創辦人鬼塚先生。

他身穿深藍色義大利製西裝，頭髮像長毛毯，又黑又濃。他讓在場每位男士都害怕地繃緊神經，但他似乎渾然不覺。儘管他有權勢有財力，但他一舉一動卻是那麼地謙遜恭敬。他往前走時，神態有些遲疑有些膽怯，完全看不出他是老闆的老闆，是製鞋大將。他緩慢踱到會議桌邊，環視了一圈在座的每位主管，最後走到我面前。我們互相鞠躬握手，然後他坐進了首位。森本開口簡短說明我在場的理由，但被鬼塚先生抬手打斷。

沒有序曲，鬼塚發表了又長又激昂的獨白。他說，不久前，他有個願景，對未來有個不可思議的憧憬。他說：「我預見世上每個人不管何時都穿著運動鞋。我知道這一天來了。」他打住談話，環視一圈在座的每個人，確定大家了解他說的話。他凝視我片刻，笑了笑，我也笑了笑。他對我眨了兩次眼，輕聲地說：「你讓我想起年輕的自己。」他緊盯著我不放，一秒、兩秒過去。然後把視線轉向森本。「這是有關美西十三州的代理權？」「是的。」森本道。「嗯……」鬼塚瞇了瞇眼，低著頭，似乎在沉思。然後他抬頭對著我說：「好吧，就讓你負責美西十三州。」

萬寶路硬漢可以繼續在全美賣他的摔角鞋，但跑步鞋只限於美東地區。

鬼塚先生會親自寫信給萬寶路硬漢，告知他最新的決定。

他起身，我也跟著大家站了起來，一致地彎身向他鞠躬之後，鬼塚離開了會議室。

留在會議室的每個人都鬆了口氣。「所以這事就這麼敲定了。」森本說。

他接著說，合約先暫定一年，到時候合約上相關的標的物可再議。

我感謝森本，感謝鬼塚對我的信任，並向他保證，絕不會讓鬼塚遺憾。我繞著桌子走一圈，一一向與會者握手致意，再次站在森本面前時，我用力地握了握他的手，然後跟著祕書走到另一間小辦公室，簽署了幾份合約，還填了一筆三千五百美元的大訂單。

一掃陰霾的暢快心情

我一路跑著回飯店，半路上，忍不住跳上跳下，彷彿一名舞者。一度倚在外圍欄杆上，遠眺海灣。現在又有心情飽覽眼前的一切美景，舉凡所見無一處不美。船隻迎著風隨浪而行，我決定也租艘船在瀨戶內海走走看看。一個小時後，我站在舢舨船的船首，風拂髮揚，駛進落日的懷抱裡，心情暢快之至。

次日我搭火車到東京，心想這次終於等到登高入雲霄的機會了。

富士山的日出

所有旅遊指南都說，應在晚上攀登富士山，重頭戲是在山頂欣賞日出，才不枉此行，所以天一暗我就到了山腳。白天悶熱，但入夜後氣溫愈來愈低，我只穿了百慕達短褲、T恤，配上虎牌鞋，我覺得這裝束可能不夠禦寒，應做些調整。此時看到一個男子下山，身上套了件類似雨衣的外套。我攔下他，問能否用三美元買下他的外套？他看看我，再看看他的外套，點頭成交。

看來我在日本各地的談判無往不利！

夜幕低垂，數百名在地人與觀光客湧出，如長河般蜿蜒上山。我發現大家手上都握著一支長木棍，上面繫著鈴鐺。我看到一對英國老夫婦，詢問他們這木棍是怎麼回事？他的妻子跟我說：「用來趕走惡靈。」

「這山有**惡靈**嗎？」我問。

「想必是吧。」

我也買了一支。

我又注意到大家聚在路邊一個攤販前購買草鞋。那位英國女子對我解釋了一番，稱富士山是活火山，噴發的火山灰泥會毀了鞋子，所以登山客會換上穿一次就可丟的草鞋。

我買了一雙。

儘管裝束有些寒酸，卻適境適所，一切就緒，出發吧。

富士山的下山路不止一條，但是根據我的旅遊書，上山路只有一條。我心想，這還真反映了人生。沿著上山道，一路上可看到木牌，木牌上用各種語言寫著山腳到山頂共有九個休息站，每個休息站會提供食物與休息的地方。但是我爬了兩個小時，第三號休息站竟然出現了數次，難道日本人的算術和我們不一樣？這下糟了，難道我代理的美西十三州其實只有三州？

到了第七號休息站，我停下來休息，買了一罐日本啤酒和一杯速食麵。吃著晚餐時，我和另一對男女聊了起來。他們是美國人，比我年輕——應該是學生吧。男的裝扮不俗，只不過有些滑稽。高爾夫褲、網球衫、帆布腰帶，他把復活節蛋的顏色全穿在身上了。女的則是徹頭徹尾的嬉皮風——破洞的牛仔褲、褪色的T恤、一頭黑色亂髮。她的雙眸距離偏寬，眼珠子是偏黑的褐色，猶如義大利濃縮咖啡。

兩人已汗流浹背，我卻一身乾爽。我聳了聳肩，告訴他們我在奧勒岡大學是田徑校隊，「半英里跑將。」男生的反應是繃著臉；他的女友驚嘆了一聲：「哇。」我們喝完了啤酒後繼續上路，三人同行。

她叫莎拉（Sarah），家住在馬里蘭州——馬的故鄉——照她的說法。照我的想法，該州可是有錢人之國。她從小在馬背上長大，練習騎術、挑戰障礙、示範表演等，多數時間在馬鞍與比賽場上度過。她提到她最愛的小馬與成馬，彷彿牠們是她最親密的朋友。

我問了一下她的家庭背景。她說：「父親開了一家糖果公司。」她說出那家公司名稱時，我呵呵笑了出來。原來我是她家族的忠實顧客，比賽時偶爾還會在賽前啃一條她家的糖果棒。該公司是她祖父創建，現在已到了第二代，但是她忙不迭地澄清，自己對錢與利毫無興趣。

我瞥到她男友再度擺出臭臉。

她目前在康乃狄克女子學院（Connecticut College for Women）主修哲學。「不是頂尖的學校。」她客氣道。她一直想進麻薩諸塞州的史密斯學院（Smith College），她姊姊目前是該校的大四生，可惜未能如願。

「聽起來妳似乎還耿耿於懷被史密斯學院拒絕這件事。」我說。

「這樣遠不止。」她說。

「被拒絕真的不好受。」我說。

「這還用你說嗎？」

她的聲音獨特，有些字發音怪怪的，分不出這是馬里蘭口音還是語言障礙之故。不管是哪一個，總之很可愛，我喜歡。

她問我來日本的目的，我說為了拯救鞋子公司。「你開**公司**？」她問。顯然她聯想到她家族的男性親戚，不外乎公司創辦人、業界舵手、實業家等等。「是的，我開了一家公司。」她接著問：「你的公司脫險了嗎？」「是的，」我說。「我們家族所有男生都打算念商學院，畢業後想當**銀行家**。」她翻翻白眼接著道：「大家都做一樣的事——真無趣。」

「我害怕無趣。」我說。

「哎呀，這麼說是因為你叛逆，不願按常規行事。」

我停下步伐，把登山杖插進地裡。我叛逆？我的臉開始發熱。

快接近山頂時，上山道愈來愈窄。我跟他們說，這條路讓我想起爬喜馬拉雅山的小路，結果兩人張大眼睛瞪著我。**喜馬拉雅山？**這下她的確對我印象深刻，男的則真的惱了。山峰慢慢浮現眼前，但上山過程也愈來愈辛苦危險，她緊抓著我的手不放。她的男友回過頭對著我們以及我們身後的每個人喊道：「日本有句諺語，智者爬富士山一次，愚者才會再來一次。」說罷，沒有一個人笑得出來。雖然我想笑他穿得像個復活節彩蛋。

到了山頂，看到高聳的鳥居門。我們坐在門邊，等著日出。這時的天色既不特別黑也不特別亮，有些奇怪，沒多久太陽冉冉從地平線上升起。我告訴莎拉和她的男友，日本的鳥居門立在各個神社的入口，是銜接此世與另一世的通道。我說：「只要你從俗世進入聖地，都會看到鳥居門。」莎拉聽得津津有味。我說，禪學大師相信山會「浮動」，我們俗人看不見山動，因為我們的感官已受到限制，不過就在那一刻，我們真的感受到富士山在動，感覺彷彿乘著風浪環遊世界。

不同於上山，下山輕鬆不費力，一下子就到了山腳。我向莎拉以及她的「復活節彩蛋」鞠躬道別。「よろしくね」（yoroshiku ne）很高興認識你們。莎拉問我：「你接下來要去哪裡？」我說：「今晚我會下榻在箱根旅館。」莎拉說：「那麼我和你一起走。」

我後退了一步，看著她的男友，他面露不悅。這下我終於明白，他並非莎拉的男友。果真是快樂的復活節。

有幸認識妳

接下來兩天我們開心地談情說愛。若每天都這樣該有多好，但是有開始就有結束。我得飛回東京搭機返回奧勒岡，莎拉決定繼續留在日本，到處走走看看。我們並未相約下次見面的時間，她愛好自由，認為計畫趕不上變化。「再見。」她說。我說：「はじめまして（Hajimemashite）。」有幸認識妳。

距離登機返美還有幾小時，我去了一趟美國運通的辦事處。我知道她一定會路過這裡，糖果家族會把給她的支票寄放在這裡。我留了一張字條給她，寫著：「返回東岸前，務必到波特蘭過境轉機……何不待個幾天到處看看？」

喜訊連連

回家當晚，在餐桌上，我告訴家人自己認識了一個女孩。然後又公布了一個好消息——我的公司得救了。

我轉頭狠狠地看著雙胞胎妹妹。她們每天放學回家便緊挨著電話，只要電話一響，立刻拿起話筒。我說：「她叫莎拉，若她打電話來，拜託……客氣點。」

莎拉旋風

數週過去，有一天替家人跑腿買東西，一回到家竟發現莎拉出現在客廳，和母親、兩個妹妹正在聊天。「嚇到了吧。」她說。她收到我的字條，決定接受我的提議。她從機場打電話到家裡，妹妹瓊安接的電話，稱職地扮演好妹妹的角色。她立刻開車到機場接了莎拉。

我開心地笑了。兩人當著母親與妹妹的面，互相擁抱，感覺有些尷尬。「我們去散個步吧。」我說。

我從房間拿了件夾克給她，兩人在細雨中走進附近一座森林公園。她遠眺胡德山，同意和富士山真的是如出一轍，兩人也因此憶起在日本的那段美好日子。

我問她會住哪裡。她說：「笨蛋。」這是她第二次對我「投懷送抱」。

接下來兩週，她住在我們家客房，猶如我們家的一分子，我開始幻想，說不定哪天她真能變成我的家人。她的魅力不可思議地融化了冷冰冰的奈特家族。我那兩個防衛心十足的雙胞胎妹妹、害羞的母親、獨裁霸道的父親都拜倒在她的魅力之下，尤其是我父親。她和他握手時，直視父親雙眼，融化他眼裡一些冷硬的東西。也許是她的成長背景使然，畢竟她從小身邊都是實業家，朋友群也都來頭不小，所以自信十足，擁有這種氣勢與架式的人，你這輩子大概只會碰到一兩位。

她見多識廣，可以在閒聊時信手拈來時尚達人貝比·帕利（Babe Paley）與德國詩人赫曼·赫塞（Hermann Hesse）。說實話，這是我這輩子僅見的奇女子。這兩人都是她的偶像，但她更欣賞赫曼·赫塞，打算有天寫本書探討他。某天一家人吃著晚餐時，她愉快地說：「赫曼·赫塞似乎說過，幸福是一種**方法**，不是一樣**東西**。」奈特一家人嚼著燉肉、喝著牛奶，不作聲，只有父親說了句：「非常有意思。」

我帶著莎拉參觀藍帶公司的總部——我家地下室，拿出鞋子請她鑑賞，並送她一雙「熱身」。我們開車到海邊時，她就穿著這雙鞋。我們到翰布格山（Humbug Mountain）健行，到海邊踏浪，到森林採摘蔓越橘，站在八十英尺高的雲杉下，甜蜜擁吻，分享著蔓越橘的滋味。

她搭機返回馬里蘭州後，我傷心欲絕。每隔一天便寫信給她，這是我第一次寫情書。**親愛的莎拉，我懷念和妳坐在鳥居門邊……**

她每次都立刻回信，字裡行間充滿情意。

莎拉為我離家

一九六四年耶誕節，她飛來波特蘭和我共度假期。這次我到機場接她，開車回家途中，她說，出門前和家人大吵了一架，她的雙親不准她過來，他們無法接納我。「我父親氣得對我大吼。」她說。

「他吼了什麼？」我問。

她模仿她父親的聲音道：「妳不能和一個攀登富士山又沒出息的男子交往。」

我臉皮抽動了一下。我知道自己面臨兩好三壞的關鍵局面，只是我不解，攀登富士山怎麼會變成我的劣勢之一？攀登富士山有什麼不對嗎？

「妳是怎麼離開家門的？」

「我哥幫的忙。他一大早偷偷地掩護我出門，載我到機場。」

我納悶，她到底是愛我，還是拿我當藉口反抗她的家庭？

終究情斷

白天我忙著藍帶公司的生意，莎拉就和母親一起消磨時光。晚上，我們兩人會到市中心用餐喝些小酒。週末，我們就到胡德山健行。她這次一別，我再次難過不已。**親愛的莎拉，我愛妳，我想妳。**

她立刻回信給我，說她也想我愛我。

隨著綿綿的冬雨，信裡的情意也慢慢降溫。也許這只是我胡思亂想，我這麼安慰自己。但是我得弄清楚怎麼回事，所以打了電話給她。

結果發現不是我自己胡思亂想。她說，她考慮再三，認為我們並非彼此的良配，她覺得我不夠「精明」。沒錯，她就是用這個字眼。我還來不及反駁，來不及與她商量，她就掛了電話。

我拿出一張紙，打了一封長信給她，懇請她重新考慮。

她立刻回了封信。沒有用了。

藍帶有了第一位員工

鬼塚又寄了一批新貨到我家，但是我根本提不起勁，一連數週過得渾渾噩噩。我窩藏在地下室，窩在自己的臥室，躺在床上，茫然無神地看著我的藍色彩帶。

儘管我沒和家人透露隻字片語，但是家人心知肚明。他們並未追根究柢，盤問細節，他們不需要，也不想知道。

不過妹妹吉安是例外。有天我出門，她到我房間，打開書桌抽屜，找到莎拉的來信。當天我回到家，下樓到地下室，吉安在地下室找到我。她挨著我坐在地板上，說她仔細讀完了莎拉每一封來信，以及最後一封的分手信。我轉開頭，她對我說：「沒有她，你會過得更好。」

我雙眼泛淚，點頭跟她道謝。我不知道該說什麼，遂轉移話題，問吉安願不願意兼差替藍帶工作。我的進度嚴重落後，的確需要人手幫忙。「既然妳那麼喜歡信件，也許可以擔任祕書的工作，時薪一．五美元，可以嗎？」

她呵呵笑了。

吉安成了藍帶公司第一位員工。

第4章・1965年

天生跑步魂

合夥人鮑爾曼從不停止實驗：
剖開鞋底、調製飲料、研發跑道……
他是藍帶無法用數字衡量的資產。

新年伊始，我接到那個叫傑夫・強森的人的來信。我們在西方學院偶遇後，我送給他一雙虎牌鞋子作為禮物。如今他來信說已穿上試跑過，很喜歡。他十分喜歡，旁人看了也很心動，不斷有人攔下他，指著他的腳，詢問這麼好的鞋哪裡可以買到。

強森說，自從上次見面後，他已經結婚了，寶寶也快出生，所以他一直在想辦法多賺點錢，除了他的社工工作，虎牌鞋子似乎比愛迪達更有發展潛力。我回信說，願意聘用他為「銷售佣金業務員」，每賣一雙跑步鞋可以抽佣一・七五美元，一雙釘鞋抽佣兩美元。我剛剛才開始招募兼職業務員，那是我的標準價。

他馬上回信，接受我的提議。

之後他的信沒有停止，反而增加。信的長度愈來愈長，數量愈來愈多。起初，是兩頁，接著四頁，然後八頁。一開始，每幾天收到一封。之後，來信的速度很快很快，像瀑布一樣，每天從信箱口掉出來。每一封都是同一個寄件地址，加州海豹灘九○七四○，郵政信箱四九二號。我開始懷疑我到底雇用這個傢伙幹什麼。

當然，我喜歡他的幹勁，他的工作熱忱也難以挑剔。但是，我開始擔心他可能太過有幹勁，也太過熱忱。他寫來二十或二十五封信時，我開始憂慮這個男人也許精神失常。我不知道為什麼每件事都那麼緊迫。我懷疑他哪有那麼多的事情需要十萬火急地告訴我，或是問我。我很好奇他的郵票是否永遠用不完。

彷彿每次一有念頭閃過強森腦海，他就把它寫下來，塞進信封裡。他寫信告訴我，當週他賣出多少雙虎牌鞋子。他來信告知，哪所高中運動會誰穿了虎牌鞋子，跑出什麼成績。他來信說希望拓展自己的銷售區域，除了加州之外，還要納入亞利桑那州，可能還有新墨西哥州。他來信建議我們在洛杉磯開一家零售店。他來信說他考慮在跑步雜誌刊登廣告，問我有何想法？他寫信報告他在跑步雜誌登的廣告，獲得不錯的回響。他來信詢問為什麼以前寫的信全都石沉大海，杳無音訊。他來信懇求我給予鼓勵。他寄信來抱怨我對他的懇求視若無睹。

我一直認為自己是一個有良心的通信者（我在世界各地旅行時，寄回家多不勝數的信件和明信片。我也寫信給莎拉）。我一直**打算**回信給強森。但在抽出時間回信之前，信一封又一封地寄來，於是就耽擱了。他寫的信太多，讓我回不了。他需要我鼓勵，反而讓我不想鼓勵他。有多少夜晚，我坐在地下室的工作室黑色皇家打字機前，把紙捲進滾筒，打出「親愛的傑夫」這行字。然後便一片空白。我不知道從何寫起，他問的五十個問題要從哪個問題開始，所以我起身，處理別的事情。隔天強森又寫來一封信或兩封。很快地我累積了三封信沒回，我飽受寫作瓶頸之苦。

我要求吉安處理「強森檔案」。她點頭答應。

不到一個月，她怒氣沖沖地把檔案推到我面前說：「你支付的薪水不夠多。」

跑步選手是上帝揀選的

不知道何時開始，我不再從頭到尾看完強森的信。但是，大略看一下，我知道他利用下班時間和週末兼差賣虎牌鞋子，他保留白天的正職，繼續在洛杉磯郡當社工。我仍然無法理解。我的印象中強森不善於交際。事實上，他似乎一直有點討厭人際往來。這是我喜歡他的一點。

一九六五年四月，他來信說會辭去正職。他一直討厭這份差事，但讓他下定決心的最後一擊是聖費南多谷（San Fernando Valley）一名想不開的女子。因為她揚言自殺，他計畫去看看，但他打電話給她，劈頭就問：「妳真的那一天要自殺？」如果是這樣，他不想浪費時間和油錢專程跑一趟聖費南多谷。這名女子和強森的上司對他的做法不以為然。他們認為這表示強森不在乎她的死活。強森也認為如此。他**不**在乎。強森寫信跟我說，在那一瞬間，他豁然開朗，了解了自己，和他的命運。社會工作不是他的天命。他來到人世間的目的並不是解決人類的問題；他更關注人的足下問題。

強森的內心深處相信，跑步選手是上帝揀選的，跑步是一種神祕的運動，不亞於冥想或祈禱，精神要端正，做法必須正確，因此他深受感召，樂意幫助跑者達到涅槃境界。我身邊有很多愛好跑步的人，但從未遇過這種純潔的浪漫主義。甚至跑步運動之神鮑爾曼，都不像這位藍帶兼職員工二號對跑步那般虔誠。

事實上，在一九六五年，跑步甚至稱不上是一種運動。跑步既不受到歡迎，也不是不受歡迎。只是出去跑三英里，是怪咖才會做的事，大概是為了燃燒狂躁的能量。為樂趣而跑，為運動而跑，為內啡肽（endorphins）而跑，為了活得更好更久而跑——這些都聞所未聞。

人們經常會故意嘲諷跑步的人。汽車駕駛減速，鳴按喇叭。「弄匹馬來！」他們會如此大聲叫嚷，朝跑步者的頭上扔啤酒或汽水。強森的頭曾被許多罐百事可樂淋溼。他想改變這一切。他想要幫助世界上所有被壓迫的跑者，給他們指引，把他們凝聚成一個社群。也許他終究是位社工，只不過僅僅想和跑步的人互動。

尤其，強森想靠此為生，這在一九六五年幾乎是不可能的事。他認為，他在我身上，在藍帶身上，看到了希望。

我好說歹說力勸強森打消這個念頭。我每次都潑他冷水，澆熄他對我和我的公司的熱情。除了不回信，我也從沒打過電話，不曾去探望，更從未邀請他來奧勒岡州。我絕不錯過任何一個機會，告訴他赤裸裸的事實。我在一封難得回覆的信中，直截了當地說：「雖然我們的業績蒸蒸日上，但我積欠奧勒岡州第一國民銀行一萬一千美元……現金流是負的。」

他立即回信，詢問是否可以成為我的全職員工。

「我希望能夠把虎牌做起來，也有機會做別的事情——跑步、學校，更不用說我自己當老闆了。」

我不同意。我告訴這個男人，藍帶就像**鐵達尼號**正在下沉。他則回信乞求在頭等艙給他一個位子。

哦，好吧，我心想，如果我們真的下沉，好歹有個伴。

於是在一九六五年夏末，我寫了一封信接受強森的提議，於是他成為藍帶的第一位**全職**員工。我們透過郵件談判他的薪水。他之前當社工，月薪四百六十美元。但他說，他可以靠四百美元度日。我勉強答應。這個價碼似乎過高，但強森總是散漫隨便，那麼的突發奇想，藍帶又是如此脆弱——反正我想這是短暫的。

與以往一樣，我的會計魂看到了風險，創業魂看到了機會。所以，我決定折衷，繼續前進。

你沒有足夠的淨資產支撐這樣的成長

然後，我把強森置之腦後。我有更大的問題要解決。銀行人員對我很感冒。

我的公司成立第一年銷售額有八千美元，預估第二年可達到一萬六千美元。依照我的銀行人員的看法，這是非常令人擔憂的趨勢。

「業績成長百分之百會**令人擔憂**？」我這麼問。

「成長的速度太快了，」他說。

「一家這麼小的公司怎麼能成長太快？如果小公司快速成長，淨資產（equity）也要**增加**。」

「這是相同的原則，不管公司規模大小，」他說。「資產負債表外的成長是危險的。」

「人生要成長，」我說。「營業額也要成長。不成長，便死路一條。」

「我們不這麼看。」

「你倒不如告訴一個正在比賽的賽跑選手說他跑得太快了。」

「這根本是雞同鴨講。」

你的腦子才不清楚，我想這麼說。

對我來說，那是教科書上的理論。銷售額成長，加上盈利能力，加上無限的上漲空間，等於優質公司。可是，在那個年代，商業銀行和投資銀行不同。他們短淺的目光聚焦在現金餘額。他們希望你的公司成長速度，千萬千萬不能超過你的現金餘額。

我一次又一次苦口婆心地向銀行人員解釋鞋子這門生意。我說，如果不繼續成長，就說服不了鬼塚我是他家鞋子在西岸最好的經銷商。如果無法說服鬼塚我是最好的，他們會找其他的「萬寶路硬漢」接替。這甚至還沒考慮到與最大的怪獸愛迪達對陣廝殺。

我的銀行人員不為所動。「奈特先生，」他說了一遍又一遍，「你得慢慢來。你沒有足夠的淨資產支撐這樣的成長。」

淨資產。我怎麼愈來愈討厭這個詞。我的銀行行員講了一遍又一遍，變成了魔音傳腦。淨資產——我在早晨刷牙時聽到它。淨資產——我在晚上握拳捶枕頭時聽到它。淨資產——我甚至到了拒絕大聲說出這個詞的地步，因為它不是真實的名詞，是打官腔，是**現金**的委婉說法，而我完全沒有現金。這是故意刁難。我把尚未確定進帳的錢，直接再投入公司營運。這麼做有那麼莽撞嗎？

把錢放在現金餘額完全不動，對我毫無意義。當然，這做法謹慎、保守、思慮周密。但謹慎、保守、思慮周密的企業家滿街都是，我想繼續踩油門前進。

不知怎的，一次次會談之後，我沉默不語。無論銀行人員說什麼，我最終都接受，然後高興做什麼就做什麼。我向鬼塚下了另一筆訂單，金額是上一筆訂單的兩倍，再一臉無辜地出現在銀行，要求開立信用狀支付這筆貨款。我的銀行人員總是會感到震驚。**你想要「多少」**？看到他們震驚，我也會假裝錯愕。**我想你明白其中蘊含的智慧……**我會連哄帶騙、卑躬屈節、討價還價，磨到他最後核發貸款。

等我把所有鞋子賣光，償還銀行全部貸款之後，我會從頭再來一遍。向鬼塚下一筆大訂單，金額是上一筆訂單的兩倍，然後穿上我最好的西裝，帶著天使般的面容到銀行走一趟。

我交涉的銀行人員名叫哈利．懷特（Harry White）。五十多歲，像叔伯般慈祥，他的聲音像一把碎石在果菜機中攪拌。他似乎不想當銀行人員，尤其不想承辦**我的**公司業務。他是迫於無奈。我的第一個承辦人員是肯恩．柯里（Ken Curry），但是當我的父親拒絕做擔保人時，柯里直接打電話給他。「比爾，這事就我們兩人知道，如果你孩子的公司破產——你依然會支持他，對不對？」

「當然不會，」我的父親這麼說。

柯里不想捲入這場父子相殘的戰爭，於是把我的案子移交給懷特。

懷特是第一國民銀行副總裁，但這個頭銜有誤導之嫌。他沒有多大權力。上司總是緊迫盯人，事後又批評他。他的上司中最愛發號施令的是個叫鮑勃．華萊士（Bob Wallace）的人。華萊士折騰懷特，因而我的日子也不好過。華萊士正是盲目迷戀企業淨資產，不屑企業成長的人。

華萊士身材壯碩，有一張兇殘的臉和小鬍碴。他長我十歲，但不知何故，竟以銀行的神童自居。他還立志成為銀行的下任總裁，他認為不良信貸風險是阻撓他達成這個目標的一大障礙。不管怎樣，他就是不喜歡核發任何貸款。由於我的現金餘額始終在零附近徘徊，他便視我為洪水猛獸。遇上一個淡季，銷售量衰退，公司就會關門大吉，華萊士的銀行大廳會堆滿我賣不掉的鞋子，銀行總裁的聖杯也會從他的手中溜走。像莎拉在富士山頂一樣，華萊士視我如同叛逆分子，但他不認為這是一種恭維。

當然，華萊士不一定會把所有的話直接跟我說。他經常透過他的中間人懷特轉達。懷特相信我，相信藍帶，但他時常憂傷的搖搖頭，告訴我華萊士做出的決定，華萊士簽了支票，華萊士不是菲爾．奈特的粉絲。我認為，懷特使用「粉絲」一詞，是貼切、生動，而且抱著希望的描述。他身材高瘦，曾是運動員，喜歡談體育。難怪我們看法一致。反之，華萊士看起來像是一個除非需要收回器材，否則不會踏上球場半步的人。

讓我最痛快的事，應該是告訴華萊士可以抬出他的淨資產優先論，然後奪門而出，改去別的地方貸款。但在一九六五年，我無處可去。第一國民銀行是我唯一的選擇，華萊士心知肚明。當年奧勒岡州不像現在這麼熱鬧，僅有兩家銀行，第一國民銀行和美國合眾銀行（U. S. Bank）。後者已經拒絕了我，如果我再被前者掃地出門，我就完蛋了（今時今日，你住在某個州，然後把錢存入別州的銀行，沒有問題，但那個年代銀行業監管法規嚴格許多）。

當年也沒有創投。一個滿懷抱負的年輕企業家可以周轉營運資金的地方很少。而這些地方都是由厭惡風險、毫無想像力的人——也就是銀行業者把關。華萊士是普遍情況，並非例外。

我訂的鞋子，鬼塚總是延後出貨，這讓我獲得銀行貸款的難度增加。出貨慢使得銷售時間變少，意味著我賺錢還清銀行貸款的期限也縮短。我發牢騷，鬼塚幾乎都當耳邊風。即使有所回應，他們也不能理解我的難處。一次又一次，我瘋狂發電報催問最新一批貨的下落，回覆的電報老是姍姍來遲，內容著實令人惱火。**過幾天就好了**。感覺就像撥打九一一，卻聽見電話另一端的人在打呵欠。

種種問題下，有鑑於藍帶的前景不明，我打定主意要找一份真正的工作，萬一破產，好歹有個退路。強森全心全意奉獻給藍帶的時候，我卻決定另謀出路。

這時的我已經通過會計師考試四個科目中的三科，所以我郵寄考試結果和履歷給當地幾家公司，前往三、四家公司面試後，獲得普華會計師事務所（Price Waterhouse）錄用。喜歡也好，不喜歡也罷，反正我是如假包換的正牌會計師。那年我的報稅單職業欄寫的不是自由業、企業主或企業家。我的身分是菲利普．H．奈特會計師。

會計藝術家海耶斯

我通常不介意。一開始，我把相當多的薪資存入藍帶的銀行帳戶，擴充珍貴的淨資產，增加藍帶的現金餘額。另外，不同於萊布蘭德會計師事務所（Lybrand），普華會計師事務所波特蘭分所屬於中等規模，約有三十名會計師，比起萊布蘭德的四名會計人員，更適合我。

這份工作也更符合我的需要。普華以客戶十分多樣化為榮，不乏有趣的新創公司，也有老字號的企業，賣的東西五花八門，你想得到的東西都有——木材、水、電力和食品。審計企業的財務報表，將企業開腸剖肚，拆開後再重組，我從中學習到企業如何存活，如何滅亡。了解它們推銷產品手法的優劣，如何陷入困境，如何度過危機。我詳細記錄攸關公司成敗的因素。

一次又一次，我了解到，缺乏淨資產是企業倒閉的主因。

普華的會計師通常分組工作，最好的團隊是德爾伯特·J·海耶斯（Delbert J. Hayes）帶領的那一隊。海耶斯是那裡最棒的會計師，也是迄今普華事務所最耀眼的人物。他身高六英尺二英寸，重三百磅，身軀像灌香腸一樣塞進一件非常廉價的聚酯纖維西裝裡。海耶斯很有才華、機智、熱情——還有很大的胃口。沒有什麼能比大啖潛艇堡和一瓶伏特加帶給他更大的樂趣，除非同時還要研究試算表。他的菸癮也很大，每天都吞雲吐霧，一天至少哈兩包菸。

我見過其他嫻熟數字、擅長處理數字的會計師，但海耶斯是我見過唯一天生具有數字直覺的會計師。一欄不起眼的四、九、二，他可以識別美的原始元素。他看待數字的方式，猶如詩人看天上的雲，地質學家看地下的岩石。他可以從一堆數字中譜出狂想曲，悟出大眾能懂的真理。

還有詭異的預測。海耶斯可以使用數字預知未來。

日復一日，我看到海耶斯做一些我覺得不可能辦到的事：他讓會計成為一門藝術。這意味著他、我、我們全都是藝術家。這是種奇妙的想法，高尚的思維，是我以前從來沒有想到的。

理智上，我一直知道數字是美麗的。我在某種程度上了解，數字是一種神祕密碼，每一行數字背後隱藏柏拉圖抽象的理型（form）。會計課多多少少教過我這個概念。運動也一樣。跑步讓你十分尊重數字，因為你的跑步成績透露許多訊息，而你**就是**那個樣子，不多也不少。如果我的比賽成績不佳，可能有一些原因——受傷、疲勞、緊張、失戀——但是沒有人在乎。最後，別人只會記得我的成績數字。我經歷過這樣的現實，但海耶斯這位藝術家讓我真切的感受到。

唉，我開始擔心海耶斯是悲劇性的藝術家，自暴自棄，像梵谷那一型。他每天穿得邋邋遢遢、無精打采、舉止不端，破壞自己在事務所的大好前途。他還有一堆恐懼症——怕高、怕蛇、怕蟲子和密閉空間——這可能讓他的上司和同事覺得是推託之詞。

但是海耶斯最恐懼的是節食。儘管有許多惡習，普華原本毫不猶豫讓他當合夥人，但無法對他的體重視若無睹。公司不會容忍一個合夥人體重高達三百磅。起初海耶斯可能因此不開心，放縱自己大吃大喝。不管什麼原因，他就是卯起來吃。

到了一九六五年，他酒喝得很兇，與狂吃不相上下。他好酒貪杯，而且不願意獨飲。下班時間一到，他堅持要他所有初級會計師跟他一起去飲酒狂歡。

他說話跟他喝酒一樣，停不下來。而有些會計師會叫他雷默斯大叔（Uncle Remus）。但我從來沒有那樣稱呼他。我從沒對海耶斯的滔滔不絕心生厭煩。他講的每個故事都蘊藏企業經營的智慧結晶——怎麼讓公司運作，公司的分類帳的真正**含義**。因此，許多個夜晚，我是主動，甚至是急切地走進波特蘭的酒吧與海耶斯拚酒。早上醒來，宿醉的感覺比我在加爾各答的吊床上搖晃更難受。如果我要對普華有所幫助，就得嚴格自律。

更糟的是，我不在海耶斯麾下擔任步兵的時候，還要到預備部隊服役（役期七年）。每週二晚上，七點到十點，我的大腦就啟動開關，變身成奈特中尉。我的部隊由碼頭工人組成，經常駐紮在倉庫區。幾個足球場外，是我收取鬼塚貨物的地方。大多數夜晚，我的弟兄和我裝卸船舶貨物、維修吉普車和卡車。許多個夜晚我們做體能訓練。伏地挺身、引體向上、仰臥起坐和跑步。我記得有一晚我帶領弟兄跑了四英里。我需要出一身汗，排出與海耶斯豪飲下肚的酒精，所以我一開始就快步前進，並穩定加速，把自己和同袍操到半死。之後，我無意間聽到一名士兵氣喘吁吁告訴另一位說：「奈特中尉喊口令時，我真的非常靠近仔細聆聽。可是我沒聽過這個男人喘口大氣！」

也許這是一九六五年我唯一的驕傲。

我覺得參戰很愚蠢

週二夜晚，有時會安排服預備役的士兵在教室上課。教官會告訴我們軍事戰略，我深受吸引。教官上課伊始，經常剖析某場很久以前發生的著名戰役。後來總是離題講到越戰。越戰愈打愈熾。美國彷彿遇上一塊巨大磁鐵，無法避免地被吸進去。有位教官叫我們好好整理我們的個人生活，準備跟妻子和女友吻別。我們將會「上戰場——很快」。

我愈來愈厭惡這場戰爭。不只是因為我覺得這是錯的，我也覺得參戰是愚蠢行為，浪費資源。我討厭愚蠢，討厭浪費。尤其是**這場戰爭**，似乎比其他戰爭更依循我的銀行所奉行的原則：打仗不是為了贏，而是為了避免失敗。一個百分百會輸的策略。

我的同袍弟兄也有同樣的感覺。因此我們解散後快步急行至最近的酒吧，又何足為奇？夾在預備部隊和海耶斯之間，我不知道我的肝能不能撐到一九六六年。

無法用數字衡量的資產

海耶斯有時會開車到奧勒岡州各地拜訪客戶，我成為他巡迴演出的經常成員。他帶的所有初級會計師中，我可能是他的最愛，尤其是在出差的時候。

我喜歡海耶斯，非常喜歡，但我赫然發現，他出差時**真的**全然放鬆。和往常一樣，他希望同伴和他做同樣的事。只是光陪海耶斯喝酒，絕對不夠。他要求對飲，他乾一杯，你也要乾一杯。他會數你喝了幾杯，跟他計算貸方和借方帳目一樣仔細。他常說，他相信團隊合作，如果你跟他同一隊，老天爺為證，你最好**喝完**。

有一次我和海耶斯，因為處理華中異國金屬公司（Wah Chung Exotic Metals）的事，在奧勒岡州奧爾巴尼（Albany）各地走訪。半個世紀後回想起來，我仍一陣反胃。每天晚上，埋首一堆數字之後，我們就會去市區邊緣一間小酒館，喝到它打烊。我也隱約記得，在瓦拉瓦拉鎮（Walla Walla）幫忙處理柏茲艾公司（Birds Eye）的帳務後，到城市俱樂部（City Club）一起縱情豪飲的矇矓日子。瓦拉瓦拉是禁酒的城鎮，但酒吧化身為「俱樂部」以規避禁酒令。加入城市俱樂部，要繳交一美元的會員費，海耶斯是信譽良好的會員——直到我酒醉鬧事，我們被趕了出來。我不記得自己做了什麼，但我敢打賭一定很糟糕。我同樣相信，我不能控制自己。當時我體內血液有百分之五十是琴酒。

我依稀記得在海耶斯的車上吐了一地，還隱隱約約記得他語氣溫柔，很有耐心地告訴我要把車子清理乾淨。我記得很清楚的是，海耶斯滿臉通紅，理直氣壯的代我向店家辯駁，即使顯然是我不對，仍不惜得罪對方，他還放棄在城市俱樂部的會員資格。這樣的忠誠，這樣無來由的講義氣——那一刻我可能愛上了海耶斯。當他看穿數字的深層含義時，我尊敬這個男人，但當他對我特別相看時，我愛他。

有一次出差，我們帶著醉意深夜談心。我告訴海耶斯有關藍帶的事。他看到前途，但也看到厄運。他說，數字不會說謊。「創立一家新公司，」他說，「在當前的經濟環境？開一家鞋業公司？現金餘額是零？」他無精打采地搖了搖他迷迷糊糊的腦袋。

他說，可是有一件事對我有利。鮑爾曼這位有傳奇色彩的合夥人，是一項無法用數字衡量的資產。

虎牌鞋底靈感來自壽司

另外，我的資產正在增值。鮑爾曼曾赴日本出席一九六四年奧運，幫他指導過的美國田徑代表隊成員加油打氣（他帶過的兩名跑步選手比爾．德林格〔Bill Dellinger〕和哈利．傑羅姆〔Harry Jerome〕奪得獎牌）。奧運會後，鮑爾曼換了帽子，搖身一變成為藍帶的大使。他和鮑爾曼太太參訪鬼塚公司，風靡全場。最初鮑爾曼給的五百美元奠定了我們的夥伴關係，這筆錢便來自他們的聖誕俱樂部帳戶。

他們受到極隆重的歡迎，以貴賓身分參觀工廠，森本甚至介紹他們給鬼塚先生認識。當然，這兩頭老獅一拍即合。畢竟這兩人可說是用同一個鞋楦打造的，歷經同一場戰爭洗禮，他倆依舊把日常生活當作一場戰鬥。然而，鬼塚先生擁有戰敗國特有的堅韌，令鮑爾曼動容。鬼塚先生告訴鮑爾曼，日本各大城市因美國轟炸，硝煙四起時，他就在日本廢墟中創建他的鞋業公司。他把佛具蠟燭燒熔的熱蠟油倒在自己的腳上，製作出第一批籃球鞋鞋楦。雖然這些籃球鞋沒有賣出去，但他沒有放棄，只不過產品換成跑步鞋，接下來就是虎牌鞋的歷史。鮑爾曼告訴我，一九六四年奧運每個日本跑步選手都穿著虎牌鞋子。

鬼塚先生還告訴鮑爾曼，虎牌鞋子獨一無二的鞋底，是他吃壽司時得到的靈感。他低頭看著木盤裡章魚腳上的吸盤，他想到類似的吸盤可能可以在平底跑鞋的鞋底用得上。鮑爾曼把他的話記在心裡。靈感可能來自平凡無奇的事物，像是你吃的東西，或者是房子裡擺的物品。

鮑爾曼回到奧勒岡州，開心地與新朋友鬼塚先生、鬼塚工廠整個生產團隊魚雁往返；去信告知他腦中種種想法，以及如何進行產品改良。雖然人的本性都是一樣的，但鮑爾曼開始相信，不是所有人的腳都長得一樣。美國人的體型與日本人不同——個子更高、體重更重——因此美國人需要不同的鞋子。鮑爾曼拆解十二雙虎牌鞋子研究後，知道如何為美國客戶量身定製，做出符合其需求的鞋子。為此，他做了許多筆記、草圖與設計，一口氣全都寄到日本。

不幸的是，他發現，無論你與鬼塚的團隊親身相處得多麼融洽，一旦你回到太平洋的另一邊，情況就不同了，我也有類似的經驗。鮑爾曼寄去的信件杳無音訊。即使收到回音，內容不是含混難懂，就是無禮地拒絕。有時想到日本人對待鮑爾曼的方式，就像我對待強森一樣，不禁感到心疼。

但鮑爾曼不是我。雖然熱臉貼冷屁股，但他沒有放在心上。像強森一樣，鮑爾曼的信石沉大海時，他繼續寫，寫得更多。信裡更多畫底線的文字，更多的驚嘆號。

他也沒有停止實驗。他繼續解剖虎牌鞋子，用他帶的田徑隊上的年輕人當白老鼠。一九六五年秋季比賽期間，每場比賽鮑爾曼都記錄兩項結果。一項是選手的跑步成績，另一項是他們所穿的鞋子性能。鮑爾曼會注意鞋子足弓部位的支撐力、鞋底在細煤渣跑道上的抓地力，以及腳趾遭擠壓和腳背彎曲程度。然後，他會把他的筆記與實驗發現寄往日本。

他終於取得重大突破。鬼塚依照鮑爾曼的洞察，製作出更符合美國人腳型的鞋子。包括柔軟的內底、足弓支撐力加強，楔型鞋跟以減少阿基里斯腱的壓力。第一批新鞋送到鮑爾曼手中時，他欣喜若狂，並要求拿到更多的鞋子。然後把這些實驗鞋發給他所有的選手，穿上它們擊潰競爭對手。

一個小小的成功總是讓鮑爾曼得意洋洋。約莫同時，他也在實驗運動的仙丹妙藥、神奇飲料和粉末，希望選手飲用後有更好的體能與耐力。當我在他的隊上時，他就談過運動員補充鹽分和電解質的重要。他會強迫我們嚥下他發明的一種飲料，一種混合香蕉泥、檸檬水、茶、蜂蜜和某些不知名成分的噁心黏稠物質。如今在修整鞋子的同時，他也在胡搞他的運動飲料配方，讓它變得更難喝，但功效更好。直到多年之後，我才知道鮑爾曼是在研發「開特力」（Gatorade）運動飲料。

他「空閒的時間」，喜歡思考海沃德田徑運動場（Hayward Field）的地面。海沃德是傳統式煤渣跑道，但鮑爾曼堅信不能讓傳統拖累你的速度。尤金市（Eugene）老是下雨，一下雨海沃德的煤渣跑道就變成威尼斯運河。鮑爾曼認為類似橡膠的材質更容易乾燥、清掃和清潔。他也認為這類材質對跑步選手而言可能比較不傷腳。於是，他買了一台水泥攪拌機，裝填細條狀舊輪胎和各種化學物質，花幾個小時尋找恰到好處的濃度和質地。他好幾次因為吸入這種如巫婆湯的危險混合物質散發的氣味而嚴重不適。劇烈頭痛，明顯跛行，視力受損，都是他追求完美所留下的後遺症。

又是在多年以後，我才知道鮑爾曼到底在忙些什麼。原來他在研發聚氨酯。

有一次我問他，一天二十四小時他怎麼能做這麼多事。當教練、旅行、做實驗和養家。他咕咕噥噥，彷彿在說：「沒什麼。」然後他嘀咕了幾句，說除了上面講的那些事情，他還在寫一本書。

「一本書嗎？」我說。

「與慢跑有關，」他用粗啞的聲音說。

鮑爾曼一直抱怨，人們誤以為只有參加奧運的菁英選手才是運動員，其實每個人都是運動員。他說，只要你有身體，便是運動員。現在，他決定讓更多的人了解這點。廣大的讀者便是他的聽眾。「聽起來滿有趣的，」我說，但我想起以前的老教練說過的話。到底會有誰想看一本有關慢跑的書？

第5章・1966年

天字第一號業務員

世界上只有一個強森，
夠漂泊、夠有勁、夠賣力、夠瘋狂，
可以隨時動身搬到東岸，
趕在鞋子運到之前抵達那裡。

我與鬼塚的合約快到期時，我每天檢查郵件，希望收到續約信，哪怕是他們通知我不續約。只要知道結果，我就可以鬆一口氣。當然，我也希望收到莎拉來信，說她回心轉意。跟往常一樣，我做好準備，等待銀行來函通知不再歡迎我上門。

可是每天我只看到強森寫來的信。這個人就像鮑爾曼似的永遠不睡覺，除此之外我想不出其他理由，可以解釋為什麼他的信從不間斷。信的內容大都沒什麼意義。通常強森的信，除了大量我不需要的訊息之外，還有幾個括號內有長串的插句，以及某種不著邊際的玩笑。

可能還有手繪插圖。

也許有段歌詞。

有時寫了一首詩。

強森使勁敲打打字機鍵盤，在半透明的薄紙上粗暴地留下凸點，許多他的信都包含某種故事。也許用「寓言」來形容更好。例如強森如何賣給這個人一雙虎牌運動鞋，後來這個人可能幫忙賣出更多的鞋子，因此強森構思一套方案……強森如何死乞白賴地纏著某某高中的總教練，硬要賣他**六雙鞋**，最後售出**十三雙**……這只是證明……

強森經常巨細靡遺地描述已經刊登或考慮在《長跑日誌》（*Long Distance Log*）或《田徑新聞》（*Track & Field News*）雜誌封底登廣告的繁瑣細節。抑或形容他在廣告中搭配的虎牌運動鞋照片。他的住家設置了一個臨時的攝影工作室，他會讓運動鞋倚著黑色毛衣，以誘人姿態擺在沙發上。別介意，這聽起來有點色情，我只是不明白在專門給跑步狂看的雜誌上刊登廣告有何意義，如此而已。但強森似乎樂在其中，他發誓廣告有發揮效益，所以，很好，我絕不阻止他。

強森的信結尾總是會對我未回覆他以前的信，發出悲嘆之詞，可能是挖苦，也可能出自真心。接著附註一個又一個，有時堆積成山。然後來個最後請求，希望我說些鼓勵的話，但我沒有寫過隻字片語。一來我沒時間，二來這不是我的風格。

現在回頭看，不知道當時的我是真正的自己，抑或仿效鮑爾曼，或我父親，或兩者兼而有之。難道我當時承繼了這些人沉默寡言的行事作風嗎？或許我是以所有令我欽佩的人為典範？我當時讀了手邊可以找到的一切有關將軍、日本武士和幕府將軍的文章，以及我心目中的三大英雄邱吉爾、甘迺迪和托爾斯泰的傳記。我不愛暴力，但在非常時期所展現的領導才能或領導無方，讓我深深著迷。戰爭是最非常態的時期。而商場如戰場。曾經有人說，商場就是戰爭，只是沒子彈而已。這點我大致同意。

我沒有那麼與眾不同。從古至今，男人從戰士身上找尋海明威所說的基本美德，也就是優雅面對壓力的一種典範。海明威由凝視拿破崙的愛將內伊元帥（Marshal Ney）的雕像，寫下《流動的饗宴：海明威巴黎回憶錄》（*A Moveable Feast*）一書。在家自學時，我從英雄人物身上學到的是不多話。他們沒有一個是多嘴長舌之人，也不會管東管西。**不要告訴別人如何做事，告訴他們做什麼，讓他們自己做出成績，給你驚喜**。所以，我沒有回答強森，沒有不斷打擾他。已經告訴他要做什麼了，希望他能給我驚喜。

或許以沉默的方式讓我嚇一跳。

值得嘉許的是，強森雖然渴望更多的交流，但從來沒有因為我不溝通而氣餒，反倒深受激勵。他是個龜毛的人，而他體認到我不是。他喜歡（跟我、我妹妹和共同的朋友）抱怨，但他心裡明白我的管理風格給了他自由，讓他隨心所欲，發揮無限的創意與活力。他一週工作七天，積極地賣鞋子和推銷藍帶。他不賣鞋子時，便勤奮地將顧客資料建檔。

每個新顧客都有自己的索引卡，每張卡記錄顧客個人資料、鞋子尺寸和對鞋的偏好。有了這個資料庫，強森可以隨時與所有客戶聯繫，客戶會覺得自己很特別。他寄聖誕卡，也寄生日卡。顧客一跑完大型比賽或馬拉松賽，他就送上幾句道賀語。每次收到強森來信，我很清楚那是他那天投遞郵筒的數十封信件中的一封。顧客聯絡人有好幾萬個，不分老少，從高中徑賽明星到週末慢跑的年逾八旬長輩都有。許多人從信箱拿出強森又寄來的郵件時，心中一定和我有相同的想法：「這傢伙哪來的時間？」

然而大多數顧客不像我，強森的信逐漸贏得他們的信賴。大多數人寫了回函，傾訴生活點滴、面對的困擾和跑步受傷狀況。強森好言安慰，深表同情，並提出建言，尤其是在受傷的部分。一九六〇年代很少人了解跑步受傷或運動傷害的基本常識，所以強森的信中經常記載其他地方找不到的訊息。我曾短暫擔心得負上責任。我還憂慮有天會收到一封信，說強森已經租了一輛巴士，載著他們全體去看醫生。

有些顧客主動提供他們對虎牌運動鞋的意見，所以強森開始蒐集客戶的反饋，用於製作新的設計草圖。譬如：有人抱怨虎牌平底運動鞋的避震緩衝不夠好，他想跑波士頓馬拉松，但認為虎牌運動鞋無法讓他連續跑二十六英里。因此強森雇用當地的補鞋匠，把一雙沐浴鞋的橡膠底拆下來，植入一雙虎牌平底運動鞋。就這樣，強森改良的怪鞋具備最先進、標準長度的中底緩衝功能（如今它是所有跑者訓練鞋的標準）。這雙應急的強森鞋有很強的動態支撐、十分柔軟和新穎。強森的顧客在波士頓跑出個人最佳成績。強森把結果轉寄給我，敦促我把訊息傳達給虎牌製造商。鮑爾曼在幾個星期前才在他一批批的筆記中，要求我做同樣的事。天哪，我心想，又來了一個瘋狂的天才。

強森的入侵

我偶爾在心裡惦記著要提醒強森，他的筆友名單愈來愈長。藍帶的發展應該侷限在西部十三個州，而這個全職員工一號並沒有這樣做。強森的顧客遍布三十七州，包括整個東海岸，直達萬寶路硬漢地盤的心臟地帶。萬寶路硬漢沒有大動作保護自己的地盤，所以強森的入侵**似乎**無害。但我們不想提醒這個男人他做錯了。

儘管如此，我從來沒有跟強森吐露我的擔憂。一如往常，什麼都沒有跟他說。

藍帶的新總部

夏天一到，我做了決定。我覺得父母家地下室的空間不夠大，不能再作為藍帶體育用品公司的總部，於是在市中心一棟嶄新的漂亮高樓租了間有一個臥房的公寓，租金兩百美元，價格似乎相當高。可是還好啦。我也租了一些必需品：桌椅、特大號的床和橄欖綠的沙發，我設法讓這些家具陳列呈現時尚感。家具看似不多，但我不在乎，因為我真正的家具是鞋。我生平第一間單身漢公寓，從地板到天花板，堆滿鞋子。

我胡思亂想，閃過不要把新住址給強森的念頭，但後來還是給了。果然，我的新郵箱開始塞爆。寄信人地址全是加州海豹灘郵遞區號九〇七四〇，郵政信箱四九二。

那些信，我全都沒回。

如果藍帶破產，我會得到寶貴的智慧

後來強森寫給我兩封信，我無法視若無睹。第一封，他說自己也在搬家。他和結縭不久的老婆分手。他打算留在海豹灘，但搬進單身漢小公寓。

幾天後，他又來信，說他出了車禍。

事情發生在一大清早，地點位於聖貝納迪諾（San Bernardino）北邊，他前往一場路跑賽的途中。當然，他想在那裡參加路跑，同時也要賣鞋。他寫說，他開車時打瞌睡，醒來發現自己和一九五六年份福斯金龜車上下翻轉，飛到半空中。他開車撞上分隔島，車子騰空翻滾，就在車子掉下堤防前一刻，他整個人飛出車外。終於強森的身體停止翻滾。他仰躺，望著天空，他的鎖骨、腳骨和顱骨全都粉碎。

他說，其實他的頭骨滲漏出液體。

更糟的是，他才剛離婚，恢復期間沒人照顧他。

這個可憐的傢伙活得很悲慘。

儘管最近厄運連連，強森仍鬥志高昂。他後續寫了一連串的信，絮絮叨叨說個沒完。他向我保證會恪盡職守。他拖著沉重的身軀在新公寓裡填訂貨單、出貨，迅速與所有顧客聯絡。一位友人會把他的信件帶給他，他說，不用擔心，郵政信箱四九二號仍全面運作。在信的結尾，他說，由於要付贍養費、子女撫養費，和未知的醫藥費，他需要問一下藍帶長期的前景。我怎麼看待公司的未來？

我沒說謊……確實如此。或許是出於憐憫，或許是強森形單影隻、孤獨、身上還裹著石膏，頑強地設法撐著自己和公司的影像揮之不去，因此我的口氣聽起來滿樂觀的。我回信說，藍帶可能會在近幾年轉型成一家綜合性運動用品公司，我們很可能會在西岸設立多個辦事處。有一天，也許觸角會伸進日本。「聽起來像是異想天開，」我寫道。「但似乎值得一試。」

最後一行是肺腑之言。**確實**值得一試。如果藍帶破產，我會一文不名，被徹底擊垮。但同時我也得到寶貴的智慧，下次東山再起時便可派上用場。智慧似乎是無形資產，而資產都一樣，有充分的理由值得去冒險一搏。創業有風險，但這生命裡其他的風險——婚姻、到拉斯維加斯賭博以及與鱷魚角力——不也一樣？但是，我希望，若是失敗，如果會失敗，就要趕快失敗，這樣我才有足夠的時間，足夠的年歲，來實踐我從這種種得來不易的教訓中所學到的。我設定的目標不多，但這個目標每天不停地在我的腦海閃爍，直到我內心一再唱著：**趕快失敗**。

末了，我告訴強森，如果他在一九六六年六月底之前可以賣出三千二百五十雙鞋，我就授權他開設零售專賣店。他為了開店的事，老纏著我。我估算他鐵定達不到目標。我甚至在信的結尾又加了附註。我知道，這就像給他糖吃，他會一口氣吃光。我提醒他，他賣了這麼多的鞋子，銷售速度這麼快，可能要找個會計師談談。我說，所得稅的問題要考慮。對於我的報稅建議，他立刻打我臉，語帶嘲諷地說，他不用繳稅，「因為總所得是一千二百零九元，總支出為一千二百四十五元。」他告訴我，他的腿斷了，心碎了，身無分文。他在結尾敬語處寫下：「請捎來鼓勵之言。」

我依然沒幫他打氣。

全世界第一座跑者聖殿

不知怎麼地，強森達到這個神奇的數字。到六月底，他已售出三千二百五十雙虎牌運動鞋，傷也痊癒。因此他要我履行承諾。勞動節之前，他在聖莫尼卡（Santa Monica）皮克大道（Pico Boulevard）三一〇七號租下一個小小的零售空間，我們第一家零售專賣店誕生。

然後，他開始把這家店打造成熱愛跑步人士的聖地。添購他所能找到最舒適又買得起（庭園二手貨拍賣）的座椅，並為跑步愛好者創造一個美麗的交誼空間。他釘了書架，架上擺滿每個愛跑步的人應該看的書，其中有許多是他自己珍藏的首版書。他在牆上掛滿穿著虎牌運動鞋的跑者照片，並存放以絲網印刷的T恤，**虎**字印在衣服正面。他會把T恤拿給最好的顧客。漆黑的牆面上展示一些虎牌鞋，再用一長排嵌燈打上燈光，非常炫，非常時髦。全世界從沒有人為跑步愛好者打造過如此的聖殿，這個地方不只賣鞋，還與熱愛跑步人士以及他們的運動鞋同享歡樂。強森這位帶領跑步信眾、抱負遠大的邪教教主終於有了自己的教堂。服務時間從週一到週六，早上九點開門到晚上六點。

他在信中首次提到這家店時，我想到在亞洲看過的廟宇和神社。雖然我恨不得馬上看到強森的店，但實在抽不出空檔。除了在普華會計師事務所上班，與海耶斯飲酒狂歡，晚上和週末要處理藍帶有關的繁瑣事務外，每個月還要撥出十四小時在預備部隊當兵，實在分身乏術。

接著強森寫給我一封非常重要的信，我別無選擇，只好跳上飛機。

萬寶路硬漢的逆襲

強森的顧客兼筆友人數現在已達幾百人，其中一人是在長島一所高中就讀的孩子。他曾寫信給強森，無意間透露一些令人不安的消息。這個孩子說，他的田徑教練最近一直在講有新人拿下虎牌經銷權……溪谷、馬薩波夸或曼哈西特的某個角力教練。

萬寶路硬漢回來了。他甚至在《田徑運動月刊》（*Track and Field*）刊登一則全國廣告。強森侵入萬寶路硬漢的地盤忙著偷獵，萬寶路硬漢則盜取我們偷獵的成果。強森已經奠下強壯的根基，建立龐大的客戶群，他憑著一股傻勁，和原始的行銷手法，傳播虎牌的好口碑，如今萬寶路硬漢想要乘虛而入，一舉得利？

我不知道當時為什麼馬上搭機到洛杉磯，我可以打電話。也許，就像強森的顧客，我只是需要「社群歸屬感」，即使只是兩個人的社群。

強森的回擊

我們做的第一件事就是去海灘來段累人的長跑。接著買披薩回他的公寓吃。那裡比起標準的「離婚男公寓」有過之而無不及。房子狹小、陰暗又冷清。讓我想起在世界各地旅行時，投宿的簡樸青年旅社。

當然，有幾許強森待著的明顯痕跡，像是鞋子到處都是。我以為我的公寓已是一片鞋海，可是強森根本就住在跑步鞋內。一雙又一雙的跑步鞋亂塞在各個角落，散置在每一塊地面，更多的鞋子處於某種解體狀態。

沒有被鞋子占據的少數角落和縫隙就堆滿了書。他在煤渣磚上搭了粗糙的厚木板自製書架，堆疊更多的書。強森不看垃圾書，藏書主要是厚重的哲學、宗教、社會學、人類學書籍和西方經典文學。我自以為喜愛閱讀；強森的層次更高一級。

令我印象最深的是，整個地方泛著陰森的紫光。光源來自一只七十五加侖的海水魚缸。他把沙發清出一個空位讓我坐之後，強森輕拍魚缸，細細說明。大多數男人離完婚，喜歡徘徊單身酒吧，強森卻在海豹灘碼頭下搜尋珍稀魚種來度過夜晚。他使用名叫「吸槍」（slurp gun）的東西捕捉牠們，還把這玩意拿到我面前晃動。看起來像是第一代吸塵器的原型。我問這如何操作。他說只要把這個吸嘴伸進淺水區，把魚吸入一個塑膠管，再進入一個小容器，然後把魚射到你的水桶裡，帶牠回家。

他已經成功搜集到各種珍奇的生物——海馬、斑鮀魚（opal-eye perch），洋洋得意地向我展示。他收藏的生物中最珍貴的是隻章魚寶寶，取名「伸展」（Stretch）。「說到這，」強森說，「餵食時間到了。」

他把手伸進紙袋裡取出一隻活蟹。「來啊，『伸展』，」他說，拿著蟹在魚缸上方晃來晃去。章魚一動也不動。強森把螃蟹放低，蟹腳扭擺，移到魚缸鋪了沙的底層。「伸展」仍然沒有反應。「牠死了嗎？」我問。「看著，」強森說。

螃蟹左右舞動，驚惶失措，尋求掩護，可是沒有掩蔽物。「伸展」知道這點。幾分鐘後，「伸展」底盤有動靜。牠試探性地伸出一根觸鬚或觸手，朝螃蟹張開，並輕扣甲殼。唷吼，「『伸展』剛剛把毒液注入螃蟹體內，」強森笑著說，像個驕傲的父親。我們看著螃蟹慢慢停止跳動，最後完全靜止不動。我們看著「伸展」溫柔地用觸手纏繞螃蟹，拖牠回自己的巢穴。牠在一個大石頭下面的沙子挖了個洞藏身。

這是一場病態的偶戲，暗黑的歌舞伎戲劇，由一個愚蠢的受害者和小型海妖主演。這是個隱喻我們困境的徵兆？一個活生生的東西被吃掉？那是有著紅色牙齒和螯爪的生命。我不禁懷疑這是否也是藍帶和萬寶路硬漢的故事。

接下來整個晚上，我們坐在強森的廚房餐桌，認真研究他的長島線民寫來的信。他大聲讀出來，我則在心中默念，然後我們辯論該怎麼做。

「你去一趟日本，」強森說。

「什麼？」

「你得去，」他說。「告訴他們我們所做的事。去要求你的權利。一次幹掉這個『萬寶路硬漢』。一旦他賣起跑鞋，一旦真的開始行動，就沒辦法阻止。現在立刻說清楚我們的立場，不然就完了。」

我說，我剛剛才從日本回來，沒有足夠的錢再去。我已經把所有積蓄投入藍帶，而且不可能要求華萊士再撥一筆貸款。想了就令我噁心。另外，我沒有空。普華一年肯給兩週的假期供作預備部隊的演練，而我就需要這個假。然後，他們會額外再給一週的假，而我已經用掉了。

最重要的是，我告訴強森說：「這是白費力氣。萬寶路硬漢跟鬼塚的關係早在我之前就建立了。」

強森毫不氣餒，拿出他一直用來折磨我的打字機，開始擬稿，把可用的記錄、想法和清單列出來，寫成一份聲明，我再把聲明交給鬼塚高層。「伸展」把螃蟹吃光時，我們大啖披薩，豪飲啤酒，祕密策劃至深夜。

祝你好運

隔天下午回到奧勒岡州，我直奔普華會計師事務所，去見辦公室經理。「我得請兩個禮拜的假，」我說，「現在就要。」

他從桌上文件堆裡抬起頭來，瞪著我。經過難熬的漫長時刻，我以為我會被開除。相反地，他清了清嗓子，咕噥了奇怪的事。我聽不太清楚，但他從我的口氣十萬火急又語焉不詳猜想，似乎以為……**我搞大了別人的肚子**。

我後退一步，開始抗議，然後閉上嘴。隨便這個男人怎麼想，只要他准我假。

他的手掠過他稀疏的頭髮，終於嘆口氣說：說「去吧。祝你好運。希望一切順利。」

新的出口經理

我刷我的美國運通卡買機票，有十二個月繳款期。與上次訪日不同，這次我先拍電報，通知鬼塚高層，內容說明我要親赴日本，想舉行一次會談。

他們回電報說：來吧。

但他們的電報繼續說，這回我見不到森本。他不是死了就是被解雇。電報說，有一個新的出口經理。

他的名字叫北見。

藍帶在東岸有個辦事處Kishikan，是日文的似曾相識。再一次，我登上飛往日本的班機。再一次，手裡拿著《如何和日本人做生意》這本書，畫重點，記內容。再一次，發現自己坐火車到神戶，登記入住新港旅店，在我的房間內踱步。

關鍵時刻來臨。我搭計程車去鬼塚那裡。我預期會走進舊的會議室，但沒有，上次我訪問之後，公司重新翻修。他們說新會議室更時尚，更寬敞，真皮座椅取代舊的布套座椅，桌子也加長許多。看了令人眼睛一亮，但感覺不太熟悉。我搞不清楚方向，有點被嚇到。這就像準備在奧勒岡州參加體育比賽，卻在最後一刻得知，比賽已經移師洛杉磯體育場。

有個男人走進了會議室，伸出手來。這就是北見。黑皮鞋擦得閃亮，頭髮同樣光澤油亮。髮絲烏黑，直接往後梳，一絲不亂。他與森本形成鮮明的對比，森本似乎是蒙著眼穿衣打扮。北見虛假的外表讓我看出了神，可是突然間他露出一個溫暖、準備就緒的笑容，請我坐下，放鬆心情，要我說明此次造訪的原因。儘管他外表時尚，我仍有一種明顯的感覺，他並非全然有自信。畢竟，這對他來講是全新的工作。他尚未擁有很多的淨資產（equity）。這個字突然從腦海裡蹦出來。

我也忽然想到，我對北見頗有價值。我不是大客戶，但也不小。地點決定一切。我是在**美國**賣鞋子，這個市場攸關鬼塚的未來。也許，只是也許，北見現在還不想失去我。在他們投入萬寶路硬漢的懷抱前，也許他還想留住我。就目前來說，我是資產，我有信譽，這意味著我手裡的牌可能比我想的還要好。

北見比森本會說更多英語，可是口音比較重。我的耳朵需要幾分鐘的時間來調整。我們閒聊我的航班、天氣和業務。其他的高層主管魚貫進入，坐上會議桌，加入我們。最後，北見往後靠。「是……」他等待著。「鬼塚先生呢？」我問。「鬼塚先生今天無法加入我們，」他這麼說。

可惡。我希望能夠利用鬼塚先生對我的喜愛，更何況他與鮑爾曼關係很好。可是他不在。我被困在陌生的會議室裡，孤軍奮鬥，沒有盟友，只能勇往直前。

我告訴北見和其他主管，藍帶迄今表現優異。進的貨已銷售一空，同時開發堅定的顧客群，我們預計這樣的穩健成長將持續下去。一九六六年我們的銷售額為四萬四千美元，預估一九六七年將達到八萬四千美元。我描述在聖莫尼卡的新店面，並說明展店計畫，我們會有個遠大的未來。我繼續挺身前進。「我們非常希望成為虎牌田徑系列的美國獨家經銷商，」我這麼說。「而且我認為，我們成為美國獨家經銷商，非常符合虎牌的利益。」

我甚至沒有提到萬寶路硬漢。

我環顧會議桌。個個面色凝重。沒有一個比北見的表情更難看。他簡單扼要地說了幾句話，直言這是不可能的事。鬼塚心中理想的美國獨家經銷商，公司的規模要更大，更有歷史，能夠處理其業務量，在東岸也設有辦事處。

「可是，可是，」我結結巴巴地說，「藍帶**確實**在東岸有辦事處。」

北見坐著往後仰。「是嗎？」

「是的，」我說，「我們在東岸、西岸都有，我們可能很快在中西部設點。我們可以處理全國的經銷，沒問題。」我環顧與會人士。凝重的臉色轉趨柔和。

「好吧，」北見說，「這就不同了。」

他向我保證，他們會慎重考慮我的提議。所以，休會。

我走回飯店，第二晚又在房間踱步一夜。隔天早上，我接到一通電話，叫我回到鬼塚，北見把美國的獨家經銷權交給我。

他給我一紙三年的合約。

我試圖假裝若無其事，輕鬆地簽署文件，並訂購五千多雙鞋，進這些貨要兩萬美元，但我沒錢。北見說他會把鞋子運到我在東岸的辦事處，我也沒有辦事處。

我答應發電報告訴他辦公室的確切地址。

我該找誰？

在返家的班機上，我看著窗外太平洋上空朵朵雲彩，思緒飛回到坐在富士山山頂上的時刻。這次出擊成功後，我想知道，莎拉現在對我的感覺。我想知道，萬寶路硬漢從鬼塚那邊聽到消息，獲悉自己完蛋了的當下感受。

我收起《如何和日本人做生意》。我的隨身行李塞滿了紀念品。有送給我母親、妹妹和哈菲爾德阿嬤的和服，還有一把要掛在我的書桌上方的武士刀。而我的至高無上的榮耀是一部小型日本電視機。「這是我的戰利品。」我心想，嘴角帶著笑意。但在太平洋上空某處，「勝利」的重擔突然壓在我身上。我想像，當我要求華萊士先付這筆龐大的新訂單款項時他臉上的表情。如果他拒絕，屆時該如何是好？

從另一個角度看，也許這是最好的結果。如果他答應，我要如何在東岸開設辦事處？而且在這批鞋子運抵之前，我要怎麼設點？我要找誰來打理呢？

我盯著彎曲的地平線。世界上只有一個人，夠漂泊、夠有勁、夠賣力、夠瘋狂，可以隨時動身搬到東岸，趕在鞋子運到之前抵達那裡。

我想知道「伸展」喜不喜歡大西洋。

第6章・1967年

藍帶前進東岸

《慢跑》這本書狂賣一百萬冊，
改變「跑步」這個字的意義。
跑步不再只是怪咖才會做的事。
跑步幾乎等同——酷？

這件事我沒處理好，糟糕透頂。

我曉得強森會有什麼反應，擔心之下未對他全盤托出。我火速通知他，說與鬼塚的會議進展順利，全國經銷權已經到手。但也言盡於此。現在想想，當時我內心深處必定抱著希望，可能雇用別人去東岸。或者，華萊士會讓整個計畫泡湯。

事實上我確實雇了別人。當然，此人曾是長跑運動員。可是他才答應去東岸沒幾天就反悔了。於是，我沮喪不已、心煩意亂，陷入焦慮和拖延的循環，同時開始思考找人代替強森打理聖莫尼卡店面，這樣就簡單得多。我徵詢約翰・博克（John Bork）的意願。他是洛杉磯一所高中的田徑教練，一個朋友的朋友。他立刻抓住這個機會，可能還有點迫不及待。

當時我哪知道他那麼心急？次日上午，他出現在強森的店裡，宣布他是新老闆。「新的——**什麼**？」強森說。

「我已經被錄用了，你一去東岸，我就接替

你。」博克如此說。

「我去──**哪裡？**」強森一邊回答，一邊伸手拿電話。

我也沒有處理好那次談話。我告訴強森說，哈哈，嗨，老兄，我**正要**打電話給你。我說，我很抱歉，讓他以那樣的方式聽到這個消息，多麼蠢啊。我解釋說，我不得不騙鬼塚，謊稱我們在東岸已經有一間辦公室。因此，我們麻煩大了。這些運動鞋很快會出貨，大批貨物將會裝船運往紐約。提領這些鞋子，和設立辦公室的任務，除了交代強森，不做第二人想。藍帶的命運全都寄託在他的身上。

強森大吃一驚。接著大發雷霆。然後很反常。短短一分鐘內一古腦爆發。所以，我搭機去他的店裡找他。

他告訴我，他不**想**住在東海岸。他愛加州。他會住在加州一輩子。在加州他一年到頭都可以去跑步。據我所知，對強森來說，跑步勝過一切。在東岸嚴寒的冬天要如何跑步呢？

然後，他的態度丕變。我們正站在他的店中央，那是他的運動鞋聖殿。他以幾乎聽不到的聲音喃喃自語，承認這是藍帶成敗的關鍵時刻。他為藍帶投注大量的財力和心力。他確認其他人無法在東岸設立一個辦事處。接著，他發表了長篇拉拉雜雜的半內心獨白，說聖莫尼卡這家店幾乎是自行營運，所以他可以在一天之內訓練好接替他的人選，而且他已經成立了一家店，曾經開在

「好吧，我去。」

一個偏僻的地點，所以可以很快地複製一遍，我們的動作要快，因為這些鞋子出貨了，開學季的訂單即將湧入。然後他凝視遠方，不知道是在問牆壁、問運動鞋還是問神靈，為什麼他不應該立刻閉上嘴巴，乖乖聽奈特的話。他跪了下來，說別人可能視他——他搜尋精確的字眼——是個「沒才能的爛貨」，卻能獲得如此賞識，他應該感激涕零。

我大可以說「哦，不，你不是。別如此苛待自己」之類的話。我或許可以，但我沒有。我一直不吭聲，一直等。

一等再等。

最後，「好吧，」他如此說，「我去。」

「很好。很棒。太好了。謝謝。」

「但是要去**哪裡**？」

「什麼哪裡？」

「你要我去嗎？」

「嗯，是的。東岸任何一個有港口的地方，只要避開緬因州的波特蘭。」

「為什麼？」

「一家公司的總部設在波特蘭，卻有兩個不同的波特蘭？這會把日本人搞糊塗。」

我們具體討論了更多的地點，最後決定紐約和波士頓，而波士頓是最合理的地方。尤其是波士頓。「我們大多數的訂單來自那裡，」我們其中一人如此說。

「那好吧，」他說。「波士頓我來了。」

然後我遞上一堆波士頓旅遊小冊子，大肆宣傳秋季賞楓。我有點硬逼，但也只能孤注一擲。

他問我怎麼正好有這些小冊子，而我告訴他，我知道他會做出正確的決定。

他笑了。

強森原諒我，他所展現的種種善良天性，讓我衷心感激，讓我對這個人的好感更添幾分。也許是一種更深的忠誠。我後悔我以前那樣對待他。他一直寫信來，我都不回。我想要有具備團隊合作精神的工作夥伴，然後有了能夠互相配合的工作夥伴，然後有了強森。

別處找不到的放任型管理

然後，他揚言要辭職。

當然是透過信件。「我想，我的努力讓我們目前小有成就，」他寫道。「至少在未來兩年還會更好。」

因此，他下了最後通牒，有兩個重點。

1. 讓他成為「藍帶」公司的合夥人。
2. 加薪至一個月六百美元，而且賣超過六千鞋的所有利潤，他要分三分之一。

他說，否則就說再見。

我打電話給鮑爾曼，告訴他全職員工一號正在鬧叛變。鮑爾曼靜靜地聽著，全盤考量，權衡利弊得失，然後宣判：「滾他媽的蛋。」

我說，我沒有把握「叫他滾」最好的策略。也許除了安撫強森，給他公司股份外，還有別的折衷辦法。但是，更詳細討論過後，仍不得其解。鮑爾曼和我都不想讓出任何持股，所以即使我願意接受強森的最後通牒，也是行不通。

我飛到帕羅奧圖（Palo Alto），強森去那裡探望他的父母。我要求坐下來談一談。強森說，他希望他的父親歐文（Owen）和我們一起談。這次會談在歐文的辦公室進行。這對父子的相似程度，立刻讓我驚呆了。他們長得很像、聲音很像，甚至有許多相同的言談舉止。不過，相似之處到此為止。從一開始，歐文就扯著嗓門，咄咄逼人。我可以想見，他是這場叛變的幕後煽動者。

歐文是推銷員。他賣錄音設備，好比錄音筆，而他很會推銷。與大多數推銷員一樣，他覺得生活是一場漫長的談判，而他樂在其中。換句話說，他跟我完全相反。開始吧，我心裡想。與談判高手的另一場交火。何時會結束？

在談正事之前，歐文要先告訴我一個故事。推銷員總是這樣。他說，因為我是會計師，令他想起最近遇見的一個會計師。這個會計師有一個客戶是上空舞孃。我認為，這個故事是圍繞著報稅時這名舞孃的矽膠填充物是否可以扣稅。在關鍵的笑點，我禮貌性的笑了笑，然後緊握座椅扶手，等待歐文止住笑聲，出招進攻。

他開始列舉他的兒子為藍帶立下的汗馬功勞。他堅持他兒子是藍帶依然存在的主要原因。我點點頭，聽他把話講完，努力克制與坐在一旁的強森目光接觸的衝動。我很好奇，他們事前是否排練過，如同我上一趟日本行之前，強森和我所做的沙盤推演。最後歐文說，有鑑於此，他兒子顯然應該出任藍帶合夥人。我清了清嗓子，承認強森勤奮苦幹，他的工作一直不可或缺，價值更是無法衡量。之後，我亮出底牌。「實際情況是，我們有四萬美元的銷售額，負債更多，所以根本沒有什麼可分的。夥伴們。我們正在爭奪一塊不存在的餅。」

此外，我告訴歐文，鮑爾曼不願意出售任何他擁有的藍帶一半持股，因此我不能賣。如果我賣任何一股，等於拱手讓出我一手創建的公司控制權。這不可行。

我提議替強森加薪五十美元。

歐文瞪大雙眼。這是經過許多激烈談判，磨練出的惡狠狠、頑強眼神。那一瞪之後，他把很多錄音筆搬出門外。他在等我讓步，提高報價，但這是我一生中唯一一次有談判籌碼，因為我已經沒有東西可給了。「要嘛接受，要嘛放棄」像是四張相同點數的牌，不容易打輸。

最後，歐文轉向他兒子。我認為，我們從一開始就知道強森是解決這件事的關鍵人，而我從強森的臉上看出他正陷入天人交戰。他不想接受我的提議，但也不想離職。他愛藍帶，他需要藍帶。他心裡明白藍帶是全世界最適合他的地方，另一條路就是被企業的流沙一口吞噬。企業的流沙已經吞噬掉我們大部分的同學和朋友，我們這一代多數人都走上這條路。他曾經無數次抱怨我不溝通，但實際上我之前採取的放任型管理激勵他成長，釋放他的潛能，在別的地方他不可能找到這種自主權。幾秒鐘後他伸出手。「一言為定，」他說。「一言為定，」我也說，和他握手。

我們長跑六英里路程，宣告協議正式達成。我還記得那次我跑贏了。

奧勒岡州的男人

強森在東岸打點，而博克接手管理他原來的店，我現在是人手充沛。然後我接到鮑爾曼的電話，他要求我再增加一人：他帶過的田徑隊員傑夫．霍利斯特（Geoff Hollister）。我請霍利斯特去吃漢堡，相處融洽，甚至當我把手伸進口袋，赫然發現口袋裡沒有錢付午餐時，他也不退縮。所以我聘請他在本州各地穿梭推銷虎牌鞋，他也成為全職員工三號。

不久鮑爾曼又打電話來。他要我雇用**另一名**全職員工。短短幾個月，我的員工人數成長四倍？難道我的老教練以為我是通用汽車公司？我原本可能拒絕的，後來鮑爾曼說出應聘者的姓名。

鮑勃．伍德爾（Bob Woodell）。

我當然知道這個名字。這個名字在奧勒岡州家喻戶曉。鮑爾曼一九六五年帶的田徑隊中，伍德爾是個佼佼者。他不全然是明星運動員，但是個堅韌、激勵人心的競爭者。那年奧勒岡州是三年來第二度衛冕全國冠軍，伍德爾原本沒沒無聞，卻突然在跳遠項目打敗臭屁的加州大學洛杉磯分校。我經歷了這件事，看到他贏得勝利，對他留下非常深刻的印象。

隔天，電視上發布新聞快報，說奧勒岡州的母親節慶祝活動發生意外。當時伍德爾和他的兄弟會十二個兄弟高舉木筏，準備抬往米爾雷斯（Millrace），那是流經校園的一條溪流。他們試圖翻轉木筏，突然有人摔倒，然後有人抓不住。有的人放手，還有人尖叫，大家四散奔逃。這時木筏壓下來，伍德爾被困在底下，壓碎他的第一節腰椎。他重新行走的機會似乎很渺茫。

鮑爾曼曾在海沃德田徑運動場舉行一場暮光運動會，為伍德爾的醫療費募款。他眼前的任務是幫伍德爾找事做。他說，現在這個可憐的傢伙坐在輪椅上，盯著父母家牆壁發呆。伍德爾試探性的詢問當鮑爾曼的助理教練，但鮑爾曼對我說：「巴克，我只是覺得那行不通。也許他可以為藍帶做點什麼。」

我掛上電話，隨即打給伍德爾。我差點要說，我為他發生的意外感到難過，但話到嘴邊，又忍住了。我不知道該不該提這件事。另有幾件事跑過我腦海，而每件事似乎都不該講。我雖然經常張口結舌，但從來沒有這樣不知道說什麼才好。對腿突然不能動的一位徑賽明星，要說什麼呢？我決定純粹談公事。我解釋說，鮑爾曼曾推薦伍德爾，我新開的鞋業公司，可能有一份工作適合他。我建議我們一起吃頓午餐聊一聊。他回答說，沒問題。

我們第二天在波特蘭北郊比佛頓市中心的一家三明治餐廳碰面。伍德爾自己開車去。他駕駛一輛特別的車，一輛水星美洲獅手排車，駕輕就熟。實際上他還早到，而我遲了十五分鐘。

要不是他坐輪椅，我一走進去，應該認不出他來。我見過他本人一次，看過他上了幾次電視。但歷經諸多磨難和手術，他瘦得嚇人，體重掉了六十磅，輪廓分明的容貌現在被尖細鉛筆細膩描繪。他的頭髮依舊烏黑，仍然又細又鬈。他看起來像是我在希臘鄉間見過的赫爾墨斯（Hermes）半身像或飾帶。他的眼珠也是黑色的，目光冰冷、銳利，也許帶著一股憂傷。與強森的眼眸並無不同。不論如何，深具魅力，討人喜歡。我後悔遲到了。

這頓午餐應該是面試，而面試是形式，我們都知道。奧勒岡州的男人會照顧自己。幸運的是，除了有義氣之外，我們一見如故。我們讓彼此大笑，大都是聊有關鮑爾曼的事情。我們回憶他以培養韌性之名，百般折磨跑者，像在洗三溫暖時把鑰匙放在爐子上加熱，再把鑰匙壓在他們赤裸的肉體上。我們兩個都曾身受其害。過沒多久，我覺得就算伍德爾是一個陌生人，我也該給他一份工作。很高興，他是我喜歡的人。藍帶定位不明，也不確定它將來會不會成功，但不管如何，我都希望它有這個人的靈魂。

我給了他一個職位，負責開設我們的第二家零售店，地點在尤金市的奧勒岡大學校園附近，月薪四百美元。謝天謝地，他沒有討價還價。如果他要求月薪四千美元，我可要傷腦筋。

「一言為定？」我說。「一言為定，」他這麼回答。他伸出手，握著我的手。

他仍然有運動員的強大握力。

女服務生來結帳，我正色告訴伍德爾說，這頓午餐我請。我掏出錢包，發現裡面空空的。我問藍帶全職員工四號，能不能借我錢，發薪水就還給他。

哪個傢伙把阿茲特克人打得屁滾尿流？

鮑爾曼若是沒送新員工來，就會送他最新的實驗結果來。一九六六年，他已經注意到「躍起」的鞋子外底會像奶油般融化，而中底依然堅固。所以他敦促鬼塚把「躍起」的鞋子中底和「熱身」的鞋子外底融合在一起，打造終極長跑訓練鞋。如今，一九六七年，鬼塚送來這款鞋的原型，令人驚豔。非常舒適的緩衝與流暢的線條，頗有未來感。

鬼塚問我們它應該取什麼名字。鮑爾曼喜歡「阿茲特克」（Aztec），有向一九六八年墨西哥奧運致敬的含義。我也喜歡這個名字。鬼塚說，好吧。阿茲特克鞋款就這樣誕生了。

然後愛迪達揚言要提告。愛迪達已經有一款新鞋名為「阿茲特卡金牌」（Azteca Gold）。他們打算在同一屆奧運，引進這款田徑釘鞋。沒人聽說過這款鞋，但這無法阻止愛迪達大吵大鬧。

我怒氣沖沖，開車上山到鮑爾曼家討論這件事。我們坐在寬敞的走廊上，俯看河流。那天河水閃閃發光，宛如一條銀色的鞋帶。他脫下球帽，又戴上，接著揉了揉自己的臉。「哪個傢伙把阿茲特克人打得屁滾尿流？」他問道。「科爾特斯（Cortez），」我說。他咕噥說：「好。我們就叫它科爾特斯。」

愛迪達用力鞭策我

我正在培養對愛迪達病態的鄙視。這鄙視說不定是健康的。那家德國公司已經稱霸運動鞋市場幾十年，占據無人匹敵的至尊地位，十分囂張。當然，他們可能一點也不囂張，但為了激勵自己，我需要視他們為巨獸。無論如何，我鄙視他們。我厭倦了每天抬頭仰望，看他們遙遙領先。只要想到我的命運注定永遠如此，我就無法忍受。

這種情況使我想起吉姆．葛瑞勒（Jim Grelle）。高中時，葛瑞勒（發音為Grella，有時念成大猩猩Gorilla）是奧勒岡州跑得最快的人，而我是第二快的，這意味著我凝視葛瑞勒的背影四年。然後葛瑞勒和我雙雙就讀奧勒岡大學，他在那裡繼續壓制我。我畢業的時候，希望永遠不要再看到葛瑞勒的背影了。數年後，葛瑞勒在莫斯科的列寧體育場拿下一千五百公尺賽跑冠軍，當時我身著軍裝坐在路易斯堡交誼廳的沙發上，對著電視螢幕使勁揮動拳頭打氣，為我的奧勒岡州同胞感到驕傲，他贏了我許多次的回憶也令我有點氣餒。現在，我開始把愛迪達當成第二個葛瑞勒。他們在後面追趕，頻頻用法律打壓，氣得我跳腳。這也在鞭策我，很用力鞭策。

在我不切實際地努力超越卓越的對手的時候，我再度找上鮑爾曼當我的教練。他再一次竭盡所能，讓我立於不敗之地。我經常回憶他在比賽前的精神講話，尤其是與奧勒岡州立大學的兄弟之爭。我會在腦海裡重播鮑爾曼最好的演說，重聽他的教誨。他說，奧勒岡州立大學根本不算對手。擊敗南加大和加州大學柏克萊分校才重要，他如此說，可是擊敗奧勒岡州立大學（停頓一下）**不同**。經過將近六十年，回想起他說的話，他的語氣，還是讓我很振奮。沒有人能像鮑爾曼那樣讓你熱血沸騰，儘管他從不拉高分貝。他曉得如何對潛意識說話，如何狡猾地插入驚嘆號，像是火熱的鑰匙壓在皮膚上。

至於額外的鼓勵。我有時會回想第一次見到鮑爾曼在更衣室發放新鞋。他來找我時，我甚至不知道能不能入選田徑隊。我是大一新鮮人，能力尚未獲得肯定，還處於發展階段。但他用力把一雙新釘鞋直接推到我胸前。「奈特，」他說。就這樣。我低頭看著這雙鞋。奧勒岡州的綠色，有黃色條紋，這是我看過最令我驚豔的東西。我抱著它們，後來帶回我的房間，小心翼翼地放在書架最上層。我記得我還用鵝頸檯燈對準它們。

當然，這雙是愛迪達的鞋。

一九六七年終，除了我之外，鮑爾曼鼓舞了許多人。他一直在講的那本書，關於慢跑的蠢書出版上市。一本區區一百頁的《慢跑》（*Jogging*）對全國宣揚體能鍛鍊的福音。這個國家以前很少聽到這種講道，這個國家集體懶洋洋地躺在沙發上，不知何故，這本書狂賣一百萬冊，掀起一場運動，改變「跑步」這個字的意義。不久之後，拜鮑爾曼和他的書所賜，跑步不再只是怪咖才會做的事。它不再是邪教。跑步幾乎等同——酷？

我為他高興，也為藍帶高興。他的書熱賣肯定會產生宣傳效果，拉抬我們的業績。然後我坐下來，讀一讀這本書。我開始緊張了。在討論適當裝備的部分，鮑爾曼給了一些常識性的意見，接著是若干混雜的建議。討論脛前疼痛（shin splints）時，他說，合適的鞋子很重要，但幾乎隨便什麼鞋都行。「也許你穿園藝鞋，或居家工作鞋，都會做得很好。」

這什麼？

至於訓練服，鮑爾曼告訴讀者，合適的衣服「可以使精神煥發」，但又叫大家不應該太注重**品牌**。也許他認為，有別於訓練有素的運動員，對休閒慢跑者來說，確實是如此，但是，天啊，他需要在書中這麼說嗎？要在我們拚死拚活建立一**個品牌**的時候說？更重要的一點，這也意味著他對藍帶和我的真實想法？什麼鞋都可以？如果這是真的，那我們為什麼要費心思去賣虎牌運動鞋？為什麼要愚蠢地東奔西跑？

我在愛迪達的後面追趕，但我仍以一種奇怪的方式在追逐鮑爾曼，追求他的肯定，與往常一樣，我似乎極不可能在一九六七年底追上任何一個。

「總店」開張

一年結束，我們交出漂亮的成績單，主要歸功於鮑爾曼的「科爾特斯」鞋款，營收符合預期：八萬四千美元。我對下一趟第一國民銀行之行幾乎滿心期待。最後，華萊士會退讓，鬆開荷包。也許甚至他會承認快速成長的重要性。

在這同時，藍帶的發展已經超出我的公寓了。或者更準確地說，藍帶已經接管整個地盤。這個地方現在是強森單身漢公寓的翻版，只差一個紫光和一隻章魚寶寶。我不能再拖拖拉拉，我們得撤離，進駐合適的辦公室，所以我在東區租了一個大房間

這地方很普通。一個簡樸、老舊的工作空間，高高的天花板和高高的窗戶，有些窗子破了，或者卡住關不起來，這意味著這個房間的氣溫，經常處於讓人冷得精神抖擻的攝氏十度。隔壁是一間喧鬧的小酒館「粉紅水桶」，每天下午四點一到，點唱機立刻開始運轉。由於牆壁很薄，你可以聽到第一張唱片落下的聲音，之後可以感覺到每個音符重擊心頭。

你幾乎可以聽到裡面的人在擦燃火柴點菸，碰杯、**乾杯**和祝酒。

但房租便宜。五十美元一個月。

我帶伍德爾去看房時，他承認此處有一定的魅力。

伍德爾必須喜歡，因為我要把他從尤金市的分店調到這間辦公室。他坐鎮尤金店已經展現超強技能，除了精力無窮，也有組織規劃的天分，但我調他到「總店」（home office）工作，更可以善用其才。果然，第一天上班，他就想出一個法子，解決窗戶卡住的問題。他帶來一支舊標槍，鉤住窗閂一推，把窗戶關上了。

我們負擔不起其他窗戶玻璃破損的修繕費用，只好穿毛衣上班。

同時，我在房間中間豎起一道夾板隔間，隔出後方的倉庫空間，前方則為零售賣場兼辦公處

所。我沒有請裝修師傅，而且房間地板嚴重翹曲，所以隔間牆不直、不平，從十英尺遠的地方就看得出波浪狀起伏。伍德爾和我一致覺得這是種時尚。

我們在一間辦公室二手貨店，買了三張破舊書桌，一張給我、一張給伍德爾，一張給「下一個蠢到為我們工作的人」。我還建置了一道軟木板牆，牆面釘掛不同的虎牌鞋款，這是借用強森裝潢聖莫尼卡分店的裝飾概念。在遠處一個角落，我為顧客規劃了一個小型休息區，方便試穿鞋子。

有一天下午，差五分鐘就六點了，一名高中生信步走進來。他怯生生地說要買跑步鞋。伍德爾和我互看了一眼，再看了看時鐘。我們筋疲力盡，但我們需要每一筆買賣。我們聊一下他的腳背、他的步幅、他的生活，並給了他幾雙試穿。他慢慢地綁鞋帶，在房裡走動，然後每雙都說「不是很合適」。晚間七點，他說，他得回家「想一想」。他離開後，伍德爾和我坐著，周圍是一堆空鞋盒，和散置一地的鞋。我看著他。他看著我。這就是我們要建立的鞋業公司的方式嗎？

命定的東岸辦事處

我逐漸把我公寓堆的庫存，搬到新辦公室。突然靈光乍現，放棄那間公寓也許更合理，乾脆搬到辦公室去住，因為我基本上是住在那裡。當我不在普華會計師事務所時，就在藍帶，反之亦然。我可以在健身房淋浴。

但我告訴自己，住在辦公室是瘋子才有的舉動。

然後我接到強森來信，說他現在住在他的新辦公室。

我們的東岸辦事處地點，他已經選定衛斯理（Wellesley），位於波士頓市郊的高級區。當然，還附上一張手繪地圖、一張素描，以及我所需要的有關衛斯理歷史、地貌以及天氣模式的更多資訊。此外，他還告訴我此處如何中選。

起初，他曾考慮紐約長島。他一抵達長島，就約了那個要他小心萬寶路硬漢陰謀的高中生見面。那孩子開車載強森逛遍長島，強森看夠了，知道這個地方他不中意。告別這個高中生後，沿著九十五號州際公路北上。當他來到衛斯理，覺得它在對他說話。他看到古色古香的鄉間道路上有人在跑步，其中許多是女性。大多數女性像演員艾莉・麥克勞（Ali MacGraw）。艾莉・麥克勞是強森喜歡的型，他記得艾莉・麥克勞曾就讀衛斯理學院（Wellesley College）。

然後，他的印象中，波士頓馬拉松賽路線經過這個鎮。就這樣拍板定案。

他翻閱卡片目錄，找到一位本地顧客的地址。這個顧客是另一名高中田徑明星。他未事先通知，便開車前往登門拜訪。這孩子不在，但他的父母非常歡迎強森，請他進門等候。這個孩子一回到家，發現他的運動鞋業務員正在他家餐廳和他全家吃晚飯。隔天，他們去跑步後，強森從這個孩子手上拿到當地教練、潛在顧客、可能聯絡人，以及他可能喜歡的社區名單。沒幾天，他已經找到並租下殯儀館後面的一間小屋。他以藍帶的名義承租，也以這裡為家。他想要我跟他平分二百美元租金。

他在附註說，我也應該買家具給他。

我沒有回。

第7章・1968年

會計學老師遇見帕克絲小姐

我告訴她，壓根不想為其他任何人工作。
我想打造屬於我自己的東西，
用手指著它說：我造就它。
我認為這是可以讓生命有意義的唯一方式。
她點點頭。

我每週有六天投入普華會計師事務所的工作。清晨和深夜，整個週末和假期都待在藍帶。沒有朋友、沒有運動、沒有社交生活，但我心滿意足。當然，我的生活方式不均衡，但我不在乎。事實上，我想要更加不均衡，或一種不同類型的不均衡。

我每分每秒都想獻給藍帶。我以前從未一心多用，我看不出有任何理由現在要這樣。我想要一直全神貫注在一項真正重要的任務。如果我的生活就是一直工作，沒有玩樂，我希望寓工作於娛樂。

我想辭掉普華的職務。我不討厭那份工作，只是那不是我。我想要每個人都想要的東西：做自己，一天二十四小時。

但那是不可能的。藍帶根本無法支應我的開銷。雖然這家公司已經上軌道，營業額連續第五年成長翻倍，但仍不足以支付其共同創辦人的薪水。所以我決定妥協，轉換白天的職務，謀一份能負擔我開銷、但工作時數較少的差事，讓我有更多的時間去實現熱情。

我所能想到符合這條件的工作僅有教書一途。我向波特蘭州立大學申請教職，獲聘為助理教授，月薪七百美元。

我本來應該高興從普華離職，但我在那裡學到很多，而且離開海耶斯，令我很傷心。我告訴他，下班後不再喝雞尾酒，不再去瓦拉瓦拉。「我要專注做我的鞋子，」我如此說。海耶斯皺著眉頭，嘟囔著說會想念我，還是欣賞我之類的話。

我問他打算做什麼。他說，他要在普華會計師事務所熬出頭。減重五十磅，並且成為合夥人，這是他的計畫。我祝他好運。

根據正式離職的程序，我必須跟我們的老闆面談。老闆是高級合夥人，大名為有著狄更斯作品風格的科利．雷克萊爾（Curly Leclerc）。他有禮貌、公平、圓滑，離職面談的戲碼已經演過一百次了。他問我離開世界數一數二的會計師事務所之後要做什麼。我說，我已經開創自己的事業，也許會成功，我希望如此。在這段期間，我要教會計。

他瞪大了眼睛。我已經脫離常軌，離得很遠很遠。「你到底為什麼會做這樣的事？」

終於，來到真正困難的離職面談時刻。我告知我的父親。他也一樣，瞪大了眼睛。他說，我還在賣鞋子一事，已經是夠糟糕了，可是現在……**這個**。教書工作不值得尊重。在波特蘭州立大學執教鞭是完全不值得尊重。「我要跟我的朋友說什麼？」他問道。

帕克絲小姐

學校給我安排了四門會計課程，其中包括初級會計學。我花了幾個小時備課，複習會計的基本概念。隨著入秋，我的生活平衡按照我的規劃變化。而我投入藍帶的時間，仍未達到我想要或需要的水準，但已經多了些。我正在走一條自己覺得應該走的路，雖然不知道它會通往何方，我已準備好一探究竟。

一九六七年九月初，我抱著希望，歡喜迎接學期的第一天。但是，我的學生臉上毫無笑容。他們慢吞吞地魚貫走進教室，每個人都擺出一張上課很無聊的臭臉。接下來的一個小時，他們要被幽禁在這令人窒息的牢籠，被強行餵食一些前所未有的枯燥概念，而我是罪魁禍首，因此我成為他們洩恨的目標。他們看著我，皺著眉，有些人面有慍色。

我感同身受。但我不會讓他們惹惱我。我穿著黑西裝，打著小條灰色領帶，站在講台上，大部分時間仍能保持鎮靜。我總是有點忐忑，有點焦躁。而在那段時日，我出現神經質的小動作，比如把橡皮筋套在手腕上，再拉起來彈自己的皮膚。看到學生像被鐵鍊鎖在一起的囚犯，沉重地踏入教室時，我可能會彈得更快、更用力。

突然間，一名非常引人注目的年輕女子，堂皇地走進教室，在前排入座。金色長髮拂肩，搭配金色圈型耳環。我看她，她也看我。戲劇性的黑色眼線襯托慧黠的藍眼睛。

我聯想到埃及豔后克麗奧佩脫拉（Cleopatra），還有演員茱莉．克莉絲蒂（Julie Christie）。我心想，哎呀，克莉絲蒂的小妹剛剛修了我的會計課。

我想知道她的芳齡，我猜還不到二十歲。我拉橡皮筋彈一下自己的手腕，一彈再彈，盯著她瞧，然後假裝沒在看。目光很難從她身上移開，也難以揣度。這麼年輕，卻又如此世故。她的耳環十足嬉皮，可是眼妝又**相當**時尚。這個女孩**是**誰？她坐在前排，我要如何集中精神上課？

我點一下名。可以藉此記住學生的名字。「特魯希略先生？」

「到。」

「彼得森先生？」

「到。」

「詹姆森先生？」

「到。」

「帕克絲小姐？」

「到，」克莉絲蒂的小妹輕柔地說。

我抬起頭，對她微微一笑。她也回了淺淺一笑。我用鉛筆在她的芳名旁邊輕輕打個勾。佩妮洛普．帕克絲（Penelope Parks）。漂泊世界各地的奧德修斯（Odysseus）有一個忠貞不渝的妻子，名字就叫佩妮洛普。

點了名，該到的都到了。

「妳想……要……一個工作嗎？」

我決定採用蘇格拉底反詰法。我猜，我是在仿效我最喜歡上的奧勒岡大學和史丹福大學教授開的課程所用的教學方式。而且我仍舊為所有希臘的事物著迷，依然陶醉在雅典衛城的那段日子。也許，藉由發問取代講課，也是試圖把課堂上的注意力從我自己的身上轉移開來，強迫學生參與，特別是某些漂亮的學生。

「好了，同學們，」我說，「你買了三件幾乎相同的小飾品，分別為一塊錢，兩塊錢，和三塊錢。後來你用五塊錢的價格賣出一個。賣出的小飾品**成本**為何？銷貨毛利為何？」

有幾隻手舉了起來。唉，裡面沒有帕克絲小姐的。她低著頭，顯然比教授還害羞。我不得不叫特魯希略先生回答，然後又請彼得森先生回答。

「好了，」我說。「現在，特魯希略先生採先進先出法計算存貨成本，毛利為四塊錢。彼得森先生採用後進先出法，有兩塊錢毛利。所以……誰的生意較好？」

接著同學們踴躍討論，幾乎每個人都有參與，獨缺帕克絲小姐。我看著她，看了看，她不發一語，沒有抬頭。我想，也許她不是害羞，只是不很聰明。如果她不得不放棄這門課，或是我不得已要當掉她，會多麼的令人傷心。

早些時候，我反覆向學生灌輸會計的首要原則是：資產等於負債加股東權益。我說，這個基礎方程式是恆等式。會計就是解決問題，大部分的問題都歸根於這個方程式的不平衡。因此，要解決問題，就得讓它平衡。我覺得我這樣說有點虛偽，因為我的公司負債與資產的比率為九十比十，不正常。如果華萊士旁聽我的課會說些什麼，不只一次我想了頭皮發麻。

顯然我的學生對於這個方程式的領悟力沒有比我強。他們的功課一塌糊塗。帕克絲小姐是個例外。第一次作業她拿高分，接下來幾次，確定了她是全班最優秀的學生。她不只完全答對，字跡也很優美，宛如日本書法。這個字如其人的女孩，人**也**冰雪聰明？

她繼續在期中考得到全班最高分。我不知道是帕克絲小姐還是奈特先生比較快樂。

我遞回考卷後不久，她在我的辦公桌附近徘徊，問是否可以跟我說句話。當然，我這麼回答。我邊說邊摸手腕戴的幾條橡皮筋，拉起來用力彈，狠狠連彈好幾下。她問我是不是可以考慮當她的指導教授，令我大吃一驚。「喔，」我說。「哦。我很榮幸。」

然後，我不假思索，脫口而出：「**妳**想……要……一個工作嗎？」

「一個什麼？」

「我有間小小的鞋業公司……呃……兼職。公司需要人幫忙記帳。」

她把抱在胸前的課本調整一下，眼睫毛眨了眨。「哦，」她說。「哦，嗯，好的。聽起來……有意思。」

我願意付她時薪兩美元。她點點頭。成交

全部未兌現的工資支票

幾天後，她來到辦公室。伍德爾和我給了她第三張辦公桌。她坐著，手掌擺在桌面上，環顧這個房間。「我要做什麼？」她問道。

伍德爾遞給她一份清單，包括：打字、簿記、存貨和發票建檔，告訴她每天挑一兩項來做，試試看吧。

可是她沒有挑，全部一手包辦。動作迅速，而且輕輕鬆鬆便完成。不到一週，伍德爾和我已經記不得以前沒有她是如何過日子了。

我們不只發現帕克絲小姐的工作十分重要，而且她做得很開心，第一天就進入狀況，掌握住我們想做些什麼，想在這裡打造什麼。她覺得藍帶獨一無二，日後可能變得很特別，她想要盡點力。事實證明，她的貢獻卓著。

她的交際手腕高超，對人際關係很有一套，尤其善於跟我們打算繼續雇用的業務代表打交道。每當他們進到辦公室，她會快速地打量他們，並視實際需要，要不灌些迷湯，要不請他們掂掂自己的分量。她個性害羞，但也有幽默風趣的一面，她所喜歡的業務代表經常是笑吟吟地走出去，離開時還回頭看，搞不清楚剛剛遇到什麼。

帕克絲小姐對伍德爾的影響最為明顯。那個當口他正經歷一大難關。他的身體正在與輪椅奮戰，忍受長期監禁之苦。他生了褥瘡，久坐不動也引發其他疾病，真是飽受病苦，經常一次請病假好幾週。但是，只要在辦公室，坐在帕克絲小姐旁邊時，他的臉上就恢復光彩。她對他產生療癒的效果，而看到這個情景，對我則產生了蠱惑的效果。

大部分時間，我會熱切提議去對街，幫帕克絲小姐和伍德爾買午餐，這個舉動也令我自己吃驚。這種事我們可能會要求帕克絲小姐去做，可是日復一日，我自願跑腿。這是騎士精神嗎？還是中邪？我怎麼了？我都不認識自己了。

然而，有些事情永遠不變。我滿腦子借方、貸方，鞋子、鞋子、鞋子，以至於午餐很少買對過。帕克絲小姐未曾抱怨。伍德爾也沒有怪罪過。我一成不變地遞給他們各一個牛皮紙袋，他們則交換一個心照不宣的微笑。「我迫不及待，想看看我今天午餐吃什麼，」伍德爾嘴上會這麼嘟囔著。帕克絲小姐則掩嘴偷笑。

帕克絲小姐肯定看出我意亂情迷，我心裡這麼想。好幾次，我們對望良久，數度意味深長地笨拙停頓。我回想起有一次特別緊張，突然間噗嗤笑了出來，也曾一度裝模作樣地悶不作聲。我記得，有一次目光接觸許久，害我那天晚上失眠。

然後有件事發生了。十一月下旬一個寒冷的下午，帕克絲小姐不在辦公室，我朝辦公室的後面走，覺察到她的辦公桌抽屜開著。我停下腳步，把抽屜關上。這時我看見裡面……一疊支票？她的工資支票全部未兌現。我的心跳頓時停止。

這對她不是一份工作。其中另有文章。所以也許……是因為我？也許？也許。

（後來，我才知道伍德爾也這麼做。）

那年感恩節，破記錄低溫的寒流侵襲波特蘭。以前從辦公室窗戶破洞吹進來的微風，現在變成猛烈的北極寒風。有時，陣風十分強勁，吹得桌上文件亂飛，樣品鞋帶亂舞。這間辦公室變得令人無法忍受，但是我們負擔不起窗戶修繕費用，窗戶又無法完全緊閉。因此，伍德爾和我搬到我的公寓，帕克絲小姐每天下午到那裡會合。有一天，伍德爾回家後，帕克絲小姐和我沒有多說話。下班時，我陪她去搭電梯。我按了下樓的按鈕。我們兩個人用微笑掩飾自己的緊張情緒。我又按一次按鈕。我們倆都盯著電梯門上方的亮光。我清了清嗓子。「帕克絲小姐，」我問道。「妳有興趣……也許週五晚上出去嗎？」

這雙埃及豔后的眼睛頓時睜得好大。「我？」

「我沒看到這裡有其他人，」我這麼說。

砰的一聲。電梯門打開。

「哦，」她回答，低頭看她的腳。「嗯。好的。好的。」她匆匆進電梯，當電梯門關上時，她緊盯著自己的鞋，目光從未移開。

我想打造屬於我自己的東西

我帶她到奧勒岡動物園。我不知道為什麼。我猜啦，因為我覺得四處走走，看看動物，是低調認識彼此的一種方式。另外，觀賞緬甸蟒、奈及利亞山羊和非洲鱷魚，可以給我充分的機會，講述我的旅行見聞，讓她留下深刻印象。我覺得有必要誇耀見過金字塔和雅典娜尼基神廟。我還告訴她在加爾各答生病的淒涼。我從來沒有向其他人詳細訴說那個可怕的時刻。我不知道我為什麼會向帕克絲小姐傾吐，只知道加爾各答曾是我人生中最孤獨的一段時光，跟她傾訴衷腸，心裡就不再感到孤獨。

我坦承，藍帶很脆弱。整間公司可能隨時破產，但我就是無法眼睜睜看著自己做其他任何事。我接著說，我的鞋業小公司是活生生的，我從零開始創造。我為它注入生命力、滋養它戰勝病魔，它起死回生了好幾次，現在我想要、我需要看它自己站起來，走出去，走向全世界。「妳明白我的意思嗎？」我如此說。

嗯嗯，她回答。

我們漫步行經獅子和老虎獸欄。我告訴她，我壓根不想為其他任何人工作。我想打造屬於我自己的東西，我可以用手指著它說：我**造就**它。我認為這是可以讓生命有意義的唯一方式。

她點點頭。如同基本的會計原則，她憑直覺立刻掌握住要領。

我問她是否有和誰在約會談戀愛。她坦承有。但這個男孩——嗯，她說，他只是一個男孩。她接著解釋，她約會過的所有男孩，就只是男孩子。他們聊運動，聊車子（我夠聰明，沒招認我喜愛這兩樣）。「但是你，」她說，「你已經看過這個世界。而現在你為了開這家公司，不惜賭上一切……」

她的聲音漸漸小了。我的腰桿挺得更直。我們向獅子和老虎道別。

她不喜歡沒安全感

我們的第二次約會，是走到玉西（Jade West），那是辦公室對街的一家中國餐館。她邊吃蒙古牛肉和蒜頭雞，邊告訴我她的故事。她還住在家裡，她很愛家人，但生活也遭遇挑戰。她的父親是個海事律師。我直覺這是一份好工作。他們的房子肯定比我從小長大的房子寬敞。但她暗示，家裡有五個孩子，食指浩繁，經濟壓力大，用度時常出問題。定量配給是標準作業程序。東西永遠不夠用；民生必需品，比如衛生紙老是供應吃緊。這個家——她停頓了一下，搜尋適當的字眼——**沒安全感**。她**不**喜歡沒安全感。她寧可要安全感。她又說了一遍。**安全感**。這就是她被會計吸引的原因。會計這一行似乎穩當、可靠、安全，是她可以安身立命的行業。

我問她怎麼會恰好選擇波特蘭州立大學就讀。她說起初她念的是奧勒岡州立大學。

「哦，」我說，彷彿她招認自己曾經坐過牢似的。

她莞爾一笑。「如果這也算安慰的話，我討厭它。」尤其是她未能遵守學校規定，校方要求每名學生至少得修一門公開演講課程。她過於害羞了。

「我了解了，帕克絲小姐，」我這麼說。

「叫我佩妮（Penny）。」

晚餐後，我開車送她回家，見到她的父母。「我媽，我爸，這是奈特先生。」

「很高興見到兩位。」我這麼說，同時跟他們握手。

我們盯著對方。然後盯著牆壁。然後地板。天氣真好，不是嗎？

「嗯，」我說，輕拍一下我的手錶，拉彈我手腕的橡皮筋，「時候不早了，我該走了。」

她的母親看了看牆上的時鐘。「才九點鐘，」她說。「去熱情約會吧。」

心電感應

我們的第二次約會結束不久，佩妮與她父母一起去夏威夷過聖誕節。她寄給我一張明信片，我把這當作好兆頭。她回來後第一天到辦公室上班，我再次邀請她共進晚餐。那時是一九六八年一月初，寒風刺骨的一夜。

我們再度來到玉西餐館，但這一次是我去餐館和她碰面，我遲到很久。我從「鷹級童軍審查委員會」會場趕來。因此，她沒給我好臉色看，還調侃我說：「鷹級童軍？你？」

但我把這當作一個好兆頭。她會取笑我，表示她覺得很自在。

在這第三次約會過程中的某一刻，我發現我們沒那麼拘謹。這種感覺真好。自在的感覺持續，在接下來的幾個星期益發放鬆。我們培養出一種默契，彼此有種直覺，一種不靠語言溝通的本領。只有兩個害羞的人才辦得到。當她覺得害羞，或不自在，而我感應到了，我就會給她空間，或是設法讓她開口說話。當我魂不守舍，內心陷入與生意有關的交戰時，她知道是要輕拍我的肩膀，或是耐心等我回神。

佩妮尚未達到法定的喝酒年齡，我們倒是經常借我妹妹的駕照，到市中心的偉克商人（Trader Vic's）餐廳喝雞尾酒。酒精和時間發揮了神奇的魔力。到了二月，我三十歲生日前後，佩妮只要有空就到藍帶幫忙，傍晚出現在我的公寓。不知不覺中，她不再稱呼我奈特先生。

我對妳的女兒有多認真

我不可避免地帶她回家見我的家人。我們圍著餐桌坐，吃我媽做的紅燒牛肉，配冰牛奶，還要假裝這種吃法不彆扭。佩妮是我帶回家的第二個女孩，雖然她沒有莎拉狂野的領袖魅力，但她具備更好的特質。她的魅力渾然天成，未經排練。奈特全家似乎很喜歡她，但他們終究還是奈特家的人。我的母親沒說什麼；我的妹妹設法擔任佩妮與我父母之間溝通的橋梁未果；我父親彷彿貸款承辦人員兼調查兇殺案的偵探，試探性問了一連串深思過的問題，探詢佩妮的背景和成長經驗。佩妮後來告訴我，她家的氛圍和我家正好相反，他們晚餐時間可以大聲爭論打混仗，大家有說有笑，還不時會傳來狗吠和電視播放的聲音。我告訴她大可放心，沒有人會懷疑她在我家作客時感到格格不入。

接下來她帶我回她家，見證她所說的一切。她家是截然不同的景象。雖然比奈特城堡更宏偉，但是亂七八糟。地毯沾染她家各種動物的污漬，包括一隻德國牧羊犬、一隻猴子、一隻貓、幾隻白鼠和一隻脾氣暴躁的鵝。場面是一片混亂。除了帕克絲家族和他們養的各種寵物，社區內的流浪兒童也經常來這裡。

我盡力展現迷人風采，但我似乎無法與人類或其他動物連結。我煞費苦心，慢慢地贏得佩妮的母親多特（Dot）的歡心。她讓我想起馬梅姑媽（Auntie Mame）——滑稽、狂妄、永遠年輕。在許多方面，她是個永遠的青少女，抗拒扮演女性大家長的角色。我覺得她更像佩妮的姊姊，而不是媽媽。事實上，吃過晚飯後不久，佩妮和我邀請她一道去喝兩杯，她立刻答應了。

我們找了幾家熱門的店，最後光顧東區一家夜店。佩妮飲下兩杯雞尾酒後，換成喝水。多特可不。她一直喝，過沒多久，她突然起身，與形形色色的陌生男人跳舞，有水手和更糟的。有次多特用大拇指指向佩妮，對我說，「我們拋棄這個掃興鬼！她真累贅！」佩妮用雙手摀住眼睛。我笑得前仰後合，而我已經過了多特這關。

幾個月後，我想要帶佩妮出遊，共度長週末，這時多特對我的好感就很重要了。雖然佩妮晚上待在我的公寓，但我們仍受限於傳統和禮節。佩妮覺得，只要和家人同住在一個屋簷下，就必須服從父母，遵守家規和門禁。所以我帶她出遠門，一定要徵得她母親同意。

我穿西裝，打領帶，登門拜訪。我們兩個人坐在廚房的餐桌前，我邊喝咖啡邊說，我很喜歡佩妮。多特面帶微笑。我說我相信佩妮很喜歡我。多特微笑，但笑得沒那麼肯定。我說，我想要帶佩妮去沙加緬度（Sacramento）度週末，去看全國田徑錦標賽。

多特啜飲一小口咖啡，抿抿嘴唇。「嗯，不行，」她說。「不，不行，巴克，我不這麼認為。我認為不行。」

「哦，」我說。「我很遺憾聽到妳這麼說。」

我到房子後方一個房間找佩妮，告訴她，她的母親不答應。佩妮雙手捧著臉頰。我告訴她不要擔心，讓我回家整理思緒，好好思考一下。

第二天，我回到佩妮家，再次要求多特撥點時間，跟我談一談。我們又坐在廚房裡喝咖啡。「多特，」我說，「我昨天可能沒有講得很清楚，我對妳的女兒有多認真。妳明白的，多特，我愛佩妮。佩妮也愛我。如果事情繼續發展，我認為我們會共度人生。所以，我**真的**希望妳重新考慮昨天的回答。」

多特把糖加入咖啡攪拌，用手指敲桌子。她的臉上流露出古怪的表情，一臉的恐懼和挫敗。她以前沒發現自己參與了許多談判，而且她不曉得談判的基本原則是知道你想要什麼，你需要得到什麼好處。所以她慌了手腳，立即退讓。「好吧，」她如此說。「好吧。」

離別的滋味

佩妮和我搭機到沙加緬度。我們兩個人都很高興能夠成行，遠離父母和宵禁，但我懷疑佩妮可能因為她可以開始使用高中畢業禮物——一組粉紅色行李箱，而更加興奮。

不管原因為何，什麼事情都影響不了她的好心情。那個週末天氣炎熱，氣溫超過攝氏三十八度，連露天看台的金屬座椅熱得像烤盤，佩妮也毫無怨言。當我解釋跑道的細微差別，以及賽跑選手的孤獨和技巧時，她不覺得無聊，還很感興趣，立刻全都了解，一如她通曉每一件事。其間，我帶她到內場草地，將她介紹給我認識的選手與鮑爾曼。鮑爾曼稱許她優雅有禮，直呼她好漂亮，還認真地問她跟我這樣的運動迷在一起做什麼。我們和我昔日的教練站在一起，觀看當天最後一場比賽。

那天晚上，我們下榻在城市邊緣的一家飯店，入住房間的粉刷和裝飾是令人心緒不寧的褐色。我們一致認為，那是吐司烤焦了的顏色。星期天早上，我們泡在游泳池裡躲避大太陽，分享跳水板下的陰涼。在某個時間點，我提到我們的未來。次日我將動身前往日本，展開重要的長途差旅，我希望能鞏固與鬼塚的關係。我告訴她，我回來時已經是夏末，屆時我們不能繼續「約會」。波特蘭州立大學不贊成師生戀，我們不得不採取行動，正式確定彼此的關係，使我們無可指摘。意思就是，我們結婚吧。「在我離開期間，妳能自己籌備婚禮嗎？」我如此說。「可以，」她這麼回答。

幾乎沒什麼討論、懸念或情緒，也沒有協商。這一切感覺就像是預料中的結局。我們走進吐司烤焦色調的套房，打電話回佩妮的家。電話鈴聲一響，多特馬上接起電話。我告訴她這樁婚訊，經過一段漫長、令人窒息的停頓後，她說：「狗娘養的。」立刻掛斷電話。

過了一會兒，她打電話過來。她說，剛才掛電話是一時衝動，因為她原本打算與佩妮在這個夏天玩個痛快，聽到這則消息感到失望。現在她則說，這個夏天籌備佩妮的婚禮，**幾乎**有同樣的樂趣。

接下我們打電話給我的父母。他們聽起來很高興，但我的妹妹吉安剛剛才結婚，他們都有點害怕辦婚禮了。

我們掛了電話，彼此對望，看著褐色壁紙和褐色地毯。兩個人不約而同地嘆了口氣。這便是人生。

我不停地對自己說，一遍又一遍，我訂婚了，我訂婚了。但我對訂婚這個詞沒有真實的感覺，也許是因為置身在沙加緬度遠郊熱浪來襲的一間飯店中。後來，我們回到家，去札樂斯（Zales）珠寶店挑了一枚翡翠訂婚戒指，我才開始有了真實感。翡翠和鑲嵌花了五百美元——**這非常**真實。但是，我從不曾感到緊張，也沒有過一般男人的懊悔，我不曾問我自己：「哦，天哪，我做了什麼？」與佩妮約會，逐漸了解她的那幾個月，是我人生中最幸福的時光，現在我有機會將這份幸福延續下去。這就是我的看法。像會計學基本方程式，資產等於負債加業主權益。

直到我前往日本，直到我跟我的未婚妻吻別，向她承諾我一抵達，就會立刻寫信，才突然有了完完整整的真實感。我不僅擁有一個未婚妻、一個情人、一個朋友，還有了一個伴侶。以前我曾經告訴自己，鮑爾曼是我的合作夥伴，在某種程度上，強森也是。但是和佩妮的夥伴關係是獨一無二，前所未有的。我倆的結合是改變我們人生的大事。這仍然沒有讓我緊張，只是讓我觀照的面向變多了。我以前未曾跟真正的合作夥伴道別，這種感覺迥然不同。要弄清楚你對某人的感覺，最簡單的一種方式就是嘗嘗離別的滋味。

「瘦皮猴老外」的速度非常快

這一次，先前我在鬼塚的聯絡人，仍然是我的聯絡人。北見還在那裡，職位沒有調動。從他的言行舉止判斷，他在公司的地位反而更為安穩。他看似更從容，更有自信。

他像家人般歡迎我。他說，他很高興看到藍帶和我們東岸辦公室有如此表現。東岸的業務在強森打理下蓬勃發展。「現在，我們研究一下如何攻占美國市場，」他說。

「我就喜歡聽你這樣說，」我說。

我的公事包裡帶了鮑爾曼和強森設計的新鞋款，其中一款是他們聯手設計，我們稱為「波士頓」鞋，具備創新的全長鞋底緩衝功能。北見把這兩款設計放置在牆上，詳加研究。他用一隻手握住自己的下巴。他喜歡，他說。「非常非常喜歡，」他邊說邊拍一下我的背。

接下來幾週，我們遇到很多次。每一次，都感受到北見的兄弟之誼。有一天下午，他提到這幾天他的出口部要舉辦年度野餐會。「你也來！」他如此說。「我？」我說。「對，沒錯，」他說，「你是出口部的榮譽會員。」

野餐會舉辦地點在淡路島，那是神戶外海的一個小島。我們搭乘一艘小船前往。我們一到，便看到了海灘上的長桌，每張桌上擺滿了大淺盤裝的海鮮，與碗裝的麵條和米飯。桌邊的桶子裡則裝滿冰鎮的瓶裝汽水和啤酒。每個人都穿泳衣、戴太陽眼鏡，綻放燦爛笑容。我在拘謹的企業環境中才會認識的人，露出傻氣而且無憂無慮的一面。

稍晚有競賽節目，像袋鼠跳接力和踏浪競走，這類建立團隊精神的訓練活動。我乘機賣弄我的速度，我是第一個跨過終點線的人。抵達終點時，大家都向我鞠躬致意。全體一致認為「瘦皮猴老外」（外人〔Gaijin〕，日語外人是外國人的略語）的速度非常快。

我慢慢地學會了日語。我知道日語的鞋子（靴）念gutzu。營收（收入）的日語叫shunyu。我曉得怎麼問時間，問路，我學會我經常用得上的一句話：私どもの会社について情報です。Watakushi domo no kaisha ni tsuite no joh hou des.

這裡有一些我公司的資訊。

野餐會接近尾聲，我坐在沙灘上，眺望太平洋。我當時過著分居兩地的生活，兩邊都很棒，兩邊正在融合。回到家裡，我是一個團隊的一分子，成員有我、伍德爾和強森，現在再加上佩妮。在日本這裡，我也是一個團隊的一分子，成員有我、北見，以及鬼塚這邊所有善良的人。我本性是孤僻的人，但從小我在團隊運動中成長茁壯。只要我獨處的時間和團隊的時間混合，我的心靈就真正的和諧。這正是我現在的狀態。

此外，我在和一個我喜愛的國家做生意。心中最初的恐懼消失了。我與日本人的羞怯，他們文化、產品、藝術的簡約，有所連結。我喜歡日本人試圖將美感融入生活中的每一個層面，從茶道到便桶都有可觀之處。我喜歡日本電台每天公告有哪種櫻花樹在哪個角落開花，花開到何種程度。

一個叫藤本的男子坐到我旁邊，打斷我的白日夢。五十多歲，肩膀下垂，比中年憂鬱多了些陰鬱氣息，有點日本的查理·布朗（Charlie Brown）的味道。而我看得出來，他做了多大的努力強迫自己堆滿笑容，盡量對我裝出愉快的樣子。他告訴我說他喜歡美國，渴望住在那裡。我則告訴他，我剛剛才在想我多麼愛日本啊。「也許我們應該互換位置，」我這麼說。他則苦笑說：「隨時都可以。」

我稱讚他英語流利。他說是美國大兵教的。「真好玩，」我回答說，「我最初對日本文化的了解，是從兩名復員的美國大兵學來的。」

那些美國大兵教他的第一句話是：「吻我的屁股！」（Kiss my ass!）語畢，我們大笑不止。

我問他住在哪裡，他臉上的笑容立刻消失。「幾個月前，」他說，「我失去了我的家。比利颱風（Typhon Billie）。」這場暴風雨橫掃日本本州和九州的島嶼，沖走兩千棟房屋。「我的房子是其中一棟，」藤本說。「我很遺憾，」我對他如此說。他點點頭，眼睛看著海水。他已經重新開始，他這麼說。一如其他的日本人。遺憾的是，他唯一沒能換新的是他的腳踏車。一九六〇年代日本的腳踏車貴得嚇人。

北見現在加入我們。我注意到，藤本馬上起身離開。

我跟北見提到藤本從美國大兵那兒學會英語，北見則一臉驕傲地說，**他的**英語全部自學，聽唱片學來的。我賀喜他自學成功，並說希望有朝一日我的日語也能跟他的英語一樣流利。然後，我提到我快結婚了，順道說了一些關於佩妮的事，他恭喜我，同時祝我好運。「什麼時候結婚？」他問道。我說：「九月。」「啊，」他回答說，「一個月後，我會在美國。那時鬼塚先生和我會出席在墨西哥市舉行的奧運會。我們可能會訪問洛杉磯。」

他邀請我搭機南下，跟他們共進晚餐。我回答說，我很樂意。

第二天，我回美國，飛機落地後，我趕緊把五十美元裝進一個信封，用航空郵件寄給藤本，並附上一張卡片，寫道：「去買一輛新腳踏車，我的朋友。」

數週後，藤本寄來一封信。裡面有我的五十美元，摺疊在一張紙條內。紙條上說明，他詢問過他的上司可否留下這筆錢，他們表示不行。

附註說：「如果你寄到我家，我可以收下。」

我真的寄去他家。

另一段影響一生的夥伴關係就此誕生。

這是我第二次見你這麼緊張

一九六八年九月十三日，佩妮和我在波特蘭市中心聖公會聖馬克堂（St. Mark's Episcopal Church）結婚，在兩百人的見證下交換誓詞。佩妮的父母也在同一個聖壇喜結連理。將近一年前，帕克絲小姐初次走進我的課堂。她現在又坐在前排，勉強稱得上是前排。只是這一次，我站在她旁邊，而且她變成了奈特太太。

她的叔叔站在我們面前，他是帕薩迪納（Pasadena）的聖公會牧師，負責主持婚禮。佩妮全身發抖，抖到無法抬起她的下巴看牧師，也無法直視我的眼睛。我沒有發抖，因為我作弊。我胸前的口袋裡有兩小瓶威士忌樣本酒，是我這次日本行祕藏之物。典禮快舉行時我小啜了一口，典禮剛結束，我又小飲一番。

我的男儐相是表哥豪瑟。他是我的律師，也是我的哥兒們。其他的伴郎有佩妮的兩兄弟加上一位商學院友人，還有凱爾。在典禮開始前，凱爾說：「這是我第二次見你這麼緊張。」我們哈哈大笑，想起不斷回味的史丹福往事。那天上創業課，我在課堂上做口頭報告的情景，歷歷在目。我心想，今天情況雷同。我再度告訴一屋子的人，說某件事是可能做到，可以成功的，說實在的，我真的不知道能不能成功。我的發言根據是理論、信仰和夫妻難免齟齬。就像每個新郎和每個新娘。我們那天誓詞的真實性，要由我和佩妮來驗證。

喜宴設在波特蘭花園俱樂部（Garden Club of Portland）。夏日夜晚社交名媛經常聚集在那裡，喝德貴麗雞尾酒（daiquiris），聊聊八卦。夜晚很溫暖。天空一副快下雨的樣子，但雨滴始終沒落下。我與佩妮翩然起舞。我也和多特跳舞，與我母親共舞。午夜之前，佩妮和我告別所有賓客，跳上我的新車，一輛流線型黑色「美洲獅」轎車，疾駛兩個小時到海邊。我們打算在她父母的海灘小屋度過這個週末。

多特則每隔半小時就打電話來關切一下。

第8章・1969年

營運部經理伍德爾

坐輪椅開車載著虎牌鞋到各高中和大學販賣，
也許是浪費伍德爾的才能。
最適合他的工作是
讓混亂局面恢復秩序，解決問題。
這對他只是小事。

突然間，全新面孔在辦公室進進出出。隨著銷量不斷攀升，我雇用的業務代表也愈來愈多。大多數是退出跑步運動的人和怪咖，因為只有放棄跑步的人才是怪咖。但是，談到銷售，就是做生意。受到我們的宏圖大志鼓舞，也因為工資只有佣金（兩美元一雙），他們駕車在公路上高速奔馳，跑遍方圓一千英里的每場高中和大學的田徑運動會。這股拚勁使得公司業績進一步衝高。

一九六八年我們的銷售額達到十五萬美元，即將邁入的一九六九年更逼近三十萬美元。雖然華萊士依然糾纏我，叮嚀我放慢腳步，哀嘆我沒有淨資產，我還是做出這個決定；藍帶既然交出一張漂亮的成績單，創辦人支領薪水合情合理。在三十一歲生日之前，我有一個大膽的舉動：辭去波特蘭州立大學的教職，在藍帶做全職工作，我也大手筆付給自己一萬八千美元年薪。

最重要的是，我告訴自己，離開波特蘭州立大學最好的理由是，我從這所學校得到的東西已經超出原本的期望——我娶到了佩妮。我還有別的收穫，只是當時並不知道。我做夢也想不到這個收穫這麼有價值。

妳想賺點外快嗎？

我在校園的最後一週，走過長廊，注意到一群年輕女孩圍著一個畫架站著，其中一個在一張大畫布上塗塗抹抹。我從旁邊經過時，聽到她嘆道繳不起油畫課的錢了。我駐足欣賞她的畫。「**我的**公司用得到畫家，」我開口提議。

「什麼？」她說。

「我的公司需要有人做點廣告。妳想賺點外快嗎？」

我還看不出廣告有任何花小錢賺大錢的效益，但我開始接受我再也不能忽視廣告。標準保險公司（Standard Insurance Company）剛在《華爾街日報》刊登整版廣告，吹捧藍帶是它客戶中最充滿活力的年輕公司之一。那則廣告主打的照片是鮑爾曼和我……盯著一隻鞋子瞧。我們看起來不像是運動鞋設計製造的創新者，反倒像以前從來沒有見過鞋。我們像白痴一樣，可真糗。

一些我們做的廣告，模特兒不是別人，正是強森。比如強森穿著一套藍色田徑服，強森揮動標槍。說到廣告，我們的做法原始而且馬虎。但我們一路改進，快速學習，也看到成果。有一款虎牌馬拉松慢跑鞋的廣告，我們提到了新的纖維材質「嗖纖維」（swooshfiber）。時至今日，我們沒有人記得誰最先想出這個字，或者這個字的意思。但聽起來滿不錯的。

別人時常跟我說，廣告很重要，廣告是下一波潮流。我總是不耐煩。但要是令人作嘔的照片和虛構的文字——還有強森在沙發上搔首弄姿——出現在我們的廣告中，我就需要開始多加注意。「我給妳兩美元一小時，」我在波特蘭州立大學的走廊，告訴這個窮藝術家。「做什麼工作？」她問道。「設計平面廣告，」我說，「做一些美術字、品牌標誌，也許做一些口頭簡報用的圖表。」

這聽起來不是什麼了不起的工作。但是這個可憐的孩子急需要錢。她在一張紙上寫下她的姓名：卡洛琳・戴維森（Carolyn Davidson），和她的電話號碼。我隨手放進我的口袋裡，然後完全忘了這回事。

他的腳踏車是我出錢買的

雇用業務代表和平面設計師的舉動，可以看出我對未來十分樂觀。但我自認不是天生的樂天派，也不是說我悲觀，我通常試著在兩者之間遊走，不固定在哪一邊。但是，隨著一九六九年逼近，我凝視遠方，想著未來可能是光明的。經過一夜好眠，享用一頓豐盛的早餐之後，我對未來滿懷希望。理由相當充分，除了銷售數字強勁且不斷上升，鬼塚很快就要推出幾款令人興奮的新鞋，其中包括大堀（Obori），其特色是輕如羽毛的尼龍鞋面。還有「馬拉松」鞋款，使用另一種尼龍材質，流暢的線條有如福斯的卡曼吉亞（Karmann Ghia）車款。這些鞋本身就很好賣。我告訴伍德爾很多次，把它們掛在軟木板上展售。

此外，鮑爾曼從墨西哥市載譽歸國。他擔任美國奧運代表隊助理教練，帶隊征戰墨西哥奧運，為美國締造出摘下最多奧運金牌的空前記錄，堪稱幕後功臣。我的搭檔不僅僅是負有盛名，根本是傳奇人物。

我打電話給鮑爾曼，急著想知道他對於墨西哥奧運會的整體看法，尤其是約翰．卡洛斯（John Carlos）和湯米．史密斯（Tommie Smith）抗議的歷史性時刻，他作何感想。當美國國歌響起，這兩位選手站在頒獎台上，低下頭，高舉戴著黑手套的拳頭，以令人震驚的手勢，提醒世人關注種族歧視、貧窮和侵犯人權問題。至今他們還在為這件事受懲罰。但鮑爾曼支持他們，一如我所料。鮑爾曼力挺所有賽跑運動員。

卡洛斯和史密斯抗議時沒有穿鞋；顯而易見，他們脫下彪馬（Puma）運動鞋，把鞋子留在頒獎台上。我告訴鮑爾曼我無法斷定，這對彪馬是好是壞。所有的宣傳真的都是好宣傳？宣傳像廣告一樣嗎？是連體嬰嗎？

鮑爾曼輕聲一笑，說他不知道。

他說起彪馬和愛迪達在奧運期間的可恥行徑。世界上兩間最大的運動鞋公司——由互相瞧不起的德國兩兄弟經營——就像搞笑警匪片一樣，在奧運選手村互相追逐，拉攏、賄賂所有運動員。大把現鈔經常塞在運動鞋或牛皮紙信封裡，傳來傳去。彪馬的一位業務代表甚至因此坐牢（坊間謠傳愛迪達陷害他）。他娶了一位短跑女將為妻。鮑爾曼開玩笑說，他為了爭取她代言，才跟她結婚。

更糟的是，不單單行賄而已。彪馬把運動鞋一卡車一卡車地走私進入墨西哥市。我還聽小道消息說，愛迪達找了瓜達拉哈拉市（Guadalajara）一家工廠製造少量的運動鞋，巧妙地逃避墨西哥嚴苛的進口關稅。

鮑爾曼和我不覺得道德上受傷，只覺得被冷落。我們感嘆「藍帶」沒錢行賄，因此在墨西哥奧運會沒有存在感。

我們在奧運選手村有個小小的展售攤位，博克一個人顧攤。我不知道博克是一直坐在那裡看漫畫，還是一人之力難敵愛迪達和彪馬的大陣仗，反正他的攤位完全沒生意，閒閒沒事幹。沒有人停下腳步。

其實，有一個人曾短暫停留。傑出的美國十項全能選手比爾．圖米（Bill Toomey）想買些虎牌運動鞋，這樣他就可以告訴世人，他是收買不了的。但是博克沒有他要的尺寸，也沒有適合他任何一個參賽項目的鞋。

鮑爾曼表示，很多運動選手在訓練時都穿虎牌運動鞋。只是沒有選手穿著這些鞋**上場比賽**。一部分是因為運動鞋的品質；虎牌鞋子做得還不夠好。然而最主要的原因出在金錢。我們不僅沒錢賄賂，也沒錢請人合法代言。

「我們沒破產，」我告訴鮑爾曼說，「只是沒錢而已。」

他哼了一聲。「不管怎樣，」他說，「能夠合法**付錢**給運動員不是很棒嗎？」

最後，鮑爾曼透露，他在奧運會場偶遇北見。他不太喜歡這個人。「他一點兒都不懂鞋子，」鮑爾曼發牢騷。「他有點太過圓滑。有點太自我膨脹。」

我開始嗅到相同的氣息。我從北見最近寥寥無幾的電報和信件感覺到，他可能不像他看起來那樣。上次我在日本時，他看似「藍帶」迷，但我覺得他其實不是。我有個強烈的壞預感，他正準備抬高價格。我跟鮑爾曼提到此事，同時告訴他，我正在採取自我保護措施。掛斷電話前，我誇口說，雖然我沒有足夠的現金或獨特的東西收買運動員，可是有能力收買鬼塚的人。我透露，我有個內應充當眼線，監視北見的一舉一動。

我寄出一份備忘錄，內容就像我對所有藍帶員工說的話（到目前為止，我們約有四十名員工）。雖然我愛上日本文化——我從日本帶回來的紀念品武士刀，一直在我的辦公桌旁——但我也警告他們，日本的商業慣例令人大惑不解。在日本，你不能預測你的競爭者或你的合作夥伴可能做什麼事。我已經放棄嘗試了。我寫道，我做了件自認為很重要的事，讓我們能隨時掌握最新狀況。我雇用了一位間諜。他是鬼塚出口部的全職員工。我不多費唇舌詳細敘述箇中原因，我只是要告訴你他值得信賴。

「雇用間諜對你來說似乎有些不道德，但間諜系統在日本商業界是根深柢固，並且被完全接受。實際上，他們有培養商業間諜的學校，一如我們開班授課，培訓打字員和速記員。」

除了當時詹姆士·龐德（James Bond）風靡全球之外，我想不透我怎麼會用「間諜」這個字眼，如此肆無忌憚，如此大膽。我也無法理解為什麼透露這麼多，卻沒有吐露這個間諜的名字。這個人是藤本，他的腳踏車是我出錢買的。

我想，在某個程度上，我一定知道寫這份備忘錄是一個錯誤，曉得我做了一件非常愚蠢的事情，而且我會後悔一輩子。我**想**，我是知道的。但我經常發現自己跟日本的企業慣例一樣難懂。

北見和鬼塚光臨藍帶

北見和鬼塚先生雙雙出席在墨西哥市舉行的奧運會，後來他們倆飛到洛杉磯。我從奧勒岡州搭機南下，在聖莫尼卡一家日本餐廳跟他們碰面晚餐。當然，我遲到了，到達餐廳時，他們灌了很多清酒，笑得像在度假的小學生。每個人都戴著墨西哥紀念品寬邊帽，興奮地談論墨西哥市的事物。

我努力嘗試與他們同歡。席間觥籌交錯，我幫忙吃光幾盤壽司，大體上跟他們兩人建立了互信關係。那天晚上我在飯店房間就寢時思考，希望我對北見是太多疑了。

第二天早上，我們一起搭機飛到波特蘭，這樣他們就可以見見藍帶一幫人。我意識到，寫給鬼塚的信可能誇大了我們「全球營運據點」的壯觀，更不用說我跟他們交談時的自吹自擂。

果然，我看到北見走進來，他的臉馬上一沉。我也看到鬼塚先生環視四周，表情困惑。我連忙道歉。「這地方看起來可能有點小，」我說，露出不自然的笑容，「但我們在這個房間做了很多生意！」

他們看到破了的窗戶，走近觀察那扇用標槍固定的窗子，也發現了波浪起伏的夾板隔間，然後目光轉向坐輪椅的伍德爾。他們感覺到牆壁因為隔壁粉紅水桶酒館的點唱機音浪而震動。

他們面面相覷。我告訴自己：你這小子，一切都完了。

察覺到我的尷尬，鬼塚先生一手搭在我的肩上，讓我放心。「這是……最迷人的，」他吐出這句話。

伍德爾已經在遠處的牆面掛上一張精美的大地圖，最近五年我們每賣一雙虎牌運動鞋，就會在地圖上釘上一個紅色圖釘。地圖上布滿了紅色圖釘。幸好，它把注意力從我們的辦公室空間轉移開來。然後北見指著蒙大拿州東部。「沒圖釘，」他說。「顯然這裡的業務員沒做事。」

我不喜歡輸的感覺

時光飛逝。我試圖建立一間公司與經營一段婚姻。佩妮和我在學習夫妻相處之道，學習磨合兩個人的性格和特色，雖然我們一致認為，有個性的是她，而我是有特色的那一位。因此她要學習之處更多。

例如，她慢慢發現，我每天有相當多的時間會陷入沉思，腦洞大開，試圖解決一些問題，或者建構一些計畫。我常常沒聽到她說什麼，如果我有聽到，幾分鐘後也不記得。

她意識到我經常心不在焉，我會開車去雜貨店採購然後空手而歸，她叮囑我買的東西一樣也沒買，因為去程和回程的路上，我都在為最新的銀行危機，或最近鬼塚交貨延遲大傷腦筋。

她體會到，我會把東西亂放，忘記擺在何處，尤其是重要的物品，比如錢包和鑰匙。我無法一心多用，已經夠糟糕了，但我還堅持要嘗試看看。我經常一邊瀏覽財經網頁，一邊吃午餐——和開車。結果我的黑色美洲獅新車嶄新狀態沒有保持很久。我這個「奧勒岡州脫線先生」，三不五時撞上樹木、電線杆，和別人的擋泥板。

她開始曉得，我沒有良好的居家生活習慣。我上完廁所後，不把馬桶座墊放下，衣服掉在地上也不撿，會把食物留在餐檯上。實際上，我無力照顧自己。因為我已經被我的母親和妹妹寵壞了，我不會煮飯，不會打掃清潔，連為自己做最簡單的事情都不會。我住在傭人宿舍時，基本上有傭人打理。

她慢慢知道我不喜歡輸，無論什麼事情，輸對我來說是極度痛苦的一種特殊形式。我小時候和我父親打桌球，從未能打敗他，因此痛苦萬分。我告訴她，我父親贏球時，有時會哈哈大笑，這令我氣得跳腳，不止一次怒摔球拍，哭著跑開。我不以這種行為自豪，但它根深柢固。我為自己辯解。直到我們去打保齡球，她才真的明白。佩妮打保齡球打得很好——她曾在奧勒岡州立大學修過保齡球課——所以我認為這是個挑戰。我要迎接挑戰。我決心要贏，因此擲球後球瓶沒有全倒，我就悶悶不樂。

兩人磨合過程中最重要的是，她嫁給一個剛創設鞋業公司的男人，她體悟到必須勤儉持家。幸好她持家有道。我一星期只能給她二十五美元購買食品雜貨，她還是能變出美味佳餚。我給她一張信用卡，請她在兩千美元的預算內布置我們整間公寓。她精打細算，買了一張小餐桌、兩把椅子、一台增你智（Zenith）電視，以及一張帶著柔軟椅臂的大沙發，這是十分適合午睡的好物。她也幫我買了一張褐色躺椅，擺放在客廳的一個角落。現在，每天晚上，我可以向後仰靠四十五度，讓思緒隨性在自己的腦子裡旋轉。這比我的美洲獅汽車更舒適、更安全。

我開始習慣每天晚上仰靠躺椅，打電話給我的父親。他也是每次都躺在躺椅上。我們一起，躺椅對躺椅，討論藍帶面臨的最新威脅。顯然他不再認為我做生意是浪費時間，他雖然沒有明說，但他似乎確實覺得我所面臨的問題「有趣」，也「有挑戰性」，這已不言而喻。

全新的學習曲線

一九六九年春天，佩妮開始抱怨早上覺得噁心想吐。到了中午，她在辦公室走動時經常有點搖晃。她去看了醫生——跟接生她的是同一位——發現她懷孕了。

我們欣喜若狂。但是，我們也面對這個全新的學習曲線。

我們舒適的公寓現在完全不適宜。當然我們必須買房子。但是，我們買得起嗎？我**剛剛才**開始付給自己薪水。而且我們應該買在城裡的哪個區域？最好的學區在哪裡？我應該如何研究房價和學校，以及所有購屋事宜，同時經營一家新創公司？甚至買房和開公司同時進行，可行嗎？我是不是應該回頭去做會計，或教書，或者找一份更穩定的工作？

每天晚上我仰靠躺椅，盯著天花板，試圖讓自己坐得舒適。我告訴自己：人活著就要成長。不成長便死亡。

新家

我們在比佛頓找到一棟房子。房子不大，只有一千六百平方英尺，但房子周圍有一英畝地，有一間馬廄和一座游泳池。屋前種了棵大松樹，屋外後方養了棵日本竹。看過之後我覺得很喜歡。還有，我認得它。在成長過程中，我的兩個妹妹問過我好幾遍，我夢想中的房子長什麼樣子。有一天，她們遞給我一支炭筆和一本便條紙，要我畫出來。佩妮和我搬進新居後，我的妹妹翻出當時畫的炭筆素描，跟現在這棟比佛頓的房子一模一樣。

這棟房屋要價三萬四千美元，我突然發現我已經存到兩成的房款。但是我已經用這筆儲蓄去第一國民銀行辦了許多貸款。於是我去找哈利．懷特，說我需要這筆儲蓄去付房子的訂金——但我會用這棟房子做擔保。

「好，」他說。「這件事我們不必諮詢華萊士。」

那天晚上，我告訴佩妮，萬一藍帶破產，這棟房子也保不住。她把一隻手放在肚子坐了下來。這就是她一直以來信誓旦旦要避免的**不安全感**。沒事，她不停地說，沒……事。

賭注這麼大，她覺得必須繼續在藍帶工作，直到小孩出生。她願意為藍帶犧牲一切，甚至要她放棄她一直堅持要拿到大學畢業文憑的目標，也在所不惜。而且她人不在辦公室的時候，會在新家經營郵購業務。儘管害喜、腳踝腫脹、體重增加，還常常感到疲憊，佩妮單單在一九六九年就處理好一千五百張訂單。有些訂單是顧客不遠千里地寄來，只是粗略地描繪了一個人的腳丫子，但佩妮不以為意。她善盡職責，根據草圖對應到正確尺碼，填寫訂單。畢竟每筆交易都很重要。

不能走路的人還到處叫賣鞋子

我家人口增加，房子不夠住，我的生意也愈做愈大。緊鄰粉紅水桶的房間再也容納不下我們。另外，伍德爾和我已經厭倦高聲喊叫，喊叫聲必須蓋過點唱機的音樂才能聽得見。所以，每晚下班後我們出去吃起司堡，然後開車四處查看哪裡有適合的辦公室。

交通上是一場夢魘。由於我的美洲獅汽車放不下他的輪椅，伍德爾只得坐在駕駛座上開車。讓一個行動受到諸多限制的人開車載我，我總覺得過意不去。同時我也心驚膽顫，因為我們去看的許多辦公室，不是位在頂樓，就是在樓上。我得又推又拉坐輪椅的伍德爾上上下下。

在這樣的時刻，我不禁痛苦地想起他日常處境艱難。在一般的工作日，伍德爾是那麼積極，那麼精力充沛，所以很容易忘記他是身障者。但推他的輪椅，喬好他的位置，上樓下樓，我一再感覺到他可能多麼地脆弱，多麼地無助。這時我會低聲禱告：**拜託別讓我把他摔了。拜託別讓我把他摔了**。伍德爾聽到我的禱告，會開始緊張，他一緊張會讓我更緊張。「放輕鬆，」我會這麼說。「我還沒有丟過一個病人——哈哈！」

不管發生什麼事，他從不慌亂。即使在高樓陰暗的階梯上，我險些失去平衡，很可能摔傷他的時候，他也從未放棄他的基本理念：**你敢為我感到難過。我就在這裡殺了你**。

（記得我第一次派他去參加一項貿易展，航空公司弄丟了他的輪椅。當他們找到時，輪椅已經扭曲得像個椒鹽捲餅。沒問題。他坐著毀損的輪椅參加這場商展，完成交辦的事情後笑得合不攏嘴，帶著大功告成的滿意笑容回家。）

每晚尋找新辦公地點結束，伍德爾和我總是對整個慘況捧腹大笑。大多數夜晚，我們最後會前往消費低廉的酒吧喝得醉茫茫，幾乎不省人事。臨別前，我們經常玩遊戲。我會帶一個碼表，計算伍德爾摺起輪椅放到車上，自己再坐上車的速度有多快。伍德爾曾經是田徑明星，喜歡挑戰碼表，試圖改寫個人最佳成績（他的記錄是四十四秒）。我們倆都很珍惜那些夜晚，那股傻勁、那種共同的使命感，成為我們青春年歲的寶貴回憶。

伍德爾和我非常不同，但我們的友誼建立在我們相似的工作方式。我們各自會盡可能專注於一個小小的任務，從中找到樂趣。我們常說，一個任務可使我們頭腦清楚。而我們兩個人都認定，這件尋找更大辦公空間的小任務，意味著我們正邁向成功。我們的代表作名為藍帶。藍帶證明了我們倆內心深處渴望贏，或者至少不要輸。

雖然我們都不是健談的人，但能夠讓對方打開話匣子。那陣子我們討論每一件事，彼此開誠布公。伍德爾詳細敘述他的傷勢。如果我不由得自認為厲害，伍德爾的故事總是提醒我，情況可能變得更糟。他的言行舉止不斷體現美德和價值的意涵，積極樂觀面對未來。

他說，他的傷不是典型的半身不遂，不是徹底完蛋。他還有些感覺，仍然有結婚成家的希望，有治癒的可能。他正在服用對半身不遂患者有療效的實驗性新藥。麻煩的是，它有種大蒜香氣。我們四處考察新辦公室的夜晚，有時伍德爾身上聞起來像老式披薩店散發出來的味道，而且我會讓他知道。

我問伍德爾，他是否——我遲疑了一下，搜索適當的字眼——**快樂**。他沉思一下，回答說是的，他覺得快樂。他熱愛他的工作。他愛藍帶，儘管覺得「不能走路的人還到處叫賣鞋子」滿諷刺的，有時也會萌生退意。

我不知道該說什麼，只能無言以對。

佩妮和我經常邀請伍德爾到新家來吃晚餐。他像家人一樣，我們愛他，我們也知道我們填補他生活的空虛，他需要別人的陪伴與家庭的安慰。他也在填補我們生活的空虛。短短時間內，他成為我們最知心的朋友。所以每次伍德爾要來家裡作客，佩妮就想煮點特別的，她所能想到的就是春雞，加上一道用白蘭地和冰牛奶做成的甜點——她從雜誌上看到的食譜——我們吃了這道甜點之後，大家都爛醉如泥。雖然春雞和白蘭地讓她二十五美元的食品雜貨預算大失血，但只要跟伍德爾有關，佩妮就花錢不手軟。如果我告訴她，晚上伍德爾要來吃飯，她會像反射動作般連珠砲似的說：「我要買些閹雞和白蘭地！」這已經超出熱情好客的範圍。她養胖他、撫育他、療癒他。我想，一說起伍德爾，就觸動她剛被激發的母性。

我拚命從記憶裡搜尋。我閉上眼睛，開始回想，但那些夜晚許多珍貴的時刻已經一去不復返。數不清的秉燭夜談，笑得上氣不接下氣，無數的聲明、啟示和知心話，全都掉進了時間的縫隙。我只記得我們總是熬夜講故事、分享工作時發生的趣事，以及規劃未來。我記得我們輪流描述小公司是什麼模樣、可能變成怎樣，絕對不能成為什麼樣子。我多麼希望當時有用錄音機錄下來，就算只有一晚也好，或是曾經寫日記留存，像我在世界各地旅行時一樣。

儘管如此，至少我可以隨時想起伍德爾坐在我家小餐室的最前頭，他細心打扮自己，穿了藍色牛仔褲，白色T恤，套上招牌的V領毛衣。和往常一樣，腳上一雙虎牌運動鞋，橡膠鞋底一塵不染。

那時他已經蓄起長鬍，唇上留了濃密的鬍髭，讓我好生羨慕。真是見鬼了，這是六〇年代，我原本要留鬍子的，可是我需要經常跑銀行辦貸款。去見華萊士的時候，我不能看起來像一個流浪漢。我對這個男人很少讓步，鬍子刮乾淨是其中之一的讓步。

新營運部經理

伍德爾和我終於找到一間不錯的辦公室，地點在泰格德（Tigard），波特蘭市中心南邊。不是一整棟辦公大樓——我們負擔不起——而是一層樓的一個角落，其餘空間被霍勒斯曼保險公司（Horace Mann Insurance Company）占據。那個地方很亮眼，幾乎稱得上豪華，辦公室感覺跳升一級，但我猶豫不決。我們與低級的酒館比鄰有違和感。但換成保險公司呢？鋪了地毯的大廳和飲水機，穿著定製西服的男士？氣氛是如此守舊、如此制式。我覺得，環境與企業精神息息相關。如果突然和一堆組織人和機器人共享空間，我擔心企業精神可能產生變化。

我坐在躺椅上幾經思量，決定企業氛圍可能不搭調，有違我們的核心信念，但我們往來的銀行可能就喜歡這一味。也許華萊士看到無聊、枯燥的辦公室，會以尊敬的態度對待我們。此外，這間辦公室坐落於泰格德。「從泰格德賣虎牌鞋」（Selling Tigers out of Tigard），或許是注定的。

然後我想到了伍德爾。他說在藍帶工作很快樂，但他提到了其中帶有的諷刺意味。也許派他開車載著虎牌鞋到各高中和大學販賣，不只是諷刺。也許是折磨，也許是浪費他的才能。最適合伍德爾的工作是讓混亂局面恢復秩序，解決問題。這對他只是小事。

他跟我一道去泰格德簽訂租約後，我問他是否想換工作，擔任藍帶營運部經理。不必再打促銷電話，不必再去學校賣鞋，他負責統籌我沒時間和沒耐心處理的大小事情。比如：向洛杉磯的博克交代事情、與衛斯理的強森聯繫、在邁阿密設立新的辦事處。或者雇人來協調所有新進的業務代表，和整理他們的報告，或核批公帳報銷。最棒的是，伍德爾必須督導公司銀行帳戶的稽核員。現在如果他沒有兌現自己的薪資支票，他必須就現金溢餘部分向他的上司解釋。他的上司就是他自己。

伍德爾滿面笑容地說，他非常高興聽到這個消息，隨即把手伸出來。一言為定，他說。

運動員的握力依舊。

是個男孩！

一九六九年九月。佩妮做了一次產檢。醫生說一切看起來正常，但寶寶不急著出世。大概要再一週，他這樣說。

那天下午做完產檢，佩妮在「藍帶」服務顧客。我們一道回家，提早吃晚餐，提早就寢。大約清晨四點，她用手肘推我。「我覺得不舒服，」她說。

我打電話給醫生，約好在伊曼紐醫院（Emanuel Hospital）見面。

勞動節前幾週，我練習了好幾趟從家裡出發，開車到醫院。還好有這麼做，因為現在「比賽開始」，我心亂如麻，波特蘭對我來說就像曼谷一樣，一切都很陌生、不熟悉。我試著慢慢開，確定沒有錯過每一個轉彎。但也不能開太慢，我罵自己說，不然你得自己接生！

街道空蕩蕩的，燈全是綠色。外頭正下著雨。車裡僅聽得到佩妮沉重的呼吸和雨刷劃過汽車擋風玻璃的聲音。當我把車停到急診室入口，當我扶佩妮走進醫院，她不停地說，「我們很可能反應過度了，我不認為現在要生了。」不過，她說這些話時的呼吸方式，跟我以前在跑最後一圈一樣。

我記得護士來到我身邊，扶著佩妮，讓她坐輪椅，推她穿過大廳。我一路跟著，試圖幫忙。我自己打包了一個妊娠工具包，裡面有一個碼表，我以前用它來幫伍德爾計時。我現在按碼表計算佩妮的子宮收縮時間。我大聲喊：「五……四……三……」她停止喘氣，轉向我，咬牙切齒。她說：「停止……這樣……做。」

這時一位護士扶著她從輪椅站起來，躺到一張輪床上，推送她離開。我跌跌撞撞，退回大廳，進入醫院所稱的「牛棚」，也就是預期準爸爸們將坐在那兒放空。我原本要進產房陪佩妮，但我的父親告誡我，叫我不要陪產。他告訴我，我生下來全身呈現亮藍色，嚇得他魂飛魄散。因此他告誡我說：「關鍵時刻，待在別的地方。」

我坐在一張硬邦邦的塑膠椅上，閉上雙眼，想著鞋子的事。一個小時後，我睜開眼睛，看見我們的醫生站在我面前，額頭上的汗珠閃閃發光。他在說話。也就是說，他的嘴唇在動，但我聽不見。**生命是喜悅（joy）？這裡有一個玩具（toy）嗎？你是羅伊（Roy）？**

他又說了一遍：**是一個男孩（boy）**。

「一個——男孩？真的嗎？」

「你的妻子做得很好，」他說：「她沒有抱怨過，她每次都在適當的時間使力——她上過很多拉梅茲（Lamaze）課程嗎？」

「勒曼斯？」我說。

「請再說一遍？」

「什麼？」

他帶著我，像帶一個病號，穿過長長的走廊，進入一個小房間。簾子後面是我的妻子。她筋疲力盡，臉上散發自然光澤，紅通通的。她的手臂圍繞一件藍色嬰兒車圖案點綴的白色被毯。我把被毯的一角往後推，一顆成熟葡萄柚大小的頭露了出來，一頂白色編織嬰兒帽落在上面。我的兒子。他看起來像一個旅人。當然，他是。他剛剛展開自己的環球旅行。

我俯下身子，親吻佩妮的臉頰。我撥開她微溼的頭髮。「妳是冠軍，」我輕聲細語地說。她瞇起眼睛，不確定我在說什麼。她以為我是在跟寶寶說話。

她把兒子交給我。我把他抱在懷裡。他是如此的有活力，但如此脆弱，如此無助。這種感覺很奇妙，有別於其他感情，但是也很熟悉。**拜託別讓我摔了他**。

在藍帶，我花了這麼多時間談論品質管制，談工藝，談交貨，但是這個，我才明白，**這**是真實的東西。「我們做出了這個，」我對佩妮說。我們。**做出了**。這個。

她點點頭，然後躺下。我把寶寶交給護士，並叫佩妮好好睡覺。我飄飄然地步出醫院，走到我的車旁邊。我突然感受到一股不可抗拒的驅力，需要去見我的父親，那是一種對父愛的渴望。我開車前往他的報社，在距離報社還有幾個街區的地方停車。我想走路。雨已經停了。空氣涼爽潮溼。我鑽進一家雪茄專賣店。我想像自己交給我父親一支胖胖的雪茄，說：「你好，爺爺！」

走出商店，我的胳膊下夾了個木製雪茄盒，與凱思・福爾曼（Keith Forman）撞個正著。凱思曾是奧勒岡州的跑步健將。「凱思！」我大喊一聲。「嘿，你啊，巴克，」他說。我抓住他的衣領喊道：「是個男孩！」他身子往後傾，一臉困惑。他以為我喝醉了。我沒有時間解釋，繼續往前走。

福爾曼是創下四英里接力賽跑世界記錄的著名奧勒岡團隊成員。作為一名跑者，作為一名會計師，我始終記得他們的驚人成績：十六分八秒九。福爾曼是鮑爾曼領軍的一九六二年全國冠軍隊伍中一顆閃亮明星，也是有史以來在四分鐘內跑完一英里的第五名美國人。我告訴自己，難以相信，幾個鐘頭前我還以為做到**那些事情**才是冠軍。

博克不滿

秋天。十一月的天空低垂。我穿著厚重毛衣，坐在壁爐旁，做某種自我評量。我內心滿懷感激。佩妮和我剛出生的兒子，名叫馬修（Matthew），都平安健康。博克、伍德爾和強森也很開心。業績持續上升。

然後我收到一封郵件，是博克寫來的信。從墨西哥市回來後，他遭受某種心理性水土不服（Montezuma's Revenge）之苦。他在信中告訴我，他對我有意見。他不喜歡我的管理風格，不喜歡我所設定的公司願景，不滿意我給的薪水。他不明白為什麼我要花幾個星期來回覆他的信件，有時完全沒有回音。他對於鞋子的設計有想法，他不滿他的想法被忽視。大吐苦水幾頁後，他要求立即改變，並且加薪。

我遇上了第二次叛變。然而，這一次比強森那次更複雜。我花了好幾天草擬我的答覆。我同意調高他的薪水，微調，然後端出老闆的架子。我提醒博克，任何一家公司都只能有一個老闆，而他很不幸的是，藍帶的老闆是巴克．奈特。我告訴他，如果他不滿意我、不滿意我的管理風格，他應該知道，他可以選擇辭職走人或被解雇。

一如「間諜備忘錄」，我回信後立即感到懊悔。郵件寄出的那一刻，我意識到，博克是一個有價值的同事，我不想失去他，也承擔不起失去他的風險。我連忙派新的業務經理伍德爾，趕赴洛杉磯去修復關係。

伍德爾和博克共進午餐，試著解釋原因，說我睡眠不足、兒子剛出生，諸如此類。此外，伍德爾告訴他，北見和鬼塚先生來訪後，我倍感壓力。伍德爾還拿我獨樹一幟的管理風格開玩笑，他告訴博克，每個人都靠北這件事，我不回覆他們的備忘錄和信件，令每一個人都抓狂。

伍德爾花了幾天安撫博克的情緒，同時視察業務。他發現博克也神經緊繃。雖然這家零售店業績蒸蒸日上，但後面的房間基本上已變成我們的全國倉庫，裡面亂七八糟。盒子到處都是，發票和文件堆到天花板。博克處理不來。

伍德爾回來後，報告他此行的結果。「我想，博克回到工作崗位上了，」他說，「但我們需要幫助他解除那間倉庫的負擔。我們需要把所有的倉庫業務轉移至這裡。」此外，他補充說，我們需要雇用伍德爾的母親來負責這件事。她有管理奧勒岡州傳奇戶外用品品牌「詹特森」(Jantzen)倉庫多年的經驗，所以不是裙帶關係。伍德爾媽媽一定能勝任愉快。

我不知道我是否在意。如果伍德爾沒問題，我就沒問題。此外，在我看來，愈多伍德爾家的人加入愈好。

第9章・1970年

現金、現金、現金

我們收到更多的訂單，就需要更多的貸款，
更多貸款，就會更難還清銀行貸款。
想公開發行股票換現金，
卻一股都賣不出去……

我不得不再次飛往日本，這一次是在耶誕節前兩週。我不喜歡獨留佩妮一人照顧馬修，尤其是在耶誕假期前後，但無法避免。我需要跟鬼塚簽新約，也或者不需要。北見在吊我胃口。我抵達之前，他不願意說出關於跟我續約的想法。

三年的新約

我再度和鬼塚的高層圍著會議桌而坐。而這一次，鬼塚先生沒有像往常一樣遲到入場，也沒有刻意缺席。從一開始，他就在場坐鎮主持。

會議一開始，他說他打算跟「藍帶」再簽三年約。我鬆了一口氣，幾週來首度面露笑容。然後我力陳我的優勢。我要求一紙更長的合約。是的，一九七三年似乎很遙遠，但一眨眼就過去了。我需要更長期的保障，跟我往來的銀行人員也需要。「五年？」我這麼說。

鬼塚先生微微一笑，說：「三年。」

然後，他發表了一段奇怪的談話。他說，儘管這幾年全球銷量低迷，也有些戰略失誤，鬼塚公司的前景還是樂觀的。透過削減成本和組織重整，他的公司已經重新取得競爭優勢。即將邁入的會計年度銷售額可望突破兩千兩百萬美元，其中很大一部分來自美國。最近一項調查顯示，百分之七十的美國跑者擁有一雙虎牌跑步鞋。

我就知道。我想要說，也許我跟這有一點小小關聯。這就是為什麼我要一紙更長合約。

但鬼塚先生說，鬼塚業績穩健成長主要歸因於……北見。他低頭看會議桌，給了北見一個慈父的笑容。鬼塚先生說，因此北見被擢升為本公司的業務經理。他現在相當於鬼塚的伍德爾，但我記得我心想，我不願意拿一個伍德爾去換一千個北見。

我低頭鞠躬，祝賀鬼塚先生公司財運亨通，再轉向北見，低頭祝賀他高升。但是，當我抬起頭與北見四目交接時，我在他的凝視中看見了一絲寒意。那冷冷目光跟著我好幾天。

我們制定了協議，有四、五段文字，內容單薄。突然一個念頭掠過我的腦海，這東西應該是更實質的，如果有律師審核就好了。可是沒有時間斟酌，我們都簽了字，便轉移到其他主題。

我的信用爆掉了

簽下新約，令我如釋重負。但回到奧勒岡後，心煩、焦慮的感覺遠遠超過過去八年的任何時候。當然，我的公事包裝了鬼塚保證會在未來三年供應跑步鞋的承諾——但他們為什麼拒絕合約效期延長超過三年？此外，延長合約是誤導。鬼塚向我保證供貨，但他們供應的貨品總是姍姍來遲，經常令人捏把冷汗。他們對此仍然一副事不關己的態度，令人發狂。**晚幾天**。華萊士不斷表現得像是放高利貸的債主而不是銀行人員，再多等幾天可能釀成災難。

鬼塚出的貨最後終於到了，之後呢？鞋的數目經常不對，尺寸錯誤更是家常便飯。

這種混亂造成我們的倉庫塞爆，業務代表怨恨不已。在我離開日本之前，鬼塚先生他們正在建造最新進的工廠。交貨問題很快會成為過去，他們如此說。我對此抱持懷疑態度，但我沒有別的辦法，只能任由他們擺布。

同時，強森失去了理智。他以前在信中嘟囔心中的焦慮，現在則變成歇斯底里的刺耳尖叫。主要問題出在鮑爾曼的「科爾特斯」鞋款，他說。這款鞋實在是太受歡迎。我們讓人們愛上這款鞋，他們對科爾特斯鞋完全上癮了，而現在我們不能滿足他們的需求，供應鏈從上到下怨聲載道。

「天啊，我們真的忘了客戶，」強森寫道。「夢想中來的是一船的『科爾特斯』鞋；現實是來了一船的『波士頓』鞋，鋼絲絨鞋面，舊刮鬍刀片做出來的鞋舌，六至六號半尺寸。」

他寫得很誇張，但八九不離十。這種狀況屢見不鮮。我從華萊士手中爭取到一筆貸款，然後苦等鬼塚送鞋來，貨船終於靠岸，卻沒有任何「科爾特斯」鞋的蹤影。六週後，又拿到太多科爾特斯鞋，到那時已經太遲了。

為什麼會這樣？我們一致同意不可能僅僅是鬼塚工廠破舊，伍德爾最後想通了，鬼塚以滿足日本當地顧客為**優先**，然後才擔心外銷產品。這實在很不公平，但還是那句話，我能怎麼辦？我沒有籌碼。

即使鬼塚的新工廠解決了所有交貨問題，即使每批貨都準時出貨，可是運來的全部是數量正確的十號鞋，而沒有五號鞋，我還是得面對與華萊士交涉的問題。更大的訂單需要更多的貸款，更多貸款就會更難還清。一九七〇年華萊士言明，他沒有興趣再玩這場遊戲。

我記得有天坐在華萊士的辦公室。他和懷特兩個人搞得我筋疲力盡。華萊士本人似乎很享受，可是懷特的神情一直在對我說：「抱歉，老兄，這是我的工作。」和往常一樣，我客客氣氣地接受他們的凌虐，扮演溫順的小企業主角色。有一堆悔恨，但缺少存款。雖然我已經十分清楚這個角色，可是我記得當時感覺隨時可能發出令人毛骨悚然的尖叫。我創辦這家充滿生氣的公司，從無到有。無論如何，它是頭野獸——銷售業績年年翻倍，十分規律——而這就是我得到的感謝？這兩位銀行人員把我當成賴帳不還的人？

懷特試圖緩和氣氛，說了幾句支持藍帶無關痛癢的話。我看他的話對華萊士沒有絲毫影響。我吸了一口氣，開始講話，然後停了下來。我不相信我說的話。我只是坐直身子，雙手抱住自己。這是我新出現的神經質小動作，我的新習慣。橡皮筋不管用了，所以只要覺得壓力很大，只要想動手掐死人，我就會用胳膊緊緊摟著自己的身軀。那天這個習慣更為明顯。我一定看似在練習我在泰國學的某個奇特瑜伽姿勢。

我們爭論的焦點不只是成長理念不一致的老問題。藍帶的銷售額逼近六十萬美元，而那天我去要求核准一百二十萬美元貸款，這個數字對華萊士有象徵意義。這是我第一次突破了百萬美元大關。在他的心中就像是四分鐘內跑完一英里，極少數人能突破。你好大的膽子啊，這是他的態度。他說，他厭煩了這整件事，厭煩我。他解釋了多少次，說他靠現金餘額吃飯。我十分客氣地暗示，如果我的銷售額和盈餘增加，增加，再增加，華萊士應該樂意跟我做生意。

華萊士用他的筆輕敲桌子。我的信用爆掉了，他如此說。正式地，不可撤銷，立即執行。他不會再授權一分錢，直到我把現金存進我的帳戶，放著不動。

同時，從今以後，他會實行嚴格的銷售配額，要求我達到目標。他說，甚至連差一天達到預訂的配額目標……他的話沒有說完。他的聲音愈來愈小。我只能自己設想可能是最壞的情況。

我轉向懷特，他看了我一眼。**我能怎麼辦，老兄？**

公開發行股票

幾天後伍德爾給我看了鬼塚發來的一封電報。大批春季的船貨準備好出貨，他們想要兩萬美元。我們說，太好了。這一次，他們能準時交貨了。

只是有個問題。我們沒有兩萬美元。情況很明顯，我不能去找華萊士，不能要求華萊士變通。

所以，我發電報拜託鬼塚，在我們的銷售部隊帶來更多營收之前，先暫緩出貨。「請不要以為我們的財務有困難，」我這麼寫。這不是撒謊，這句話本身不是謊言。一如我告訴鮑爾曼，我們沒破產，只是沒錢。有許多資產，但沒有現金。我們只是需要更多的時間周轉。現在輪到我說：**晚幾天**。

在等待鬼塚回音時，我意識到只有一個辦法可以一勞永逸地解決現金流問題。乾脆小規模公開發行股票。如果我們能出售藍帶百分之三十的股權，兩美元一股，一夜之間，我們可以籌到三十萬美元資金。

現在似乎是公開募股的理想時機。一九七〇年，創業投資公司已經開始萌芽。創投的整體概念正在我們眼前形成，但穩健的創業投資構成要件是什麼，仍沒有很清楚的觀念。大多數新的創投公司位於加州北部，所以主要是吸引高科技和電子公司。幾乎全部集中在矽谷。這些公司大都有未來主義色彩的名字。我成立藍帶的控股公司，為了獲得鍾情科技產業的投資者青睞，還特別取名為體育科技公司（Sports-Tek Inc.）。

伍德爾和我散發傳單，宣傳這次股票公開發行，然後坐著準備迎接熱烈的回應。

靜悄悄。

一個月過去了。

鴉雀無聲。

沒人打電話來。沒有人。

更確切的說，幾乎沒有人。我們還是賣出三百股，每股一美元。

賣給伍德爾和他的母親。

最終，我們撤銷公開發行案。這是個恥辱，之後我內在有很多激烈的對話。我歸咎經濟不穩定，歸咎越戰，但罪魁禍首是我自己。我高估了藍帶。我高估了我傾注畢生心血的事業。

我不止一次，早晨起來喝第一杯咖啡，夜晚入睡時，告訴自己：我也許是個傻子。這整個該死的鞋子事情是白忙一場嗎？

也許吧，我心想。

也許。

伍德爾家的八千美元

我從應收帳款湊到兩萬美元，付錢給銀行，提領鬼塚交運的鞋。又鬆了一口氣。接著胸口一緊。下一次我要怎麼做？而接下來呢？

我需要現金。那年夏天異常溫暖。慵懶的日子，金色的陽光，湛藍的天空，這個世界是個天堂。這一切似乎都在嘲弄我和我的心情。如果一九六七年是愛的夏天，那麼一九七〇年就是流動性的夏天，而我的資金沒有流動性。每天大部分的時間我都想著流動性、談論流動性，仰天懇求流動性。我的流動性王國。那是一個比淨資產更令人討厭的字眼。

最後，我做了我不想做、發誓再也不會去做的事。我到處借錢，只要能借的都借。朋友、家人、泛泛之交，甚至向以前的隊友，曾經一起大汗淋漓、接受訓練和參加比賽的傢伙開口，包括我以前主要的競爭對手葛瑞勒。

我聽說葛瑞勒繼承他祖母的一大筆遺產。除此之外，他參與了各種獲利豐厚的創投企業。他擔任兩家雜貨連鎖店的業務員，兼差賣畢業生方帽與長袍，還有兩家創投公司據說也蒸蒸日上。有人說，他在箭頭湖（Lake Arrowhead）擁有很大一片土地，住在那裡的大房子。這個人根本是人生勝利組（甚至跑步還是很厲害，他快要成為世界級頂尖好手）。

那年夏天，波特蘭有場全民參與的路跑活動結束後不久，佩妮和我邀請一群友人到家裡，參加雞尾酒趴。我確定邀請葛瑞勒出席，就等適當時機開口。趁每個人都休息，還有啤酒助興，我跟葛瑞勒說希望私下談談。我帶他到我的書房，簡短、親切地大力推銷。新的公司，現金流的問題，有相當大的好處等等。他謙和有禮，愉快地微笑。他說：「我根本沒興趣，巴克。」

我完全束手無策。某天坐在辦公桌前凝視窗外，伍德爾坐著輪椅進了辦公室，關上門。他說，他和他的父母想借我五千美元，叫我一定要收下，而且絕對不要說利息的事。事實上，他們甚至沒有立下任何借據。伍德爾說，他要去洛杉磯看博克，他離開時，我應該開車去他家，跟他的家人拿支票。

幾天後，我做了一件超乎想像的事情，一件我不認為自己能夠做到的事情。我開車去伍德爾家拿支票。

我知道伍德爾家境並不富裕。我曉得，因為他們兒子的醫藥費，他們的生活可能比我困難。這五千美元是他們的畢生積蓄，我心裡明白。但是我錯了。他的父母攢下更多，他們問我是否需要他們剩下的一點點錢。我說是的。他們拿出最後僅存的三千美元，他們的積蓄歸零。

我多麼希望我可以把那張支票放在我的辦公桌抽屜裡，不去兌現。但我不能。我也不會把它擺在抽屜裡。

走出大門前，我停下腳步。我問他們說：「為什麼你們這麼做？」

「因為，」伍德爾的媽媽說，「如果你不能信任你兒子工作的公司，那麼你可以信任誰？」

和葛瑞勒打賭

佩妮繼續尋找有創意的方式運用她二十五美元的食品雜貨津貼，這意味著五十種俄式酸奶牛肉，也意味著我的體重直線上升。到了一九七〇年年中，我大約是一百九十磅，創下我最胖的記錄。某天早晨，換衣服準備上班，我挑件比較寬鬆的西裝來穿，衣服不再寬鬆。我站在鏡子前面，對鏡中自己的影像說：「嗯，哦。」

可是不能全怪俄式酸奶牛肉。不知怎的，我中止了跑步的習慣。藍帶、婚姻和升格為人父諸多事務纏身，我沒有時間，而且覺得疲憊不堪。我喜歡為鮑爾曼而跑，但我也討厭它。同樣的狀況發生在所有的大學運動員身上。多年的訓練和高水平的比賽，令人身心俱疲。我需要休息。但現在休息完畢，需要重新開始跑步。我不想成為腦滿腸肥、坐著不動的跑步鞋公司老闆。

如果繃緊的西裝和纏繞心頭的虛偽幽靈給我的誘因還不夠，很快就有另一個動機。

那場全民路跑活動後不久，葛瑞勒拒絕貸款之後，他和我參加了一項私人的比賽。全程四英里，我看到葛瑞勒回頭看我氣喘吁吁努力跟上，神情悲哀。他不借錢給我是一回事，他憐憫我是另一回事。他知道我很尷尬，所以他向我下戰帖。「今年秋天，」他說，「你和我比賽——一英里。我讓你整整一分鐘，之後如果你贏我，每贏一秒，我就給你一美元。」

那年夏天，我艱苦訓練。每晚下班後固定跑六英里，很快回復原來的身材，體重降到六十磅。終於這場大賽來臨了——按碼表——那天我贏了葛瑞勒三十六美元（葛瑞勒在隔週參加一項全民運動會，跑出四分零七秒的成績，讓我覺得勝利的滋味更甜美）。當天我開車回家，感到無比驕傲。堅持下去，我這麼告訴自己。不要停下腳步。

向日商岩井信貸

一年幾乎過了一半，一九七〇年六月十五日，我從信箱拿起我的《運動畫刊》（*Sports Illustrated*），心頭為之一震。雜誌封面是一個奧勒岡州的男人。他不是隨便一個奧勒岡男人，他也許是有史以來最偉大的賽跑名將，甚至比葛瑞勒更傑出。他的名字叫史蒂夫．普雷方丹（Steve Prefontaine）。封面照片中的他在衝刺，一旁是奧林帕斯山，又名鮑爾曼山。

那篇雜誌文章盛讚普雷方丹為一代奇才。高中時代，便已聲名大噪，締造兩英里全國記錄（八分四十一秒），現在是奧勒岡大學大一新生，兩英里跑贏蓋利．林格倫（Gerry Lindgren）。以前林格倫被視為無人能敵，普雷方丹硬是比他快了二十七秒。那一年普雷方丹跑出八分四十秒，全美第三快的成績。他參加三英里賽事，也以十三分十二秒八跑完，比一九七〇年當時地球上任何地方任何人跑得更快。

鮑爾曼對《運動畫刊》撰稿人說，普雷方丹是當今世上跑得最快的中長距離跑步選手。鮑爾曼一向情感內斂，我從未聽過他如此熱情洋溢的褒獎。其他後續的剪報資料中，對他更是讚不絕口，稱普雷方丹是「我所帶過最好的跑步選手」。鮑爾曼的助手比爾．德林格（Bill Dellinger）表示，普雷方丹的祕密武器是他的信心，他的信心像他的肺活量一樣畸形。「通常，」德林格說，「我們的選手需要十二年，才會建立起對自己的信心，這個年輕人天生就有正確的態度。」

我心想，是的，信心。比淨資產、比流動性更重要，這是一個男人需要的。

我希望有更多的信心。我希望能向別人借一點。但信心是現金。你必須有一些，才能獲得一些。而且別人捨不得給你。

另一個啟示是來自那年夏天的另一本雜誌。翻閱《財星》（*Fortune*）雜誌時，看到一則有關我的夏威夷前老闆的報導。我離開伯納德．康菲爾德和他「投資者海外服務」集團後，接下來幾年，他變得更富有。如今他已經放棄德雷福斯基金，並開始出售自己的共同基金股份，金礦、房地產，以及其他各種資產。他建立了一個帝國，然後跟所有帝國下場一樣，現在正在崩塌。他垮台的消息讓我大吃一驚，我茫然地翻頁，碰巧看到另一篇分析日本經濟浴火重生的枯燥文章。文章指出，廣島原爆二十五年後，日本脫胎換骨，成為全球第三大經濟體，正在採取積極的措施，壯大自己，鞏固自身地位，並擴大其影響力。除了純然比其他國家想得更快、做得更好之外，日本還採取無情的貿易政策。文章接著概述這些貿易政策的主要工具，就是超有侵略性的綜合商社。

也就是貿易公司。

這些日本最早期的貿易公司的定位很難精準說出。有時候，它們是進口商，在全球搜尋並獲取原材料，提供給缺乏相關情報的公司；其他時候又是出口商，成為上述公司的海外公司；有時是私人銀行，以寬鬆條件提供給各種企業融資。有時是日本政府的一個部門。

我把這些資訊建檔備查；過幾天。再度到「第一國民銀行」走一趟，華萊士再次讓我感覺自己像個流浪漢。我步出銀行，看到東京銀行的招牌。當然，我已經看過那個招牌上百次，但現在的意義有些不同。腦海中的拼圖一塊塊各就各位，令我頭暈。我直接走進對街的東京銀行，向櫃台的女子自我介紹。我說，我有一家鞋業公司，從日本進口鞋子，我想跟你們銀行的人談一筆交易。這個像妓院老鴇的女子立即謹慎地帶著我到後面的房間，然後離開。

兩分鐘後，有名男子走了進來，非常安靜地在桌邊坐下。他等。我也等。他繼續等。終於我開口了。「我有家公司，」我這麼說。「是喔？」他說。「一家鞋業公司，」我繼續說。「是嗎？」他回答說。我打開我的公事包。「這些是我的財務報表。我的情況很糟糕。我需要信貸。我剛看過《財星》雜誌一篇文章，講日本的貿易公司，文章說這些公司的信貸條件比較寬鬆──嗯，你可知道任何一家這樣的公司，可以介紹給我嗎？」

這名男子嘴角上揚。他讀過同一篇文章。他說真巧，日本第六大貿易公司有間辦公室，剛好在我們頭頂的正上方，位於該棟大樓的頂樓。日本大型貿易公司都在波特蘭設有辦事處，他說，但唯獨這家日商岩井在波特蘭有自己的商品部門。「這可是一家價值一千億美元的公司，」這名銀行人員這麼說，他的眼睛睜得大大的。「哇，」我說。「請稍候，」他說。然後他離開房間。

幾分鐘後，他跟日商岩井的一名高層主管一道回來。他的名字叫村上卡姆（Cam Murakami）。我們握手寒暄，聊我未來的進口由日商岩井提供融資的可能性。這件事純屬假設，我很好奇，他也相當感興趣。他當場就決定拍板，並伸出手，但是我不能跟他握手。目前還不行。首先，我必須跟鬼塚講清楚這件事。

當天我發電報給北見，問他是否反對我同時與日商岩井有生意往來。日子一天一天過去，一週一週過去。鬼塚的沉默意味著事有蹊蹺。沒有消息是壞消息，沒有消息就是好消息──但沒有任何消息總是某種消息。

鬼塚密謀毀約？

在等待回音時，我接到一通令人不安的電話。有個東岸鞋子經銷商說，鬼塚已經跟他洽談成為其新的美國經銷商事宜。我叫他再說一遍，慢慢說。他重新再講了一遍。他說，他不是要激怒我，也不是要幫我忙，或先給我提醒。他只是想知道我的交易狀態。

我開始發抖，心臟怦怦直跳。跟我簽訂新約後幾個月，鬼塚竟密謀毀約？難道他們被我延遲提領春季船貨嚇到了？

我唯一的希望是，這個東岸經銷商在說謊，或者是誤會。也許他誤解鬼塚，也許是不同語言的問題？

我寫信給藤本。我說，希望他還喜歡我買給他的腳踏車。（微妙的。）我要求他盡量查明這件事。

他馬上回信。那位經銷商說的是實話。鬼塚正考慮和藍帶一刀兩斷，北見在與美國的一些經銷商聯繫。藤本又說，關於撕毀跟我的合約，鬼塚沒有明確的計畫，但人選正在審核和搜尋中。

我試圖把重點放在好消息。沒有明確的計畫。這意味著仍有希望。我仍然可以恢復鬼塚的信心，改變北見的心意。我只需要提醒北見，藍帶是什麼樣的公司，以及我是誰。這意味著要邀請他來趟美國進行友好訪問。

第10章・1971年

勾勾的名字

這個勾勾看起來像一個機翼，一人說。
看起來像咻的一下快速移動，另一個人說。
看起來像一名跑者跑走後可能留下的動感。
我們一致同意，它看起來新鮮、新穎，
但不知怎麼——古老，又歷久彌新。

「猜猜看誰要來晚餐，」伍德爾說。

他坐輪椅進了我的辦公室，遞給我一封電報。北見接受了我的邀請，要來波特蘭幾天。然後，他打算到美國其他地方走走看看，但他拒絕透露原因。「參觀其他潛在經銷商，」我對伍德爾這麼說。他點點頭。

時間是一九七一年三月。我們發誓，北見將會度過他一生中最美好的時光。他回家時，心中會感受到對美國、奧勒岡州、藍帶和我的愛。只要我們搞定他，他就不會跟其他人做生意。因此，我們贊同這次訪問應該在歡樂氣氛中結束，我們將在本公司最珍貴的資產——鮑爾曼的寓所舉行盛大晚宴。

北見在第一國民銀行

要發動這種魅力攻勢，我自然徵召佩妮助陣。我們一道去接機，迎接北見。我們一起帶他直奔奧勒岡州海岸，她父母的海濱小屋。我們曾在那裡度過我倆的新婚之夜。

北見有一名隨行人員，幫忙提包包的，兼任他的私人助理和文書人員，名叫岩野光。他只是個大男孩，天真無邪，二十郎當歲。在我們開上日落公路之前，佩妮就收服他了。

我們倆小心侍候，讓這兩個男人週末體驗太平洋西北部沿岸的田園風光。我們和他們一起坐在門廊，呼吸海洋的味道。帶他們到海灘上漫步，品嘗世界級的鮭魚，倒上一杯又一杯上好的法國紅酒。我們試圖把注意力集中在北見身上，但佩妮和我發現岩野光比較容易說得上話。岩野光看著書，似乎心無城府。北見就一副老奸巨猾的模樣。

週一一大早，我開車載北見返回波特蘭，來到第一國民銀行。正如我下定決心要在北見此行極盡討好之能事，我也以為他可以施展魔力，誘使華萊士為藍帶擔保，使藍帶更容易取得貸款。

懷特在大廳跟我們碰面，帶我們走進一間會議室。我環顧四周。「華萊士在哪裡？」我問道。「啊，」懷特說，「他今天不會加入我們。」

什麼？這是專程來這家銀行的重點。我想要華萊士聽聽北見鏗鏘有力的背書。我心想，哦，軟的不行，就來硬的。

我先說了幾句話，明言相信北見能夠加強第一國民銀行對藍帶的信心。接下來換北見發言。他皺起眉頭，做了一件保證讓我更難過的事。「你為什麼不給我的朋友更多的**錢**？」他對懷特這麼說。

「什——什麼？」懷特說。

「你為什麼不肯給藍帶貸款？」北見說，還一拳重捶桌面。

「嗯，現在——」懷特回答。

北見打斷他的話。「這是哪門子銀行？我不明白！也許藍帶沒有你們會更好！」

懷特的臉色變得更蒼白。我試圖插話，打打圓場，想歸咎於語言不通，但會談已經結束。懷特暴怒衝出會議室。我驚愕地瞪著北見，他的神情寫著：任務圓滿完成。

偷看北見的文件夾

我開車載北見到我們位於泰格德的新辦公室參觀，介紹他給伍德爾和同事認識。我力圖鎮定，陪著笑臉，努力忘掉剛剛發生的事。我生怕有所閃失。但是，當北見安坐在我辦公桌對面的椅子上時，他開始借題發揮。「藍帶的銷售成績令人失望，」他說。「你們應該做得好很多。」

我大感震驚。我說，我們的銷售額每年翻倍。不夠好，他厲聲道。「有些人說，應該是增為三倍，」他如此說。「什麼人？」我問。「這無關緊要，」他說。

他從公事包拿出一個文件夾，翻開它，看了一下，啪的一聲把它闔上。他又說一遍，他不喜歡我們的業績，他認為我們做得不夠。他再次打開那個文件夾再闔上，然後塞回他的公事包。我試圖為自己辯護，但他嫌惡地揮了揮手。我們爭論了相當長一段時間，不失禮貌但氣氛緊張。

這樣談了將近一個小時後，他站起來，問洗手間在哪裡。這條走廊走到底，我這麼回答。

他一離開我的視線，我立刻從我的辦公桌後面往前一躍。打開他的公事包，匆匆翻找，拿出看似他一直參考的那個文件夾。我悄悄地迅速把它放到我的辦公桌記事簿下面，然後一個箭步回到辦公桌後面，手肘壓在記事簿上面。

在等北見回來時，我有個很奇怪的想法。回想起昔日自願加入童軍行列、擔任鷹級童軍審查委員，授予象徵榮譽和正直的功績徽章的點點滴滴。一年有兩、三個週末的時間，我會對一群雙頰粉紅的男孩進行口試，審查他們的正直與誠實，可是如今我在竊取另一個男人的公事包裡的文件？我正走向一條黑暗的道路，不知會通往何方。我的行為會產生一個立即後果，只要我躲不掉，我就必須自行迴避下一屆審查委員會。

我多麼希望仔細閱讀那個文件夾的內容，影印裡面的每一張紙，再跟伍德爾好好研究。北見很快就回來了。我讓他繼續責罵我業績不好，讓他說個痛快，當他住嘴時，我平心靜氣地總結我的立場。我說，如果能夠訂購更多的鞋子，藍帶可以提升鞋子的銷量，如果獲得更多的融資，我們可以訂購更多的鞋子，如果我們獲得更多的擔保，言下之意就是與鬼塚簽訂更長的合約，我們的銀行可以給我們更多的融資。他再次揮揮手。「藉口，」他說。

我提出幾個月前我在電報中的構想，透過像日商岩井的日本貿易公司融資，增加我們的訂單。他說：「貿易公司，他們先送錢來，然後送人來。接管！一步步侵入你的公司，然後收購。」講得更白一點：鬼塚的鞋子只有四分之一是自己製造，其他四分之三外包。北見是怕日商岩井會發現鬼塚的工廠網絡，然後對鬼塚的外圍廠商下手，一旦成功，自己變成製造商，鬼塚的生意就做不下去了。

北見站了起來。他說，他需要回到飯店休息一下。我說，我請人開車送他回去，稍晚去他住的飯店附設的酒吧，找他喝雞尾酒。

他一走，我立刻去找伍德爾，告訴他發生了什麼事。我舉起文件夾。「我從他的公事包偷拿了**這個**，」我說。「你做了**什麼**？」伍德爾說。他一開始裝出很震驚的樣子，但他跟我一樣好奇文件夾的內容。我們一起打開它，把它放在他的辦公桌上，發現裡面有一份美國十八家運動鞋經銷商的名冊，以及他與其中一半廠商排好的晤談時間表。

所以，就在那兒。白紙黑字。打小報告、咒罵藍帶、向北見醜化我們的「這些人」，就是我們的競爭對手。他準備去拜訪他們。殺了一個萬寶路硬漢，還有二十個人起來接替他的位置。

當然，我怒不可遏。但主要還是覺得很受傷。七年來我們銷售虎牌鞋子，引進美國不遺餘力。我們徹底改造了運動鞋。鮑爾曼和強森告訴鬼塚如何做出更好的鞋子，現在他們的設計奠定了銷售基礎，業績屢創新高，改變了這個產業的面貌——難道這就是我們獲得的回報？「現在，」我對伍德爾說，「我必須去和這個叛徒喝雞尾酒。」

我先去跑了六英里。不知道什麼時候我跑步變得步伐沉重，心不在焉。我每跨一步，就朝樹木大喊，對掛在枝頭的蜘蛛網尖叫。這樣抒發有幫助。我淋浴完穿好衣服，開車去北見的飯店跟他見面時，幾乎完全恢復了平靜。也許仍然很震驚。我和北見碰面的那個小時，北見說了什麼，我說了什麼——全不記得了。但我記得接下來發生的事情。第二天早上，北見來到辦公室，伍德爾和我玩了騙人的把戲。我們派人火速支開北見，送他到咖啡室，伍德爾則用輪椅擋在我的辦公室門口，我悄悄地把那個文件夾放回他的公事包。

失控的晚宴

在北見到訪的最後一天，重大晚宴前幾個小時，我匆匆趕到尤金市，與鮑爾曼以及他的律師賈夸會商。我讓佩妮當天稍晚開車載北見南下，我心想：情況最壞會怎樣？

話說佩妮，出現在鮑爾曼家門前。她披頭散髮，身上的洋裝沾到油污。下車時，還險些摔倒，我一瞬間以為北見攻擊了她，但她把我拉到旁邊，解釋說，他們的車子在路上爆胎。「那個狗娘養的，」她低聲說，「**待在車上——公路上，讓我自己一個人修補輪胎！**」

我帶她進到屋內。我們兩人都需要喝點酒。

這可不是一件簡單的事。鮑爾曼太太是一個虔誠的「基督教科學會」（Christian Scientist）教派信徒，通常不准家裡有含酒精的飲料。在這個特別的夜晚，她破例。但事前她囑咐我要確保每個人舉止合宜，沒有人踰矩，所以雖然我妻子和我兩個人都需要喝一杯烈酒，但我被迫只能喝一點點。

鮑爾曼太太現在召集我們大家在客廳裡。「為了向我們的貴賓致敬，」她宣布，「今晚我們準備了……邁泰（mai tais）！」

現場掌聲響起。

北見與我至少還有一個共通點。我們兩個都喜歡「邁泰」。非常喜歡。邁泰讓我們兩個人都想到夏威夷，那是美國西岸往返日本途中短暫停留的絕佳地點，可以在那裡放鬆之後，再回職場繼續打拚。儘管如此，那天晚上他和我就只喝一杯。顧及鮑爾曼夫人，其他人也淺嘗即止，唯獨鮑爾曼例外。他酒量一向不太好，而且他以前肯定沒有嘗過邁泰的滋味，眼看邁泰的效力逐漸在他體內發作，大夥都很擔心焦慮。邁泰是用庫拉索柑橘酒、萊姆汁、鳳梨和蘭姆酒調製而成，香氣撲鼻，鮑爾曼很快就醉了。兩杯邁泰下肚，他變了一個人。

他在調他的第三杯邁泰時，突然吼道，「我們沒有冰塊了！」現場沒有人回答。於是，他自問自答：「沒問題。」他隨即大步走到車庫的肉品冰櫃，抓起一袋冷凍藍莓。他撕開袋子，藍莓散落一地。然後抓起一大把冷凍藍莓，扔進他的飲料。「這樣更好喝，」他說完走回客廳，在客廳裡走來走去，將冷凍藍莓一把一把扔進每個人的杯子裡。

他坐下來，開始講故事，似乎是很沒品味的故事。故事進入高潮，我擔心會記好幾年，但前提是我們要能夠理解故事的高潮。鮑爾曼說話通常十分明快、用字精確，但也漸漸變得含糊不清。

鮑爾曼夫人狠狠地瞪著我。但我能怎麼辦？我聳聳肩，心想他是妳老公。然後又想了一下，哦，等等，我跟他是事業共同體。

想當年，鮑爾曼出席一九六四年日本奧運會，鮑爾曼太太愛上了日本梨，長得像小青蘋果，只是更甜。美國沒有種植這個品種，所以她在錢包內走私了幾粒種子，在自家花園栽種。她告訴北見，每隔幾年日本梨開花，就喚起他們對日本所有的愛。他似乎聽得入迷。鮑爾曼則惱怒地說：「哎呀！日本蘋果！」

我不禁用一隻手摀住我的眼睛。

終於到了我認為這場派對可能失控的時刻，其實當時我在想可能需要報警。我環顧房間，發現賈夸坐在他妻子身邊，用憤怒的眼神瞪著北見。我知道賈夸曾經是戰鬥機飛行員。在戰爭中，他的僚機駕駛也是他的生死之交，被日本零式戰鬥機擊落殉職。賈夸和他妻子的第一個孩子，就是以那個為國捐軀的僚機駕駛名字命名。我突然後悔告訴賈夸關於北見「背叛的文件夾」的事情。我覺察到賈夸怒火中燒，火氣上升到他的喉嚨。這位鮑爾曼的律師、莫逆之交兼鄰居真的有可能站起來，大步走到房間另一頭，朝北見的下巴狠狠揍一拳。

似乎有個人是快樂的，那就是北見。在銀行大發雷霆的那個北見不見了。在我的辦公室開罵的那個北見消失了。他有說有笑，拍著大腿，他是那麼風度翩翩，我不禁想到，如果當初載他去第一國民銀行之前，先給他來杯邁泰，情況可能不同。

夜深了。他瞥見客廳的另一端有一樣東西——吉他。那是鮑爾曼三個兒子中的一人所有。北見走過去，拿起吉他，開始撥弄琴弦。然後隨便彈了一下。他帶著吉他，拾級而上。鮑爾曼家的客廳地勢較低，客廳與餐廳之間有幾級台階相連。他站在最上面一個台階，開始彈唱。

所有人都轉過頭來，停止交談。那是某首鄉村歌曲，但北見把它演唱得像日本傳統民謠。聽起來像巴克．歐文斯（Buck Owens）在彈日本箏。然後他直接接唱〈我的太陽〉（O Sole Mio）。我記得那時我心想：他真的在唱〈我的太陽〉嗎？

他的歌聲更高亢了。O sole mio, sta nfronte a te! O sole, o sole mio, sta nfronte a te!

一個日本商人，彈奏西方的吉他，用愛爾蘭男高音的聲音，演唱義大利民謠。這是超現實的情境，然後更超現實的事來了。我從來不知道一屋子好動的奧勒岡人，可以如此安靜地坐在這裡這麼久。當他放下吉他，大家熱烈鼓掌，這時我們都試著不要讓彼此的眼神接觸。我拍手鼓掌。

這樣一切都說得通了。對北見而言，此趟美國之行——參觀銀行，跟我會談，和鮑爾曼一家共進晚餐——與藍帶無關，與鬼塚也無關。就像其他所有事情，全都與北見有關。

跟我認識的惡魔打交道

隔天，北見離開波特蘭，進行沒有那麼祕密的使命，他的「呼嚨藍帶的美國之旅」。我再次詢問他的目的地，他仍然沒有回答。良い旅でありますように（Yoi tabi de arimas yoh ni），我說。旅途平安。

我最近委託海耶斯，我以前在普華會計師事務所的上司，幫藍帶做企業管理諮詢。現在我私下跟他研議，試圖在北見回來之前決定下一步行動。我們一致認為，最好不動聲色，設法說服北見不要棄我們而去。海耶斯說，他跟我一樣生氣，也感到受傷，但沒有鬼塚，藍帶也保不住，而我需要接受這點。他說，我需要堅持跟我認識的惡魔打交道，並說服他跟**他**認識的惡魔打交道。

週日之前，那個惡魔回來，我邀請他在搭機返國前再來泰格德一趟。我設法敗部復回。我把他帶到會議室，伍德爾坐在桌子的一邊，而北見和他的助手岩野坐在另一邊。我刻意在臉上堆滿燦爛笑容，說希望他這次訪問我們的國家覺得愉快。

他再次表示對藍帶業績感到失望。

可是這一次，他說他有個解決辦法。

「說吧，」我說。

「把你的公司賣給我。」

他的語調十分溫柔。我的腦海突然閃過一個念頭，我們人生當中有些最難做到的事，便是溫柔地說出來。

「請再說一遍？」我說。

「鬼塚公司願意收購藍帶百分之五十一的股權。這是對貴公司最好的交易。對你也是。接受是明智的。」

他提出了收購案。**該死的惡意購併**。我看著天花板。別**開玩笑**了，我心想。你做了這麼多傲慢、欺瞞、忘恩負義以及仗勢欺人的事。

「如果我們不接受呢？」

「我們將別無選擇，只能設立優質的經銷商。」

「優質。嗯。我明白。那我們的書面協議呢？」

他聳聳肩。協議就到此為止。

我不能讓我的思緒亂飛。我不能告訴北見我對他的觀感，或當面跟他說去他媽的購併提議，因為海耶斯是正確的，我**仍然**需要他。我沒有後援，沒有代替方案，沒有退場策略。如果要拯救藍帶，我需要慢慢來，按照我自己的時間表，以免嚇跑顧客和零售商。我需要時間，因此需要鬼塚盡可能繼續供應鞋子，供貨時間愈長愈好。

「嗯，」我努力控制我的聲音說，「當然，我有個合作夥伴。鮑爾曼教練。我會和他討論你的提議。」

我肯定北見會識破這個業餘的拖延戰術。可是他站起身，整理一下褲子，微微一笑。「與鮑爾曼博士商量。再給我回覆。」

我想揍他。但我沒那麼做，反而跟他握了手。他和岩野走了出去。

在突然少了北見的會議室裡，伍德爾和我凝視著會議桌的紋理，讓寂靜包圍我們。

合作關係宣告終止

我把接下來一年的預算書和財測報告，連同標準的信貸申請書，送交給第一國民銀行。我想寫張紙條道歉，懇求原諒北見的大暴走，但我知道懷特會把它扔掉。除此之外，華萊士當時不在，沒有親眼看到那一幕。懷特收件之後數日，他請我過去商議。

我在他的辦公桌對面硬邦邦的小椅子坐不到兩秒，他立即宣布消息。「菲爾，第一國民銀行恐怕無法再和藍帶做生意了。我們以後不再代您開立信用狀。當您剩下的最後一批貨進來，我們會用您帳戶裡的錢付清貨款——一旦支付了這最後一筆帳單，我們的關係就宣告終止。」

但是我可以從懷特如蠟般蒼白的臉龐，看出他也不好受。這件事情他沒有參與，是高層的決定。因此，爭論沒有意義。我兩手一攤。「我該怎麼辦，哈利？」

「找另一家銀行。」

「要是找不到呢？我只好關門停業，對吧？」

他低頭看他的文件，堆成一疊，用迴紋針固定。他告訴我，藍帶的問題使銀行職員分成兩派。有些人支持我們，有些人持反對立場。最終，華萊士投下決定性的一票。「我對這件事很感冒，」懷特這麼說。「我很不舒服，需要請一天病假。」

我沒有請假的選項。我步履蹣跚地走出第一國民銀行，驅車直奔美國合眾銀行，懇求他們接受我。

很抱歉，他們這麼說。

他們不想為第一國民銀行間接留下的問題埋單。

我們是潛力無窮的金礦

三星期過去了。這間公司，從無到有，我所創立的公司，到現在一九七一的年尾，銷售額達到一百三十萬美元，卻需要仰賴維生系統。我和海耶斯談過，和我父親談過，和我知道的其他會計師談過，其中一個人提到，加州銀行有一個章程，允許它和西部三個州做生意，包括奧勒岡州。而且，加州銀行在波特蘭開設了一家分行。我匆匆趕過去，的確，他們歡迎我，在暴風雨中給了我避難所，提供我小額貸款。

不過，這只是短期的解決方案。畢竟他們是一家銀行，銀行就是厭惡風險。不論我的銷售額多高，加州銀行很快會警覺我的現金餘額為零。我需要未雨綢繆。

我一直想著日本貿易公司日商岩井。深夜時分，我忖思，「他們有一千億美元營業額……他們迫切想要幫助**我**，為什麼？」

一開始，日商岩井承作大量淨利潤率低的公司貸款，因此青睞成長空間大的成長型企業。我們屬於這種公司，肯定是。在華萊士和第一國民銀行的眼中，我們是地雷；對日商岩井來說，我們是潛力無窮的金礦。

於是我回過頭去找日商岩井。我會晤從日本派來的一般商品部負責人皇湯姆（Tom Sumeragi）。他是日本的哈佛——東京大學的畢業生，長相酷似優秀的電影演員三船敏郎。三船敏郎因飾演宮本武藏而聞名，而宮本武藏是決鬥必勝的一代武士，著有兵法著作《五輪書》。湯姆嘴裡叼根「鴻運」（Lucky Strike）香菸的模樣，看起來最神似三船敏郎。他抽很多菸，是他喝酒的兩倍之多。他不像海耶斯喜歡豪飲的感覺，湯姆買醉是因為他在美國孤單寂寞。幾乎每晚下班後，他都會前往一家名為「藍屋」的日式居酒屋餐廳，用母語和媽媽桑交談，其實這使他感覺更寂寞。

他告訴我，日商岩井願意求償的順位排在第二位，肯定能擺平我的銀行承辦人員。他還提供重要的訊息：日商岩井最近特別派員前往神戶，進行徵信調查，同時打算說服鬼塚讓此一交易順利完成。可是鬼塚把日商岩井派去的代表攆出大門。一家市值兩千五百萬美元的公司對一家市值一千億美元的公司下逐客令？日商岩井氣急敗壞。「我們可以介紹許多日本的優質運動鞋製造商給你，」湯姆微笑著說。

我思索著。我仍然希望鬼塚能醒悟過來。而且我擔心我們書面協議有一段，明文禁止我進口其他品牌的田徑鞋。「也許等一段時間以後吧，」我這麼說。

湯姆點點頭。不急，慢慢來。

每夜的自問自答

這件事搞得我焦頭爛額，每晚回到家都疲憊不堪。但是，跑完六英里，再沖個熱水澡，獨自一人快速解決晚餐後，我立刻恢復元氣（佩妮和馬修四點左右用餐）。我總是設法找時間說床邊故事給馬修聽，找的都是有教育意義的故事。於是我虛構一個名叫馬特・歷史（Matt History）的人物，其外貌和舉止很像馬修・奈特。這個角色進入每一個故事核心：喬治・華盛頓在佛吉谷（Valley Forge）的時候，馬特・歷史在那裡；約翰・亞當斯（John Adams）在麻薩諸塞州的時候，馬特・歷史出現在那裡；月黑風高的夜晚，保羅・列維爾（Paul Revere）策馬狂奔，騎著借來的馬去警告約翰・漢考克（John Hancock）說英軍即將來襲，那時馬特・歷史也在現場；**緊跟在列維爾身後的是，來自奧勒岡州波特蘭市郊的一名早熟的年輕騎士……**

馬修總是笑呵呵，很高興自己能加入這些冒險。他會從床上坐起來，求我繼續講。

當馬修睡著了，佩妮和我會聊聊當天發生的事。她經常問我，如果失敗我們怎麼辦。我會回答，「我隨時可以回頭做會計。」聽起來不是很誠懇，因為我不是真心誠意那麼說。遇上險阻讓我不開心。

最後，佩妮將目光移開，看電視，繼續做她的針黹，或看書。我則坐回躺椅，進行每夜的自問自答。

你知道什麼？

我知道鬼塚不可信任。

你還知道什麼？

我知道我與北見的關係已無法挽回。

未來何去何從？

反正無論怎樣，藍帶和鬼塚早晚要拆夥。我只需要盡可能拖長時間，只要開發出其他的供應來源，我就可以平安無事。

第一步怎麼做？

我得嚇跑所有鬼塚準備取代我的經銷商。我要火速發出警告信函，揚言只要他們侵犯我合約上載明的權利，我就提告，一舉將他們擊潰

第二步怎麼做？

找到替代鬼塚的鞋子來源。腦海突然一閃而過，我聽說瓜達拉哈拉有一家工廠，一九六八年墨西哥奧運會期間，愛迪達曾在這間工廠製造鞋子，涉嫌藉此逃避墨西哥關稅。印象中，這些鞋子品質不錯。於是我安排和這間工廠的經理碰面。

我們需要標誌

雖然這家工廠位在墨西哥中部，名字卻叫「加拿大」。我馬上問經理原因。對方說，他們選擇這個名字，是因為它聽起來是外來的，具有異國情調。我大笑。「加拿大」？異國情調？可笑的感覺更多於異國情調，何況這個名字容易讓人產生混淆。位於邊界以南的一家工廠，竟以邊界

以北的國家命名。

好吧。我不在意。實地參觀這個地方，清查目前庫存的鞋子種類，審視皮革室之後，我留下了深刻印象。工廠寬敞、乾淨，經營得滿好的。此外，它有愛迪達背書。我告訴他們我想下訂單。三千雙皮革製足球鞋，我計畫以美式足球鞋出售。工廠老闆問我品牌名稱。我告知，晚點回覆他們。

他們遞給我一份合約。看著虛線上方寫著我的名字。筆拿在手上，我遲疑了一下。桌上明擺著一個問題。這有違反我與鬼塚的買賣合約嗎？嚴格來說，沒有。我和鬼塚的買賣合約載明，我只能進口鬼塚的田徑鞋，不准進口別家的；沒有明文規定不准進口別家的**足球**鞋。因此我知道與「加拿大」的這份合約，並不違反我與鬼塚買賣合約的字面條文，但合約精神呢？

半年以前我絕對不會這麼做。可是現在情況不同。鬼塚已經違反我們的合約精神，讓我飽受折磨，所以我拿掉筆蓋，馬上簽約。我和「加拿大」簽訂合約，然後去吃墨西哥菜。

接下來要設計識別標誌。我的新足球鞋需要與愛迪達和鬼塚運動鞋側身的條紋標誌有所區別。我想到那個在波特蘭州立大學遇見的年輕藝術家。她叫什麼名字？哦，對了，卡洛琳．戴維森。她到過辦公室很多次，做宣傳冊和廣告稿。當我回到奧勒岡州，我請她再到辦公室一趟，因為我們需要一個標誌。「什麼樣的？」她問。「我不知道，」我回答說。「那我要好好想一想，」她接著說。「要能喚起運動的感覺，」我這麼說。「運動，」她用不太肯定的語氣說。

她一臉疑惑。當然，她會疑惑，我是隨口亂說的。我不確定那是我想要的。我不是藝術家。我給她看我下訂的足球鞋，我說：就是這個。我們需要為這個做識別標誌。

她說，她試試看。

運動，她喃喃自語，然後離開我的辦公室。運動。

兩週後，她帶來了一組草圖。草圖上是同一個主題，做各種變化，而主題似乎是……肥閃電？胖嘟嘟的打勾符號？病態肥胖的潦草字跡？她的設計的確喚起運動的感覺，但也讓人產生動暈症。我沒有一個中意的。我挑出幾個可能還有點希望的，要求她就這些再做些修改。

過了幾天——還是幾週？——卡洛琳回來了，在會議桌上攤開第二個系列草圖。她還掛了幾個在牆上。她根據原來的主題，做了幾十種變化，但下筆更寫意。這些圖案設計得更好，更接近我想要的。

伍德爾與我和其他幾個人仔細端詳。我記得強森也在，他為什麼離開衛斯理，我不記得了。我們的看法漸趨一致。我們喜歡……**這個**……稍微多一點。

它看起來像一個機翼，我們其中一人如此說。

它看起來像咻的一下快速移動，另一個人說。

它看起來像一名跑者跑走後可能留下的動感。

我們一致同意，它看起來新鮮、新穎，但不知怎麼——古老，又歷久彌新。

卡洛琳花了很多時間設計，我們致上最深的謝意，並給她一張三十五美元的支票，然後讓她回去。

她離開後，我們繼續坐著，盯著這個標誌，這算是我們選出來的，算是一種默許。「感覺還滿搶眼的，」強森說。伍德爾附議。我皺起眉頭，搔了搔臉頰。「你們比我喜歡它，」我說。

「但我們沒時間了。不行也得行。」

「你不喜歡嗎？」伍德爾問道。

我嘆了口氣。「我不喜歡。也許以後會慢慢喜歡。」

我們把它送到「加拿大」。

現在，我們只需要想一個品牌名字來搭配這個我不喜歡的標誌。在接下來的幾天，我們討論幾十個名字，篩選到最後剩下兩個。

獵鷹。

和六度空間。

我偏好後者，因為這是我想出來的。伍德爾和其他人告訴我說，這個名字糟糕透頂，既不琅琅上口，也沒有什麼含義。

我們對公司所有員工進行調查。祕書、會計、業務代表、零售店職員、檔案管理員以及倉庫工人，我們要求每個人至少提一個建議。我向大家宣布，福特汽車剛剛花了兩百萬美元，聘請一家一流的顧問公司為其新車款命名，於是「翼虎」（Maverick）誕生。「我們沒有兩百萬美元，可是我們有五十個聰明的人，我們取的名字不會比**翼虎**差」。

與福特不同，我們有最後期限。「加拿大」將在那個星期五開始生產鞋子。

一小時又一小時的爭執和吼叫，辯論這個名字或那個名字的優點。有人喜歡博克建議的「孟加拉」（Bengal）。也有人說，唯一可能出線的名字是禿鷹。我氣沖沖，發牢騷。「動物的名字，」我怒道。「**動物**的名字！幾乎森林裡的每種動物，我們都考慮過了。一**定**要動物嗎？」

我一再遊說，希望大家支持「六度空間」。員工則一再告訴我，那是言語無法形容的糟糕。

我忘了是誰，反正有人一針見血，下了結論。「這些名字全都……爛死了。」我認為可能是強森說的，但所有的文件記載，那時他已經離開，返回衛斯理。

某天晚上，夜已深，我們大家都累了，很不耐煩。如果我再聽到一個動物的名字，會從窗戶跳出去。我們說，明天又是新的一天，慢慢走出辦公室，開車回家吧。

我回家後坐在躺椅上。左思右想。獵鷹？孟加拉？其他人說的名字？還有別的嗎？

N-I-K-E

決定的日子來臨。「加拿大」已經開始生產鞋子，樣品準備好送往日本，但在出貨前，我們需要選個名字。另外，我們要配合出貨時間，刊登雜誌廣告，平面設計師需要知道廣告中使用什麼名字。最後，我們得向美國專利局提交申請文件。

伍德爾坐輪椅進了我的辦公室。「時間到了，」他說。

我揉了揉自己的眼睛。「我知道。」

「什麼名字？」

「我不知道。」

我頭痛欲裂。現在所有的名字全都在腦中擠成一團。**獵鷹孟加拉六度空間**。

「還有……一個建議，」伍德爾說。

「誰提的？」

「強森今天早上打電話來說的第一件事，」他說。「顯然，他昨晚夢見了一個新名字。」

我略顯驚訝。「夢見？」

「他是認真的，」伍德爾說。

「他一直是認真的。」

「他說，半夜他突然從床上坐了起來，看到這個名字出現在眼前，」伍德爾說。

「什麼名字？」我問，做好心理準備。

「ＮＩＫＥ。」

「咦？」

「ＮＩＫＥ。」

「把它拼出來。」

「N-I-K-E，」伍德爾這麼說。

我把它寫在一本黃色拍紙簿上。

希臘的勝利女神，雅典衛城，帕德嫩神廟。前塵往事瞬間閃過。

「我們沒時間了，」我說。「ＮＩＫＥ。獵鷹。或者六度空間。」

「每個人都**討厭**六度空間。」

「除了我。」

他皺著眉。「由你決定吧。」

他走了。我在拍紙簿上塗鴉。寫了又畫掉。滴答，滴答。

我需要發電報給工廠——就是現在。

我討厭倉促地做決策，而那陣子我似乎都在做這樣的事。我望著天花板。給自己兩分鐘，仔細琢磨不同的選項，然後穿過走廊，走到電報機前面。我坐下之前，再給自己三分鐘時間。我勉強發出這則訊息。**新的品牌名稱是……**

很多事情在我的腦袋裡打轉，自覺地，不自覺地。首先，強森曾經指出，似乎所有經典品牌——高樂氏、舒潔、全錄——都有簡短的名字。兩個音節或更少。念起來鏗鏘有力，有K或X之類的字母，不容易忘記。這一切都有意義。這講的就是NIKE。

另外，NIKE是勝利女神，我喜歡。我心想，還有什麼比勝利更重要？

我內心深處響起邱吉爾的名言。**你問，我們的目標是什麼？我會用一個詞來回答，那就是勝利**。我可能想起授與所有第二次世界大戰退伍軍人的勝利獎章。勝利獎章是銅質，正面為雅典娜勝利女神（Athena Nike）手持斷劍。我可能有想到。有時候我相信我有想到，但最後我真的不知道是什麼促使我做出這個決定。是運氣？是直覺？還是某種內心的呼喚？

是的。

「你的決定是什麼？」到最後，伍德爾問我。「NIKE，」我含糊地說。「嗯，」他說。「是的，我知道，」我說。「也許以後我們會喜歡上它，」他說。

也許。

發行可轉換公司債

我與日商岩井嶄新的關係充滿希望，但它是全新的開始，誰敢預測以後的演變？我一度以為與鬼塚的關係大有可為，結果說斷就斷。日商岩井挹注現金，我不能因此自滿。我需要盡可能開闢現金來源。

因此又回頭思索公開發行股票籌措資金的可行性。我認為我受不了第二次公開發行案失敗帶來的失望，所以跟海耶斯悉心規劃，確保這次能夠成功。我們認為，第一次辦理股票公開發行時，企圖心不夠。這次，我們不自己銷售，打算聘請一位衝勁十足的推銷員。

另外，我們決定不發行股票，改成發行可轉換公司債。

如果商場真的是沒有子彈的戰場，那麼可轉換公司債就是戰爭債券。民眾貸款給你，你給他們準股票，投資在你的……理想。這種債券類似股票，公司強烈鼓勵債券持有人持有五年。之後，債券可以轉換成普通股股票，或者拿回本金和利息。

有了新的規劃，又有賣力的推銷員，一九七一年六月我們宣布，藍帶將發行二十萬股的可轉換公司債券，轉換價格為每股一美元，而這一次銷售快速。率先認購的人當中有我的朋友凱爾，他毫不猶豫地大手筆開了一張一萬美元支票認購。

「巴克，」他說，「我從一開始就挺你，而且挺你到底。」

可以製造NIKE運動鞋的工廠

「加拿大」真令人失望。這間工廠生產的皮革足球鞋外表漂亮，但在寒冷的天氣會自行裂開。一間名為「加拿大」的工廠製造的鞋，居然無法耐受寒冷，真夠諷刺的。也許又是我們的錯，我們把足球鞋當成美式足球賣。也許是我們自找的。

那個球季看到聖母大學的美式足球隊四分衛，穿了雙NIKE球鞋跑進南灣（South Bend）神聖的球場，我內心一陣悸動，直到這雙NIKE球鞋解體（就像那年這群愛爾蘭裔球員的表現。）因此我們的首要任務，是要找到一家能夠製造更堅固、適用各種天候的鞋子。

日商岩井說他們可以提供幫助，也很樂意提供幫助。他們正在強化商品部門，所以湯姆擁有大量有關世界各地工廠的訊息。他最近還聘請了一位顧問，一位真正的鞋業奇才，喬納斯・桑特（Jonas Senter）的門生。

我從來沒有聽說過桑特這個人，但湯姆向我保證這個男人是真正、徹頭徹尾的「鞋痴」（shoe dog）。我聽說過這個名詞幾次。「鞋痴」指的是全心投入鞋子製造、銷售、購買或設計的人。與鞋子終身為伍的人，會愉悅地使用這個詞，描述其他同樣在鞋子這一行，孜孜矻矻打拚一輩子的男男女女。他們腦子想的，嘴巴談的，除了鞋子沒有別的。這是一種痴迷的狂熱，一個可辨別的心理障礙，關切鞋子的內底、大底、襯裡、沿條、鉚釘和鞋面，到了不可思議的地步。但是，我懂。一般人每天走七千五百步，漫長的人生累積下來有二億七千四百萬步，相當於繞地球六圈。在我看來，「鞋痴」只是想要成為那段旅程的一部分。鞋子是他們與人類連結的方式。「鞋痴」

認為，有什麼連結方式，會比優化每個人連接地球表面的樞紐更好？

我立刻同情這些可憐人。我想知道在我的旅途中遇過多少這樣的人。

就在那時候，市面上湧現愛迪達運動鞋的仿冒品，桑特掀起這波狂潮。他顯然是山寨王。他也對亞洲鞋業合法貿易瞭若指掌——工廠、進口與出口。他已經協助日本第一大貿易公司三菱設立鞋類部門。日商岩井因為各種原因，無法雇用桑特本人，所以他們雇用桑特的門生、嫻熟鞋業的「索爾」（Sole）。

「真的？」我說。「一個買賣鞋子的叫索爾（Sole有鞋底的意思）？」

在會見索爾之前，在與日商岩井關係更進一步之前，我開始擔心自己正步入另一個陷阱。如果我和日商岩井的合作，會很快因為錢而喜歡上他們。如果他們也成為我們的所有鞋子的來源，我會比以前跟鬼塚合作的時候更加脆弱。如果他們和鬼塚一樣翻臉不認人，我的公司就要吹熄燈號了。

在鮑爾曼的建議下，我和賈夸討論此事，他了解這個難題。有點棘手，他說。他不知道該怎麼建議。但他知道有人可以。他的妻舅查克．羅賓森（Chuck Robinson）是馬爾科納礦業（Marcona Mining）公司執行長。這家礦業公司在世界各地都有合資企業。日本八大貿易公司每家都和馬爾科納至少一個礦場有夥伴關係，所以查克可以說是西方國家與這些人做生意的專家。

我已騙到和查克在他位於舊金山的辦公室會面的機會。我從進門的那一刻，就深受震懾。我迫不及待想看辦公室有多大——比我的房子還大，以及景觀。辦公室窗口俯瞰整個舊金山灣，巨大的油輪緩緩從世界各大港口駛進駛出。牆上排列著馬爾科納的油輪船隊模型，其油輪載運煤礦和其他礦物到地球每個角落。只有權勢極大和才智過人的人，才能統御這樣一個堡壘。

我說明來意，講得結結巴巴，查克仍然很快明白我的意思。他把我的情況簡化成令人信服的要點。「如果日本貿易公司從第一天開始就了解遊戲規則，」他說，「他們將成為你的最佳合作夥伴。」

我放心大膽的去找湯姆，告訴他遊戲規則：「永遠不能碰我公司的股權。」他回他的辦公室跟幾個人商量，回來時說：「沒問題。不然這樣好了。我們抽成四%，像產品加價一樣。除此之外，還要依市場利率計息。」

我點頭答應。

幾天後，湯姆派索爾來和我見面。鑑於此人的名聲，我期待見到神級的人物，有十五隻手，每隻手揮舞著鞋楦做出來的魔杖。但是索爾只是普通的中年商人，操紐約腔，身穿鯊魚皮西裝。儘管他不是我喜歡的那種人，我也不是他喜歡的那種人，我們毫不費力就找到共同點：鞋子、運動，以及對北見持續不變的厭惡。當我提到北見的名字，索爾嗤之以鼻。「那個男人是個笨蛋，」他這麼說。

我心想，我們會變成要好的朋友。

索爾承諾會幫我打敗北見，擺脫煩惱。「我可以解決你所有的問題，」他說，「我認識一些工廠。」「可以製造NIKE運動鞋的工廠？」我問，遞給他我的新足球鞋。「我一下子就可以想到五家！」他這麼說。

他的態度很堅定。他似乎有兩種精神狀態：堅定和不屑。我意識到，他要推銷我，他想要我的生意；我願意被推銷出去，並隨時準備跟人做生意。

索爾提到的五家工廠全都在日本。所以湯姆和我決定一九七一年九月前去察看。索爾答應擔任嚮導。

小索爾

我們動身前一週，湯姆打電話來。「索爾先生心臟病發作，」他說。「喔，不會吧，」我說。「他會康復，」湯姆說，「但這個時候不可能去旅行。他的兒子，很能幹，將代替他前往。」湯姆的語氣聽起來比較像在說服自己，而不是說服我。

我獨自一人飛到日本，在東京的日商岩井辦公室見到湯姆和小索爾。小索爾走上前伸出手，我吃了一驚。想當然他年紀輕，但他看起來就是一個青少年。我有預感他會跟他父親一樣穿鯊魚皮西裝，果然如此。但他身上的西裝大了三號。難道那是他父親的西裝？

他跟很多青少年一樣，每句話都是用「我」開頭。我認為這個。我認為那個。我，我，我。

我瞅了湯姆一眼。他看起來很擔心。

一個藝術家，一個創造者

我們想要參觀的第一間工廠位於廣島市郊。我們三個人搭乘火車，中午抵達。一個涼爽陰鬱的午後。我們預定隔天上午視察工廠，所以我覺得必須把握空檔參觀原子彈博物館。我想獨自前往博物館。我告訴湯姆和小索爾，次日早晨我會在飯店大廳和他們碰面。

走過這些博物館陳列室，我無法完全了解展覽品的含義。我看不太懂。模特兒假人穿著燒焦衣服。一團團燒焦、遭輻射的——珠寶？炊具？我看不出來。相片帶我到一個冷酷無情的地方。我驚恐地站在一輛液化的兒童三輪車前面。我張著嘴凝視一棟建築的漆黑骨架，以前曾經有人在那裡相愛、工作和歡笑。我試著去感覺去傾聽這衝擊的瞬間。

我拐個彎看到玻璃下方有一隻燒焦的鞋子，鞋子主人的足跡仍清晰可見，心裡覺得很難過。

第二天早上，這些可怕的影像依舊歷歷在目，我開車載著湯姆和小索爾到鄉間，工廠主管興高采烈，讓我有點驚訝。他們很高興地迎接我們，展示他們的製品。此外，他們直截了當地說十分渴望做成交易。他們早就想打入美國市場。

我給他們看「科爾特斯」跑步鞋，詢問若訂購這種鞋，相當大的訂單，需要多少時間製造。

六個月，他們說。

小索爾跨步向前。「你們要在**三個月**內做好，」他厲聲說。

我倒吸一口氣。我始終覺得日本人除了北見之外，個個彬彬有禮，甚至在意見嚴重不合或緊張談判的時候都保持禮貌，所以我總是盡量做到禮尚往來。我認為世界各地，禮貌在廣島尤其重要。在這裡，人類更應該溫柔和善地對待彼此。小索爾十分粗魯無禮，真是最醜陋的美國人。

情況愈來愈糟。我們在日本各地參觀，他對我們遇到的每個人莽撞粗野、趾高氣揚、吹噓、擺架子。他讓我難堪，讓所有美國人尷尬。湯姆和我不時交換痛苦的表情。我們恨不得痛罵小索爾一頓，丟下他，但我們需要他父親的門路。我們需要這個可惡的小子告訴我們工廠地址。

在南部島嶼久留米市，就在別府城外，我們參觀了一間工廠。工廠坐落於普利司通輪胎公司（Bridgestone Tire Company）營運的大型工業園區，名為日本橡膠。這是我所見過最大的鞋廠，有點「鞋子奧茲國」（Shoe Oz）的感覺，再大筆、再複雜的訂單，都有辦法處理。剛吃完早餐，我們便與工廠主管坐在他們的會議室。這時，小索爾想發言，我不讓他有開口說話的機會。每次他張開嘴巴，我就大聲打斷他。

我告訴工廠主管，我們想要哪種鞋，同時出示科爾特斯鞋。他們嚴肅地點點頭。我不知道他們是否理解。

午餐後，我們回到會議室，前面桌上擺了一隻全新的科爾特斯鞋，NIKE側身條紋所有該有的都有，剛剛製造出來的。真是太神奇了。

接下來的時間我描述我想訂購的鞋子。網球鞋、籃球鞋、高筒、低筒，加上數種跑步鞋鞋款。他們打包票，說生產這些鞋絕無問題。

我說很好，但下訂單前，我要先看樣品。工廠主管向我保證可以立刻趕製樣品鞋，數日內送至日商岩井在東京的辦事處。我們互相鞠躬。然後我返回東京等待。

秋高氣爽。我在東京四處走走，喝喝札幌啤酒和清酒、吃吃肉串，還做做鞋子的夢想。我重遊明治神宮花園，坐在神域的入口「鳥居」旁的銀杏樹下。

週日我下榻的飯店通知我，鞋子已經送達。我來到日商岩井的辦公室，大門深鎖。不過他們信任我，讓我自由進出，所以我自己開門進入辦公室，坐在偌大的房間一排排的空桌子中間，開始檢查樣品鞋。我拿著鞋對著光翻看。我的手指沿著鞋底移動，滑過我們新設計的側身條紋，不管叫它勾勾、翅膀或什麼名稱。這些鞋子做得不完美。這隻鞋子的標誌做得不是很直，那隻鞋子中底有點太薄。另一隻鞋應該有更好的支撐力。

我寫下給工廠主管的注意事項。

除了小瑕疵，做工非常好。

最後，唯一要做的事，是幫不同的鞋款命名。我慌了。我想的新品牌名稱——六度空間？藍帶每個人現在還在嘲笑我。我最後只能選擇NIKE，因為我沒有時間，因為我信賴強森的博學多聞。現在我獨自在東京市中心一棟空蕩蕩的辦公大樓。我必須相信自己。

我舉起一隻網球鞋。我決定叫它……溫布頓（Wimbledon）。

嗯。很容易。

我舉起另一隻網球鞋。我決定叫它……森林山（Forest Hill）。畢竟，這是第一屆美國網球公開賽舉行的地點。

我舉起一隻籃球鞋，取名為拓荒者（Blazer），以我家鄉的NBA球隊命名。

我舉起另一隻籃球鞋，命名為布倫熊（Bruin），因為有史以來最好的大學籃球隊是約翰·伍登（John Wooden）帶領的熊隊（Bruin）。不過沒有太多創意。

現在輪到跑步鞋。當然，有「科爾特斯」，有「馬拉松」，有「大堀」。還有波士頓和芬蘭。我現在充滿靈感，進入了最佳狀態。開始在房間裡跳舞。我聽到了神祕的音樂。我舉起一隻跑步鞋，命名為Wet-Flyte。砰，我說。

直到現在，我都不知道這個名字是哪裡來的靈感。

我總共花了半小時來命名。我彷彿柯立芝（Coleridge），在吸食鴉片精神恍惚中創作〈忽必烈汗〉（Kubla Khan）。然後，我將我取的名字寄給工廠。天色已黑，我步出辦公大樓，走在擁擠的東京街頭。突然有種前所未有的感覺。我覺得筋疲力盡，可是很驕傲。我覺得人被榨乾，可是很振奮。我感受到了，那是我曾經希望工作一天後的感覺。覺得自己像一個藝術家，一個**創造者**。我回頭看了日商岩井辦公室最後一眼，喃喃低語：「我們做到了。」

我們當中有一個人勢必得撐住

我已經待在日本三週，比預期的還要久。這衍生兩個問題：這個世界很大，但鞋子的世界很小。如果鬼塚知道我在他們「附近」，卻沒有順道拜訪，他們會知道我在圖謀什麼。他們用不著多久就會知道我在尋找接替的廠商。所以，我需要再走一趟神戶，到鬼塚的辦公室露個面。但我受不了延長出差行程，離家時間又多了一星期。佩妮和我從來沒有分開過這麼久。

於是我打電話給她，讓她飛過來和我會合，完成此行的最後一段旅程。佩妮欣然同意。她以前從來沒有見過亞洲，而這可能是我們停業破產前，赴亞洲旅行的最後一次機會，也可能是她最後一次使用粉紅色行李箱。此外，多特這段期間可以充當保母。

不過這次飛行時間很長，而且佩妮不喜歡搭飛機。我去東京機場接她時，我知道我會接到一個脆弱的女人。但是我忘了羽田機場是多麼的嚇人。一大堆的人和行李。我無法移動，找不到佩妮。她出現在海關的玻璃拉門內。她試圖往前擠，試圖通過玻璃門。可是有太多的人和武警——包圍著她。她被困在人群當中。

門一拉開，人群突然往前衝，佩妮整個人往前摔，跌進我的懷裡。我從來沒有見過她如此狼狽，連她生完馬修都沒有這樣花容失色。我問她，是否飛機爆胎，她需要去更換。**這是笑話呀，北見？記得嗎？**她沒有笑。她說，距離東京還有兩小時航程時，飛機遇到了亂流。客機頓時成為雲霄飛車。

她身上穿著她最好的檸檬綠套裝，現在變得縐巴巴髒兮兮。她也面有菜色。她需要沖個熱水澡，好好休息一下，換套衣服。我告訴她，法蘭克．洛伊．萊特（Frank Lloyd Wright）設計的帝國飯店（Imperial Hotel）很棒，那裡有一間套房在等著我們。

半小時後，我們驅車來到飯店。她說要先去上洗手間，而我則去辦理住宿登記。我匆匆來到櫃台，拿取我們的房間鑰匙，坐在大廳的沙發上等她。

十分鐘過去。

十五分鐘過去。

我走到女廁門口打開門。「佩妮？」

「我凍僵了，」她說。

「什麼？」

「我躺在洗手間的地板上……我凍僵了。」

我走進去，發現她側躺在冷冰冰的瓷磚上，女士們紛紛上前關切。她突然恐慌發作，腿又嚴重抽筋。長途飛行，機場的混亂，幾個月來因為北見而承受的壓力——令她身體吃不消。我平靜地告訴她，一切都會好起來，她的肌肉逐漸放鬆。我扶她站起來，帶她上樓，並請飯店找一位女按摩師來房間按摩。

當她躺在床上，額頭上敷著冷毛巾，我不免擔心，但也心生感激。最近幾週，幾個月，我一直處在恐慌的邊緣。看到佩妮這種狀態，給我打了一劑強心針。為了馬修，我們當中有一個人勢必得撐住。這一次，這個人一定是我。

藤本的情報

第二天早上，我打電話給鬼塚，通知他們我和妻子都在日本。快來呀，他們這麼說。不到一個小時，我們坐上前往神戶的列車。

每個人都出來迎接我們，包括北見、藤本和鬼塚先生。什麼風把你們吹來的？我突然靈機一動，告訴他們說，我們是來度假的。「很好，很好，」鬼塚先生接著說。他對佩妮關懷備至，連忙安排我們坐下來體驗日本茶道文化。閒話家常，說說笑笑，一時之間差點忘了我們瀕臨戰爭。

鬼塚先生甚至主動提議派車和司機，載佩妮和我四處逛逛，欣賞神戶的景致。我點頭答應。然後那天晚上，北見邀請我們吃晚餐。我再次勉強同意。

藤本走了過來，情況又複雜了點。我環視了一下桌子，心裡想：我的新娘，我的敵人，我的間諜並肩而坐。雖然席間交談的語氣友善、親切，我仍能感覺到每一句話糾結的言外之意。就像鬆動的電線暗地裡滋滋作響冒出火花。我一直在等待北見重提收購藍帶的事，逼我給他答覆。奇怪的是，他一直沒提。

九點左右，他說要告辭回家。藤本則說他要留下來，睡前與我們喝一杯。北見一走，藤本一五一十地告訴我們他所知道的切割藍帶計畫。他蒐集到的情報，沒有比我從北見的公事包拿到的文件夾內容多。不過，很高興能和盟友一起坐著，所以我們喝了幾杯，講了些笑話，直到藤本看了手錶，尖叫一聲。「哦，糟糕！超過十一點。沒有火車了！」

「啊，沒問題，」我說，「留下來跟我們住一夜。」

「我們的房間有一個大的榻榻米，」佩妮說，「你可以睡那裡。」

藤本不斷鞠躬，接受我們的提議。他再次感謝我幫他買了一輛自行車。

一個小時後，我們在一個小房間裡，假裝三人一起睡一夜沒有什麼不尋常。

日出時分，我聽到藤本起床，咳嗽和伸懶腰。他去了洗手間，開水龍頭，刷牙。然後，他穿上前一晚的衣服，悄悄地溜出去。我睡著後不久，佩妮去洗手間，當她回到床上，她——在笑？我翻了個身。不，她在哭。看上去，她好像瀕臨恐慌發作邊緣。「他用了……」她尖聲叫道。「什麼？」我說。她把頭埋進枕頭裡。「他用了……我的牙刷。」

鬆餅格狀鞋底

我一回到奧勒岡州，立刻請鮑爾曼來波特蘭，與我和伍德爾共商公司營運大計。

這看似與以前任何一次會議沒有兩樣。

談話的過程中，伍德爾和我指出，訓練鞋的大底五十年來沒有改變過。鞋底紋路仍然是波浪或凹槽設計。科爾特斯鞋和波士頓鞋，在緩衝功能和尼龍材質都有所突破，鞋面結構有革命性的進步，可是自大蕭條以來，鞋子大底就一直沒有改革創新過。鮑爾曼點點頭，做了筆記，但似乎不感興趣。

我記得，有一次我們的議程討論新的經營方針，他提到一名有錢的校友捐贈一百萬美元給奧勒岡州大學，用於建造新的田徑跑道——世界上最好的跑道。鮑爾曼語調高昂，說明他用這筆意外捐款所創建的跑道。跑道材質為聚氨酯，富有彈性，與一九七二年奧運田徑場跑道相同。那年奧運，鮑爾曼擔任美國田徑代表隊的總教練。

他說，他很高興，可是也很不滿意。他帶的跑步選手仍然沒有從這種新跑道獲得全部益處。他們穿的鞋子抓地力仍不理想。

開車兩個小時返回尤金市的路上，鮑爾曼反覆琢磨伍德爾和我說過的話，也思量新跑道的問題，他滿腦子都是這兩件事。

接下來的那個週日，他坐著與妻子吃早餐，鮑爾曼的目光飄到她的鬆餅烤模。他注意到鬆餅烤模的網格圖案。那正是他想像中的某個圖案，他經年累月一直在追尋的圖案。他問鮑爾曼夫人是否可以借來使用。

他存放一大桶氨基甲酸乙酯在他的車庫，那是鋪設新跑道後所剩下的原料。他把鬆餅烤模帶到車庫，填滿氨基甲酸乙酯，然後加熱——馬上毀了它。氨基甲酸乙酯與鬆餅烤模黏合，烤模被封死，因為鮑爾曼沒有添加化學脫模劑。他不知道要使用脫模劑。換作別人應該會立刻罷手。但鮑爾曼的大腦也沒有脫模劑。他又買了一個鬆餅烤模，這次用石膏填充，石膏硬化後，打開鬆餅烤模沒問題。他把石膏模型帶到奧勒岡橡膠公司，付錢請他們將液體橡膠倒進模型裡。

又宣告失敗。橡膠模型太硬太脆，立刻破裂。

但鮑爾曼覺得自己離目標愈來愈近。

後來他乾脆放棄鬆餅烤模，改用不鏽鋼薄板打洞，製造類似鬆餅的表面，再把這個模型帶回橡膠公司。他們用不鏽鋼鋼板製成的模型柔韌可用。現在鮑爾曼有了兩隻腳板大小的方形硬質橡膠小突塊。他把它們帶回家，與一雙跑步鞋的鞋底縫合，再交給他的一名跑步選手。這名選手穿上後，跑得像兔子一樣快。

鮑爾曼打電話給我，激動地告訴我他的實驗。他要我把他的鬆餅格狀鞋底樣本送到我的其中一家新工廠。我說，當然，我馬上送去日本橡膠公司。

我回顧過去幾十個年頭，看到他在工作室勞心勞力，鮑爾曼夫人細心幫助，瞬間渾身起了雞皮疙瘩。他就像門羅公園（Menlo Park）的愛迪生，佛羅倫斯的達文西，沃登克里弗（Wardenclyffe）的特斯拉（Tesla）。天賜的靈感。我很好奇鮑爾曼是否知道，他是運動鞋的代達羅斯（Daedalus），他在創造歷史，改造一個產業，改變好幾代運動員跑步和跳躍的方式。我想知道他在做的當下是否有想到他對後世的影響。

我知道我是想不到的。

| 第11章・1972年 |

獨立紀念日

我對一屋子的夥伴說：
「我們別把跟鬼塚拆夥看作危機。
讓我們把這視為重獲自由。
這是我們的獨立紀念日。」

一切都要看芝加哥。我們在一九七二年的每一個想法、每一次對話，都從芝加哥開始，也在芝加哥結束，因為芝加哥是全國體育用品聯合展的舉辦地。

芝加哥年年都重要。來自全國各地的業務代表在體育用品展，首次一睹來自所有廠商的最新運動商品，透過訂單大小表示喜愛與否。但一九七二年這場將更為重要。這是我們的超級盃，我們的奧林匹克，我們的成人禮，因為我們決定在那裡讓全世界認識NIKE。如果各家業務代表喜歡我們的新鞋子，我們就能活下來，明年再見。如果不喜歡，一九七三年的展覽，我們就回不來了。

那時，鬼塚也密切注視芝加哥。展覽開始前幾天，在完全沒知會我之下，鬼塚對日本新聞媒體發表聲明，大力宣傳他們「購併」藍帶之事。那份聲明在各地引發軒然大波，尤以日商岩井為最。皇湯姆就寫信給我，重點是：「搞什麼鬼啊？」

在我那兩頁慷慨激昂的回信中，我告訴他鬼

塚的聲明與我無關。我向他保證，雖然鬼塚企圖脅迫我們出售，但他們已成過往雲煙，日商岩井，一如NIKE，才是我們的未來。信的結尾，我向湯姆坦承我尚未對鬼塚提及此事，所以別說出去。「基於幾個明顯的理由，前述資訊請你嚴格保密。為了維護我們現有的配銷系統以供未來NIKE銷售，我們再從鬼塚進一、兩個月的貨很重要，萬一貨源中斷，將釀成非常嚴重的傷害。」

我覺得自己像個有婦之夫陷入低俗的三角戀愛。我在向我的情人日商岩井保證遲早會和元配鬼塚離婚。同時，我又誘使鬼塚把我看作深情、忠誠的丈夫。「我不喜歡這樣做生意，」我寫信給湯姆說：「但那是一家心懷不軌的公司逼我們的。」**親愛的，我們馬上就可以在一起了。請多點耐心。**

就在我們動身前往芝加哥之前，北見拍來電報。他為「我們的」新公司想了一個名稱。老虎鞋公司（The Tiger Shoe Company）。他希望我在芝加哥公布。我回他，那個名字很美，詩情畫意——但哎呀，來不及在展覽公布新消息了。所有招牌和文宣都印好了。

這鬼東西叫NIKE？

展覽第一天，我走進會議中心，看到強森和伍德爾正忙著布置我們的攤位。他們已經把新款老虎鞋排成整齊的行列，現在正把新款NIKE堆成一座座橘色鞋盒的金字塔。在那個年代，鞋盒不是白色就是藍色，別無他色，但我想要顯眼的東西，會從運動用品店的貨架「迸出來」的東西。所以我請日本橡膠用亮橘色的鞋盒，認定那是彩虹最大膽的顏色。強森和伍德爾愛橘色，也愛盒子側面用白色寫的小寫「nike」。但當他們打開鞋盒，親自檢查鞋子，兩人倏然一驚。

這些鞋子，日本橡膠製造的第一波，品質不及老虎，也不及我們之前看的樣品。皮革閃閃發亮，但不是好看的那種亮。Wet-Flyte看來是名副其實的「溼」，彷彿裹著一層未乾的廉價塗料或亮漆。鞋幫塗了聚酯胺，但日本橡膠顯然不比鮑爾曼善於處理那種變化莫測的物質。側面的標誌，卡洛琳設計、像翅膀飛速掠過、我們打算喚作「勾勾」（swoosh）的玩意兒，也歪七扭八。

我坐下來，兩手抱著頭。我看著我們的橘色金字塔，思緒飄到吉薩的金字塔去。我十年前才去過那裡，像阿拉伯的勞倫斯一樣騎駱駝橫越沙漠，盡可能自由奔放。現在我人在芝加哥，債務纏身，掌管一家搖搖欲墜的鞋業公司，用劣等的工藝和歪扭的勾勾推廣一個新品牌。一切都是虛幻。

我環視會議中心，看著成千上萬業務代表湧入攤位——**其他**攤位。我聽到他們對所有其他首度問世的鞋子「哦！」「啊！」不絕。我是科展上那個對自己的計畫努力不夠、前一晚才臨時抱佛腳的男孩。其他孩子不是製作會噴發的火山，就是會打閃電的機器，而我只有把樟腦丸插在我媽衣架上做成的太陽系模型。

該死，這不是介紹瑕疵品的時機。更糟的是，我們推銷這些瑕疵品的對象不是我們這種人。他們可是**業務員**。他們說話像業務員、走路像業務員、穿著也像業務員——緊身聚脂纖維襯衫、Sansabelt的長褲。他們性格外向，我們內向。我們摸不清他們，他們不了解我們，但我們的未來卻操縱在他們手中。而現在我們得找個辦法說服他們，NIKE這東西值得他們付出時間和信任

——還有錢。

我已瀕臨崩潰，就在邊緣。然後我看到強森和伍德爾已然失控，而我明白我禁不起那樣。就像佩妮，他們搶在我之前恐慌發作。「夥伴們，」我說：「你們看，這是有史以來最爛的鞋子。它們會變好的。所以如果我們可以把這些賣出去……我們就所向披靡了。」

他們兩個都認命地搖搖頭。**不然還有什麼選擇？**

我們往外看，他們來了，一幫業務員，殭屍般朝我們的攤位而來。他們拿起ＮＩＫＥ，舉到光線底下。他們摸了摸勾勾。其中一人對另一人說：「這什麼鬼？」「我若知道才有鬼，」另一人說。

他們開始連珠砲似地問。**嘿——這是什麼啊？**

這是ＮＩＫＥ。

這鬼東西叫ＮＩＫＥ？

那是希臘的勝利女神。

希臘的什麼？

勝利女——

這又是什麼？

那是勾勾。

這鬼東西是勾勾？

那個答案憑空出現：就是有人經過你身邊的聲音——咻。

他們喜歡那個答案。噢，喜歡得不得了。

他們給我們生意做。他們真的跟我們**下訂單**了。那天結束，我們超越了原本最大的期望。我們是那次展覽最轟動的廠牌之一。至少在我看來是如此。

強森照慣例不怎麼高興。完美主義者。「這一整個太不正常。」說完，他整個人愣在那裡。他就是這麼說的，**一整個太不正常**。我求他去別處發愣，去別的地方不正常，別管那麼多了。但他就是辦不到。他走過來，揪住他最大的一個客戶，逼問到底怎麼回事。「什麼怎麼回事？」那個人說。「我是指，」強森說：「我們帶這款新的ＮＩＫＥ來，它完全沒經過測試，坦白說它甚至沒那麼好——你們這些人卻買單。是怎麼回事？」

那個人笑了。「我們跟你們藍帶做生意很多年啦，」他說：「我們知道你們會說實話。其他人都在鬼扯，你們這些人有話直說。所以如果你們說這種新鞋子，這款ＮＩＫＥ，值得一試，我們就信啦。」

強森回到攤位，手搔著頭。「老實說，」他說。「誰曉得呢？」

伍德爾笑了。強森笑了。我也笑了，試著不去想我跟鬼塚說的那許許多多真假參半的事實和謊話。

新的ＮＩＫＥ進店裡了嗎

好消息傳得很快。壞消息跑得比葛瑞勒和普雷方丹還快。像搭火箭。芝加哥展覽兩星期後，北見走進我的辦公室。沒事先知會，沒打信號燈。他直接切入飛車追逐。「這是啥，這……玩意兒，」他質問：「這……泥——機？」

我故作茫然。「NIKE？喔，那沒什麼。只是我們研發的副線，避免把雞蛋放在同一個籃子，以免鬼塚覺得受到威脅，突然抽掉給我們的一切支援。」

這個答案卸除了他的武裝。理應如此。這句話我已經排練了好幾個星期。北見不知如何回應是非常合理、合邏輯的。他是來找架吵，而我以逸待勞，四兩撥千斤。

他要知道那些新鞋子是誰做的。我告訴他是日本不同工廠做的。他要知道我們訂了幾雙NIKE。我說幾千。

他「喔」了一聲。我不確定那是什麼意思。

我沒提到剛發生的事：我家鄉那支雜牌軍波特蘭拓荒者的兩名隊員就是穿NIKE的鞋，以一三三比八六擊潰紐約尼克。《奧勒岡人》（*Oregonian*）最近才刊登一張喬夫・派崔（Geoff Petrie）運球過一個尼克球員（名叫菲爾・傑克森〔Phil Jackson〕）的照片，而派崔鞋上的勾勾顯而易見（我們才跟另兩名拓荒者球員簽訂贊助球鞋的合約）。幸好《奧勒岡人》在神戶流通得不怎麼廣。

北見問新的NIKE進店裡了嗎。當然沒有，我騙他。或說撒了點小謊。他問我什麼時候要簽文件把我的公司賣給他。我告訴他我的合夥人還沒決定。

會議結束。他扣上又解開了西裝外套的鈕扣，說他在加州還有別的事情，但他會再回來。他直直走出我的辦公室，而我立刻抓起電話撥給我們在洛杉磯的零售商。電話是博克接的。「約翰，我們的老朋友北見進城了！我敢說他會去你店裡！別讓他進倉庫！」

「啥？」

「他知道ＮＩＫＥ的事了，看到那些橘色盒子一定會爆炸。而且我告訴他那還沒進店裡！」

「我不知道你要我怎麼做。」博克說。

他聽起來很害怕，也不大高興。他說他不想做不誠實的事情。「我是拜託你藏幾雙鞋子而已啦。」我大叫，重重掛掉電話。

當然，當天下午北見現身了。他和博克當面對質，拿問題糾纏他，像個帶了可疑證人的警察四處搜查。博克裝聾作啞——至少後來他是這麼告訴我的。

北見開口借洗手間。這當然是伎倆，他知道洗手間在後面，而他需要藉口去後頭窺探。博克沒識破這伎倆，或者不在乎。不一會兒，北見就站在倉庫中央，孤一盞燈泡底下，怒視數百只橘色鞋盒。ＮＩＫＥ，ＮＩＫＥ，到處都是ＮＩＫＥ，卻沒有一滴能喝*。

博克在北見離開後打電話給我。「完蛋了，」他說。「怎麼了？」我問。「北見強行進入倉庫——結束了，菲爾。」

我掛斷電話，重重倒在椅子裡。「嗯，」我大聲說，對著空氣。「我想我們得弄清楚沒有虎牌能不能活下去。」

* 譯註：語出英國詩人柯立芝的名詩〈古舟子詠〉（The Rhyme of Ancient Marina）：「Water, water, every where. Nor any drop to drink.」

我們也弄清楚另一件事了。

那天過後不久，博克離職了。事實上，我不記得是他請辭還是伍德爾開除他的。無論何者，沒過多久，我們聽說博克有了新工作。

替北見幹活。

和虎牌拆夥

接下來好幾天，我每天都在發呆、凝視窗外，等北見出下一張牌。我也看了很多電視。這個國家，這個世界，都為美國和中國的關係倏然開展激動不已。尼克森總統人在北京，和毛澤東握手，這事情簡直能和登陸月球相提並論。我從沒想過可在有生之年看到美國總統置身紫禁城、觸摸萬里長城。我想到我在香港的時光。我曾和中國那麼近，卻又那麼遙遠。我原本以為這輩子不會有下一次機會，但現在我想，也許有那麼一天。

也許。

北見總算出招了。他回到奧勒岡要求會面，而這一次他要求鮑爾曼在場。為了讓鮑爾曼方便些，我建議會議在賈夸位於尤金市的辦公室進行。

當那天來臨，在我們魚貫進入會議室時，賈夸抓住我的手臂，輕聲說：「不管他說什麼，你什麼都不用說。」我點點頭。

會議桌一側是賈夸、鮑爾曼和我，另一側是北見和他的律師，一個本地人，一副不想來這裡的樣子。另外，岩野回來了。我以為他可能會對我微微一笑，才想起這不是交際拜訪。

賈夸的會議室比我們在泰格德的大，但那天感覺卻跟娃娃屋一樣。會是北見要開的，所以由他開場。而他沒有拐彎抹角。他拿給賈夸一封信。立刻生效，我們和鬼塚的合約就此無效。他看看我，又回頭看看賈夸。「非常非常遺憾，」他說。

另外，還在傷口撒鹽，他要我們付一萬七千美元，說是我們所積欠、已交貨鞋子的貨款。精確地說，他開口要一六、六三七·一三美元。

賈夸把信推到一旁，說如果北見一意孤行，如果堅持跟我們拆夥，我們會提告。

「是你們自找的。」北見說，藍帶私自製造ＮＩＫＥ已違反和鬼塚的合約，而他完全無法了解為什麼要毀掉利潤如此豐碩的關係，為什麼要搞這個，這個，這個——ＮＩＫＥ。是可忍孰不可忍。「我可以告訴你為什麼——」我衝口而出。賈夸轉頭對我大叫：「巴克，閉嘴！」

然後賈夸告訴北見，他希望彼此仍能研究出折衷方案。法律訴訟對兩家公司都勞民傷財，和平才是王道。但北見無意追求和平。他站起來，示意要他的律師和岩野跟他走。走到門口，他停步了，臉色也變了。他準備說些和解的話，準備遞出橄欖枝。我覺得自己對他的態度也和緩了些。「鬼塚，」他說：「願意繼續聘用鮑爾曼先生……當顧問。」

我豎起耳朵。顯然我沒有聽對他的話。鮑爾曼搖搖頭，轉頭看賈夸，賈夸說今後鮑爾曼會把北見視為競爭對手，亦即不共戴天的仇敵，無論如何都不會再幫他的忙。

北見點點頭。他問有沒有人可以載他和岩野去機場。

這是我們的獨立紀念日

我叫強森上飛機。「什麼飛機？」他說。「下一班飛機，」我說。

他隔天早上抵達。我們出門跑步，其間沒有人開口說話。然後我們開車到辦公室，把大家叫進會議室集合。大概有三十人與會。我理應要緊張的，他們預期我會緊張。換一天，換個地方，我應該會緊張。但不知何以，這時我感覺異常平靜。

我表明我們遇到的情況。「夥伴們，我們已經來到十字路口。昨天，我們的主要供應商鬼塚，跟我們拆夥了。」

我讓大家意會這句話。我看著每個人的下巴掉下來。

「我們揚言要提出賠償訴訟，」我說：「當然他們也威脅提告。違反合約。如果他們先在日本控告我們，我們別無選擇，只有在美國這裡告他們，迅速反擊。我們在日本贏不了，但我們必須在這裡的法院擊敗他們，迅速取得裁決，逼他們撤案。

「在此同時，當一切塵埃落定，我們就獨立了。就自己隨波漂流了。就擁有NIKE這條新產品線了，芝加哥的業務代表看起來滿喜歡的。不過，坦白說，除此我們一無所有。而據我們所知，NIKE的品質有很大的問題。那不是我們樂見的。我們和日本橡膠的溝通不錯，而日商每星期至少會來工廠一次，努力修正，但我們不知道他們多快能把東西做好。愈快愈好，因為我們沒有時間，也突然沒有餘裕犯錯了。」

我看著桌邊眾人。大家都垂頭喪氣，身子往前塌。我看看強森。他盯著眼前的報告，帥氣的臉龐有些異樣，我從沒見過的神情。投降。跟房裡其他人一樣，他打算放棄。美國的經濟陷入泥淖，正步入衰退。加油站大排長龍、政治僵局、失業率攀升、尼克森水門事件、越南問題。看起來就像世界末日。房裡每個人本來就已經在擔心要怎麼付房租、繳電費了。現在又來這件。

我清清喉嚨。「所以，換句話說，」我說。我又清了清喉嚨，把黃色拍紙簿推到一邊。「我要說的是，他們的舉動正中我們下懷。」

強森抬起眼睛。圍桌而坐的每個人都抬起眼睛，他們坐直起來。

「時候到了，」我說。「我們等待已久的時候到了。屬於我們的時刻。不必再賣別人的品牌。不必再替別人賣命。鬼塚已經阻礙我們好多年了。他們延遲交貨、他們的訂單亂七八糟、他們拒絕聆聽和採行我們的設計理念——我們有誰對這種種一切不感冒的？是該面對現實了：無論我們要成功，要失敗，都該用我們的方式做，照我們的想法——我們自己的**品牌**。我們去年創下兩百萬美元的銷售……沒有一雙跟鬼塚有關。那個數字是我們心靈手巧和努力工作的證明。我們別把這看作危機。讓我們把這視為重獲自由。這是我們的獨立紀念日。

「沒錯，前路勢必艱辛。我不會騙你們。未來一定要打仗的，朋友。但我們了解地勢。我們現在對日本瞭若指掌。那就是我由衷相信我們能打贏這場仗的理由之一。而如果我們贏了，當我們獲勝，我看到勝利的另一邊有豐碩的果實等著我們。我們還活著，朋友。我們還，活著。」

話一說完，我可以看到一波如釋重負的氣息，像一陣沁涼微風掠過桌面。每個人都感受到了。如此真實，就像之前掃過粉紅水桶酒館旁邊那間辦公室的風一樣真實。有人點頭，有人喃喃自語，有人緊張地咯咯笑。接下來一個小時，我們集思廣益設想如何著手進行，該怎麼聘用承包工廠，並讓他們彼此競爭，激盪出最好的品質和價格。以及，要如何修正這些新的NIKE？

我們懷著愉快、緊張、興高采烈的心情結束會議。

強森說他想給我買杯咖啡。「你的輝煌時刻，」他說。

「唉唷，」我說：「謝了。」但我提醒他：我只是實話實說。一如他在芝加哥那樣。老實說，我說。誰曉得呢？

一生難忘的比賽

強森暫時回衛斯理去，而我們把注意力轉向奧運田徑資格賽，一九七二年，賽事首次在我們的後院：尤金市舉行。我們需要拿下資格賽，所以我們派了先遣隊去送鞋子給願意穿的參賽者，也在目前由霍利斯特經營得有聲有色的店裡建立整備待命區。資格賽一開鑼，我們立刻在店的後頭設了一部網版印刷機，快速製作大量NIKE的T恤，讓佩妮像萬聖節糖果一樣發送。

都做到這樣了，我們怎能沒有突破性進展？事實上，南加大的鉛球選手大衛．戴維斯（Dave Davis）第一天就來店裡抱怨說，他沒拿到愛迪達或彪馬的免費用品，所以很樂意穿我們的鞋子。然後他得了第四名。萬歲！更棒的是，他不只穿我們的鞋，還穿了佩妮的T恤轉圈圈，他的名字就印在背後（麻煩在於，大衛不是理想的模特兒。他有一點肚子，而我們的T恤不夠大，那凸顯了他的肚子。我們做了記錄。贊助小號一點的運動員，或者做大一點的T恤）。

也有兩位闖進準決賽的選手穿我們的釘鞋，包括我們的員工、參加一千五百公尺的吉姆．戈爾曼（Jim Gorman）。我跟戈爾曼說他的企業忠誠過頭了，我們的釘鞋沒那麼好。但他堅持「一路穿到底」。馬拉松比賽，穿NIKE的跑者最後拿到第四、五、六、七名。沒有人入選國家代表隊，但已經不錯了。沒有太難看。

當然，資格賽的重頭戲在最後一天，普雷方丹和奧運名將喬治・楊恩（George Young）之間的對決。當時大家都叫普雷方丹「普雷」，而他絕不只是優秀，而是百分之百的超級巨星。他是繼傑西・歐文斯（Jesse Owens）之後，衝擊美國田徑界的最偉大人物。體育專欄作家常拿他跟詹姆斯・狄恩（James Dean）和米克・傑格（Mick Jagger）相提並論，《跑者世界》（*Runner's World*）則說，最貼切的比喻恐怕是拳王阿里（Muhammad Ali）。他是那種神氣活現、改變時代的人物。

但在我心目中，這些和其他種種比喻都還差得遠。普雷和這個國家見過的任何運動員都不一樣，但也很難說清楚為什麼。我花了很多時間研究他、欣賞他、苦思他的魅力何在。我一再問自己，普雷為什麼能觸發那麼多人出自內心深處的反應，包括我自己。我始終沒有想出完全令人滿意的答案。

不只是他的天分——還有其他天才洋溢的跑者。也不只是他的神氣活現——還有無數大搖大擺的跑者。

有人說是他的外貌。普雷是那麼瀟灑，那麼詩意，頂著那頭飄逸的金髮。他還有想像中最寬闊、最深邃的胸膛，坐落在一雙修長而全是肌肉、不停顫動的腿。

另外，多數跑者個性內向，但普雷顯然活潑開朗。跑步對他來說從不只是跑步，他總是在表演，永遠知道鎂光燈在哪裡。

有時我想，普雷魅力四射的祕密在於他的熱情。他不在乎越過終點線之後會不會死，只要是他先越過就可以。不論鮑爾曼跟他說什麼，不論他的身體告訴他什麼，普雷都不肯慢下來，放輕鬆。他把自己推到懸崖邊緣，甚至跳下去。這策略常會產生反效果，有時愚不可及，甚至自我毀滅。但那永遠令觀眾振奮不已。無論哪一項運動——事實上，無論人類的哪一種努力——全力以赴總能贏得人們的心。

當然，所有奧勒岡人都愛普雷是因為他是「我們的」。他生在我們當中，長在我們多雨的森林，所以我們從他學生時代就幫他加油了。我們看著他十八歲就打破全國兩英里長跑記錄，也跟著他，亦步亦趨，拿下每一座光榮的國家大學體育協會（NCAA）錦標。每個奧勒岡人的情感都投入他的生涯，為其牽動。

當然，身在NIKE的我們也準備把錢投入情感之所在。我們了解普雷不可能在資格賽前臨陣換鞋。他習慣穿他的愛迪達。但遲早，我們確定，他會是NIKE的運動員，或許是NIKE運動員的典範。

這些想法縈繞心頭，走下瑪瑙街（Agate Street）往海沃德運動場前進時，我並不驚訝地發現那地方正隨著歡呼聲震動、搖晃著——羅馬競技場鬥劍士和獅子鬆綁時也不過如此。我們及時找到我們的座位，剛好來得及看普雷暖身。他的一舉一動都引起新的一波興奮的漣漪。每當他慢慢向橢圓形的這一邊跑過來，或往另一邊跑過去，他行進路線上的粉絲就紛紛站起來，陷入瘋狂。其中大半穿著寫了這個詞的T恤：**傳說**（LEGEND）。

忽然我們聽到一陣深沉、粗嘎的噓聲。堪稱當時全世界最佳中長距離跑者的蓋利．林格倫現身跑道——穿著一件寫了**阻止普雷**（STOP PRE）的T恤。林格倫曾在大四時擊敗第一的普雷，而他想要每一個人記得那件事。但當普雷看到林格倫、看到那件T恤，他只搖搖頭，咧嘴一笑。沒有壓力，就多點刺激而已。

跑者來到起跑線。全場鴉雀無聲，靜得可怕。然後。砰。發令槍響，猶如拿破崙的大砲。

普雷馬上取得領先。楊恩緊追在後。不一會兒兩人便遙遙領先，儼然變成兩個男人的事。林格倫遠遠落後，無關緊要。兩人的策略都很明確。楊恩打算和普雷並駕齊驅到最後一圈，再靠他卓越的衝刺迎頭趕上、拿下勝利。在此同時，普雷則打算一直保持和起跑時同樣的速度，這樣到最後一圈時，楊恩的腿早就看不到了。

到第十一圈時，兩人相距半步。在觀眾的咆哮、吆喝和尖叫聲中，兩人進入最後一圈。這感覺像是拳擊比賽，像馬上槍術比武，像鬥牛，而我們沉迷到決定性的時刻——空氣中瀰漫死亡的氣息。普雷超前了，展現高一等的水準——我們看著他辦到了。他拉開一碼的領先差距，然後兩碼，然後五碼。我們看到楊恩臉部扭曲，知道他沒辦法，不可能追上普雷了。我告訴自己，不要忘記此情此景，不可以忘記。我告訴自己，普雷展現的澎湃熱情有太多可以學習之處，無論你是在跑一英里，或是經營一家公司。

當兩人越過線帶，我們全都抬頭看時鐘，看到兩個男人都打破全國記錄。普雷破得更多一些。但他沒有就此結束。他發現有人揮著一件**阻止普雷**的T恤，便走過去一把抓來在頭頂一圈又一圈地甩，像揮舞戰利品一樣。緊接其後的是我聽過最熱烈的掌聲，而我這輩子都是在運動場度過。

我從未親眼見過像這樣的賽跑。而我不僅親眼目睹，還親身投入。幾天後我覺得臀部和股四頭肌好疼。這個，我認定，這就是運動，這就是運動能辦到的。一如書本，運動也賦予人們體會他人人生、參與他人勝利的感覺。勝利，以及失敗。當運動發揮到極致，粉絲的情緒會和運動員的精神融合為一，而在那種融入、那種移情之中，正是神祕主義者談論的合一（oneness）。

回程沿著瑪瑙街行走時，我知道那場比賽已烙進我的靈魂，永遠成為我的一部分，而我發誓也要讓它成為藍帶的一部分。在我們未來的戰爭，和鬼塚，和任何人的戰爭，我們都要效法普雷。我們會拚戰到底，彷彿那攸關我們的性命。

因為確實如此。

鮑爾曼宣布退休

接下來，我們睜大眼睛，望向奧林匹克。不只是我們的鮑爾曼將擔任田徑隊的總教練，我們的老鄉普雷也將熠熠發亮。看到他在資格賽的表現，這點還有誰懷疑？

當然不是普雷。「壓力當然很大，」他這麼告訴《運動畫刊》：「而我們很多人將面臨更有經驗的對手，或許沒有任何贏的權利。我只知道，如果我豁盡全力到昏過去，還是有人擊敗我，而如果我已經讓那個人竭盡所能、用盡力氣，那也只能證明那一天他比我強而已。」

就在普雷和鮑爾曼動身前往德國之前，我幫鮑爾曼的「鬆餅鞋」申請專利。第二八四、七三六號申請案描述：「改良的鞋底有完整的多角形鉚釘……方形、長方形或三角形的截面……（以及」許多平面提供有抓握力的邊緣，賦予大幅改善的附著力。」

我們兩人的驕傲時刻。

我一生的黃金時刻。

NIKE的銷售相當穩定，兒子健康，我也能準時繳房貸。總的來看，那個八月我心情好多了。

然後，出事了。奧運會第二週，八名蒙面持槍歹徒攀過奧運選手村的後牆，綁架十一名以色列運動員。我們在泰格德的辦公室架了一部電視，沒有人動手工作。我們看了又看，日復一日，幾乎一語不發，手常摀住嘴巴。當那可怕的結局來臨，當新聞報導十一名運動員無一生還，屍體散落在機場血跡斑斑的跑道，那讓人記起甘迺迪和金恩博士的死，還有肯特州立大學數名學生的死，還有越南數萬男童的死。我們的年代，是個艱難困頓、屍骸遍野的年代，每年你至少會被迫質問自己一次：意義何在？

鮑爾曼一回國，我馬上驅車到尤金市看他。他看起來好像十年沒睡覺。他告訴我，他跟普雷離攻擊行動僅咫尺之遙。攻擊行動之初，當恐怖分子控制那棟大樓時，許多以色列運動員能從側門溜走或窗戶跳出去。其中一個順利來到隔壁大樓，也就是鮑爾曼和普雷住的那棟。鮑爾曼聽到敲門聲，打開房門，看到這個人，一名競走選手，害怕得渾身戰慄，含混不清地說著蒙面歹徒的事。鮑爾曼把他拉進房裡，打電話給美國領事。「派陸戰隊來！」他對著話筒大叫。

他們派了。陸戰隊迅速前來防衛鮑爾曼和美國隊住的大樓。

因為這個「過度反應」，鮑爾曼遭奧運官員嚴厲譴責。他越權了，他們說。在危機正熾時，他們還有時間叫鮑爾曼到奧會總部去。幸好前一次德國奧運的英雄，「擊敗」希特勒的傑西．歐文斯陪同鮑爾曼前往，表態支持鮑爾曼的行動。奧運官員這才讓步。

鮑爾曼和我坐著凝視河流良久，幾乎沒說話。然後，他用沙啞的聲音告訴我，一九七二年奧運會真是他人生的低點。我從沒聽過他說過這種話，也從未見過他那副神情。一臉洩氣。

我不敢相信。

懦者卻步，弱者死於途——剩下我們。

那天過後不久，鮑爾曼宣布退休，揮別教練生涯。

有位頂尖運動員已經在穿NIKE，而且贏球

凜冬已至。天空比平常來得灰，而且低。秋天沒來。我們一覺醒來，冬天就到了。樹木一夕之間從繁茂變得光禿。雨下個不停。

然後迫切需要的激勵來了。我們接獲消息，在北方幾小時路程的西雅圖，瑞尼爾國際經典賽（Rainier International Classic）賽場，一個烈火一般的羅馬尼亞網球選手一路痛擊每個對手，而且是穿一雙新的NIKE「賽末點」（Match Point）辦到的。那個羅馬尼亞人叫伊利．納斯塔塞（Ilie Nastase），人稱「麻煩人物」（Nasty），而每一次他施展他的必殺技——高壓殺球，每一次他踮起腳尖，發出又一記無法回擊的發球，全世界都看到了我們的勾勾。

那時我們已經明白，運動員的代言至關重要。如果我們想與愛迪達競爭——更別說和彪馬、

Gola、Diadora、Head、威爾森（Wilson）、斯伯丁（Spalding）、Karhu、Etonic和New Balance及其他在一九七〇年代崛起的品牌一搏，我們需要頂尖運動員穿我們的品牌，吹捧我們的品牌。但我們還是沒有錢可以付給頂尖運動員（我們的資金比以前更少）。我們首先就不知道怎麼聯繫他們、讓他們相信鞋子很好，而且很快會變得更棒，所以該以折扣價替我們背書。此時此刻，有位頂尖運動員**已經**在穿NIKE，而且穿著它贏球。和他簽約會有多難？

我找到納斯塔塞經紀人的電話號碼，打過去開價。我說如果他願意穿我們的東西，我願意付給他五千美元——差點沒被自己的話噎著。他回價一萬五千美元。我多**討厭**協商啊。

我們敲定一萬美元。我覺得自己被搶了。

經紀人說，那個週末納斯塔塞會在奧馬哈打錦標賽。他建議我帶合約飛過去。

那個星期五晚上，我和麻煩人物及其太座，明豔動人的朵敏琪（Dominique）在奧馬哈商業區一家牛排館碰面。在我讓他於虛線處簽名、把合約鎖進公事包後，我們點了晚餐慶祝一番。喝光一瓶葡萄酒，又一瓶。從某個時刻起，沒來由地，我講話開始帶羅馬尼亞腔，而出於某個理由，納斯塔塞開始叫**我**麻煩人物，而沒來由地，我想像他的超級名模妻子開始對每一個人含情脈脈，頻送秋波，包括我，而那天深夜，踉蹌地回到房間時，我覺得自己像個網球賽冠軍、像商業大亨，像擁立國王的臣。我躺在床上，凝視合約。一萬塊，我大聲說。一。萬。塊。

那是一大筆錢。但NIKE總算有知名運動員代言了。

我閉上眼，阻止房間繼續旋轉，然後睜開眼，因為不想讓房間停止旋轉。

北見，接招吧，我對著天花板，對著全奧馬哈喊。**接招吧**。

我的鴨子穿上NIKE

那個年代，我的奧勒岡大學鴨子隊和可怕的奧勒岡州立大學海狸隊之間的美式足球世仇交鋒，說好聽是一面倒。我的鴨子常輸球，而且常常以大比分落敗，甚至往往是推進不了幾碼的慘敗。例如：一九五七年，兩隊競爭聯會冠軍，奧勒岡大的吉姆．山利（Jim Shanley）在賽末衝向達陣區，衝進就贏，結果在一碼線掉球。奧勒岡大以七比十敗陣。

一九七二年，我的鴨子們已經連輸給海狸八場，害我心情連八次盪到谷底。但現在，在這混亂不堪的一年，我的鴨子將穿上NIKE。霍利斯特已說服奧勒岡大的總教練迪克．殷萊特（Dick Enright），在那場重要賽事，那場「南北戰爭」，穿上我們新款的鬆餅鞋底球鞋。

主場在他們那裡，南邊的科瓦利斯（Corvallis）。那天，原本整個上午下著零零星星的雨，比賽前卻傾盆而降。佩妮和我站在看台上，在我們溼透的披風裡渾身發抖，隔著雨滴看著開球旋入空中。一陣爭奪之後的第一次進攻，奧勒岡大魁梧的四分衛，名叫丹．佛茲（Dan Fouts）的神槍手，把球交給唐尼．雷諾茲（Donny Reynolds），他穿著NIKE鬆餅，一次急速轉向，而後……**平安到家**。鴨子七分，NIKE七分，海狸零分。

即將結束璀璨大學生涯的佛茲，那一晚瘋了。他傳了三百碼，包括一記飛越六十碼、像羽毛般落在接球員手中的達陣炸彈。勝負立見分曉。終場槍響時，**我的**鴨子擊潰齙牙，三十比三。我總是叫他們**我的**鴨子，現在他們真的是了。他們穿著我的鞋子。他們跨出的每一步，轉出的每一個急彎，都有部分屬於我。觀賞體育賽事、把自己投射到選手身上是一回事。每個球迷都會這麼幹。當運動員真的穿著你的鞋子，則是另一回事。

當我們走路去開車時，我笑不可抑，笑得跟瘋子一樣，然後一路笑回波特蘭。這，我告訴佩妮，**這**就是一九七二年需要的結局。以勝利收場。凡是勝利都有療癒的功效，而這樣的勝利，噢，太美妙了。

第12章・1973年

公共事務部全國主任

我們給普雷一張名片，
上面印著公共事務部全國主任。
人們常瞇著眼問我那是什麼意思。
「意思是他跑得很快。」我說。
也意味他是我們贊助的第二個知名運動員。

一如他的教練，普雷在一九七二年奧運會後也變了個人。恐怖攻擊縈繞在他心頭，令他憤怒。還有他的成績。他覺得他讓大家失望了。他拿到第四名。

我們告訴他，就他的距離，世界第四並不可恥。但普雷知道他的實力不只如此。他也知道若非他那麼固執，成績會更出色。他並未展現耐心以及謀略。他原本可以跟在首位跑者後面，踩著他的足跡前進，偷到銀牌。但那有違普雷的信念。所以他一如以往傾盡全力，毫無保留，因而到最後一百碼氣力放盡。更糟的是，他視為勁敵的男人，芬蘭選手拉思・韋倫（Lasse Viren），再次摘下金牌。

我們試著提振普雷的精神，跟他保證奧勒岡仍然愛他。尤金市府官員甚至計畫以他的名字給一條街命名。「很好啊，」普雷說：「他們打算叫它什麼——**第四**街嗎？」他把自己鎖在威廉梅特河堤上的金屬拖車屋裡，好幾個星期足不出戶。

最後，在不斷來回踱步、跟他的德國狼犬幼

崽羅伯（Lobo）玩耍、也喝了大量冰啤酒之後，普雷現身了。一天，我聽說鎮上到處都有人看到他，在黎明時分跑他例行的十英里，羅伯跑在身後。

整整六個月過去——普雷心中的火終於死灰復燃。在代表奧勒岡出賽的最後幾場賽事，他閃閃發亮。他達成NCAA三英里長跑四連霸，締造華麗的十三分零五秒三。他也前往北歐，在五千公尺項目一馬當先，以十三分二十二秒四刷新美國記錄。更棒的是，他是穿NIKE達成的。鮑爾曼終於說服他穿我們的鞋子（退休數個月的鮑爾曼仍擔任普雷的教練，仍在琢磨鬆餅鞋的最終設計，那即將上市賣給一般民眾。比退休前還忙）。而我們的鞋子也終於配得上普雷。這是完美的共生組合，相得益彰。他創造了價值數萬美元的宣傳效益，讓我們的品牌成為叛逆和破除偶像崇拜的象徵——而我們也幫助他東山再起。

普雷開始私下和鮑爾曼商量一九七六年蒙特婁奧運的事。他告訴鮑爾曼和幾個知心朋友說，他想要挽回名聲。他下定決心奪下在慕尼黑與他失之交臂的金牌。

不過，有好幾個可怕的障礙擋住他的去路。越南是其一。普雷的人生，跟我和每一個人一樣，都由數字支配：他在入伍抽籤時抽到一個恐怖的號碼。幾乎毫無疑問地，他一畢業就會被徵召入伍。未來一年，他將坐在某個散發惡臭的叢林，操作重型機槍。他的腿，他神一般的腿，很可能從底下炸得四分五裂。

還有鮑爾曼。普雷和這位教頭經常吵得不可開交，兩個執拗的男人，對訓練方式和跑步方法見解不一。鮑爾曼看得比較遠：長距離跑者的巔峰期在近三十歲時。因此他希望普雷為特定重要的賽事養精蓄銳，也希望他在比賽的時候多用腦筋。保留一些體力，鮑爾曼一再懇求。普雷當然拒絕。我向來全力以赴，他說。在他們的關係中，我看到我和銀行關係的鏡像。普雷自始至終看不出「慢」的意義——快跑，不然乾脆死掉算了。我挑不出他的毛病。我站在他那邊。就算忤逆我們的教練。

但最重要的是，普雷一文不名。當年美國業餘體育界由沒知識的寡頭集團統治，規定奧運選手不可以募集贊助經費或政府資金，這意味著我們最棒的跑者、泳者和拳手都得窮愁潦倒。為了活下去，普雷有時在尤金的酒吧當服務生，有時到歐洲賽跑，跟賽事贊助商收違法現金。當然那些額外的賽事開始引發問題。他的身體——特別是他的背——一日不如一日。

在NIKE的我們對他甚是擔心，常在辦公室各處聊他，包括正式和非正式的討論。最後我們擬定一個計畫。為了不讓他弄傷自己，避免他蒙上沿街乞討的恥辱，我們雇用他。一九七三年，我們給了他一份「工作」，不高的五千美元年薪，也給他權利使用凱爾在洛杉磯的一間海濱公寓。我們給他一張名片，上面印著**公共事務部全國主任**。人們常瞇著眼問我那是什麼意思。我會馬上瞇眼以對。「意思是他跑得很快。」我說。

那也意味著他是我們贊助的第二個知名運動員。

拿到NIKE這筆意外之財，普雷做的第一件事是出去給自己買了部牛奶糖色的名爵。他不管上哪兒都開著它——開很快。那看起來很像我的老名爵。我記得當時覺得英雄所見略同，好不驕傲。我記得我是這麼想：是我們出錢買的。還記得我這麼想：普雷將是我們試著創造的精神，活生生、會呼吸的化身。每當人們看到普雷疾速奔馳——跑他的晨跑，開他的名爵兜風——我都希望他們看到NIKE。而當他們買了一雙NIKE時，我也希望他們看到普雷。

我對普雷的情感是如此濃烈，就算我其實沒跟他講過幾次話，甚至稱不上講話。每當我在田徑場，或是藍帶辦公室看到他，都會陷入沉默。我試著反駁自己；不只一次告訴自己普雷只是個來自庫斯灣（Coos Bay）的孩子，一個身材矮小、頭髮蓬亂、蓄著色情片男星小鬍子的運動狂。但我知道的不只這些。在他面前幾分鐘就足以證明。我只能在他面前幾分鐘，一超過就受不了。

當時世界最出名的奧勒岡人是肯・凱西（Ken Kesey），他的暢銷巨著《飛越杜鵑窩》（*One Flew Over the Cuckoo's Nest*）在一九六二年出版，正是我動身環遊世界的時候。我在奧勒岡大學就認識凱西了。他玩摔角，我跑田徑，下雨天我們會在同一個地方做室內訓練。當他第一本小說問世，我很驚訝那竟然如此精彩，尤其他在學校寫的劇本都跟屁一樣。他一夕之間成了文學泰斗，紐約的當紅炸子雞，但在他面前，我從來沒有像在普雷面前那樣，洋溢著崇拜明星的感覺。一九七三年時我覺得普雷一分一毫都是凱西那樣的藝術家，有過之而無不及。普雷自己也這麼說。「賽跑是件藝術品，」他告訴一名記者：「人們可以看著它，心領神會而深受感動。」

我發現，每次普雷進辦公室時，我不是唯一神魂顛倒的人。每一個人都啞口無言。大家都變得忸怩不自然。男人也好，女人也好，每個人都變成巴克・奈特。就連佩妮・奈特也不例外。如果我是第一個讓佩妮在乎田徑的人，那普雷就是讓她成為真正粉絲的人。

唯一的例外是霍利斯特。他和普雷處得輕鬆自在。兩人就像哥兒們。我始終看不出霍利斯特對普雷和對其他人，比如說我，有何不同。所以讓霍利斯特這個「懂普雷語的人」帶他進來，助我們認識他也助他認識我們，合情合理。我們安排了場在會議室的午餐。

當那天來臨，我和伍德爾做了一個不明智之舉，但這是我們典型的作風——我們選擇**那個**時刻告知霍利斯特將調整他的職務。事實上，我們在他的屁股一觸及會議室座椅的瞬間就說了。這項調整將影響他的給薪方式。不是多寡，只是方式。我們還來不及解釋清楚，他就把紙巾一扔，奪門而出。現在，沒有人幫我們和普雷破冰了。我們全都一語不發，鐵著臉凝視手中的三明治。

普雷先開口。「傑夫會回來嗎？」

「恐怕不會，」我說。

漫長的停頓。

「這樣的話，」普雷說：「我可以吃他的三明治嗎？」

我們全都笑了，普雷突然像凡人了，而後來事實證明，那次午餐會彌足珍貴。

那天過後不久，我們安撫了霍利斯特，也再次調整他的職務。從現在開始，我們說，你是普雷的全職聯絡官。你負責照顧普雷、帶著普雷到處跑、把普雷介紹給粉絲。我們告訴霍利斯特，帶那個男孩巡迴全美各地，盡可能出席每一場田徑賽事、州展覽會、去每一所高中和大學。哪裡都去，這樣就夠了。什麼都做，這樣就行了。

有時普雷會主持「跑步門診」，回答有關訓練和運動傷害的問題。有時他只是簽簽名、擺個姿勢拍拍照。無論他做什麼，無論霍利斯特帶他去哪裡，崇拜的群眾都會團團圍住他們寶藍色的福斯巴士。

雖然普雷在NIKE的職稱刻意含糊，他的角色卻相當明確，而他對NIKE的信仰也十分真切。他不論去哪裡都穿著NIKE的T恤，也讓他的腳把守鮑爾曼所有鞋子實驗的最後一關。普雷像傳播福音一般宣揚NIKE，也為我們的帳篷復興聚會（revival tent）帶來成千上萬張新面孔。他慫恿大家試試這個時髦的新品牌——甚至包括他的對手。他常送一雙NIKE平底鞋或釘鞋給其他跑者，附一張紙條：試試這個，你會喜歡的。

很多人深受普雷鼓舞，強森是其中之一。繼續努力打造我們東岸營業處的他，一九七二年大半時間都像奴隸般為他命名為「普雷蒙特婁」（Pre Montreal）的東西埋頭苦幹——向普雷致敬、向下一屆奧運致敬，也向美國建國兩百年致敬的鞋子。藍色麂皮鞋尖、紅色尼龍鞋身和一道白色的勾勾，它是我們迄今最花俏的鞋款，也是我們最優質的釘鞋。我們知道未來的存亡將繫於品質，而到目前為止，我們的釘鞋品質良莠不齊。強森將以這一款改正缺失。

但我決定，他該來奧勒岡做這件事，而非波士頓。

幾個月來，我一直給強森很多想法。他已經蛻變成絕頂出色的設計師，而我們需要充分利用他的長才。東岸運作順暢，但現在他要負擔太多行政管理工作。東岸事務需要重新整頓、流線化，而那不是最適合強森的時間或創造力的用途。那是為其他人量身訂做的工作，例如……伍德爾。

夜復一夜，在跑六英里的時候，我苦苦思索這個情況。我有兩個人在做不適合的工作，放錯海岸，而兩人都不會喜歡顯而易見的解決方案。兩人都喜歡自己住的地方。兩人互看不順眼，雖然兩人都否認。當我升伍德爾作營運經理時，我也把強森留給他。我讓他負責管理強森，回強森的信，而伍德爾犯了讀得太巨細靡遺、還企圖以眼還眼的錯。結果兩人發展出一觸即發、極盡挖苦的關係。

舉個例子。有一天伍德爾推著輪椅進我的辦公室，說：「真叫人沮喪。傑夫**老是**在抱怨庫存、費用報銷、欠缺溝通。他說當我們四處閒晃時，他還在拚命工作。他不聽任何理由，包括我們的銷售每年都成長一倍。」

伍德爾告訴我他想換種方式對付強森。

好啊，我說，儘管試。

所以他給強森寫了封長信，「承認」我們一直串通陷害他，讓他不開心。他寫道：「我相信你很清楚我們這裡不像你工作得那麼辛苦；一天只做三小時，很難把一切完成。話雖如此，我還是騰出時間讓你處於各種和顧客及業界的尷尬情況。每當你亟需錢繳帳單，我只會給你一小部分，讓你還是得面對收款人和訴訟。我把你的名譽毀損視為對我個人的恭維。」

如此這般。

強森回覆：「那裡終於有人了解我了。」

而我打算提的計畫毫無幫助。

我先找強森談。我慎選時機——趁我們去日本出差、拜訪日本橡膠和討論普雷蒙特婁的時候。晚餐時，我開始鋪陳。我們在打一場激烈的仗，圍城戰。日復一日，我們竭盡所能讓軍隊吃飽，阻擋敵人。為了勝利，為了生存，其他一切都必須有所犧牲，有所妥協。「因此，在藍帶成長、NIKE開展的關鍵時刻……我很抱歉，但，這個嘛……你們兩個傻瓜得互換城市。」

一陣呻吟。一定的。聖莫尼卡事件重演。

但，慢慢地，痛苦地，他讓步了。

伍德爾也是。

一九七二年結束前，兩個男人都把家裡鑰匙交到對方手中；現在，一九七三年初，他倆互換了地方。了不起的隊員。這是莫大的犧牲，我深深感激。但為切合我的個性，以及藍帶的傳統，我沒有表達謝意。我連一聲謝或一句讚美都沒說。事實上，我還在數份辦公室備忘錄上把這次對調稱作「營運傻瓜對換」。

史上頭一遭虧損

一九七三年春末，我跟近來的投資人及債券持有者第二次會面。前一次他們很愛我。怎可能不愛？銷售激增、知名運動員在幫我們宣傳。當然，我們已經失去鬼塚，未來還有官司要打，但我們正走在正確的道路上。

然而，這一次，我的責任是告知投資人，推出NIKE一年後，藍帶公司史上頭一遭……我們虧損了。

會議在尤金的山谷河流旅店（Valley River Inn）召開。三十名男女擠進會議室，我坐在長桌的前頭，穿著深色西裝，試著在公布壞消息時展現自信的風采。我把一年前說給藍帶員工聽的說詞重複一遍。**他們的舉動正中我們下懷**。但這群人不接受精神喊話。他們是鰥夫寡婦、退休的和領養老金的人士。另外，前一年我有賈夸和鮑爾曼掩護；今年這兩位先生很忙。

我孤軍奮戰。

高調唱了半小時，看到三十張驚恐的臉孔瞪著我，我建議先休息用餐。前一年我是在午餐前出示財務報表。這一年我決定先吃。沒幫助。就算酒足飯飽，手裡還**拿著**巧克力薄片，那些數字看起來還是很糟。雖然銷售額達到三百二十萬美元，我們還是認列了五萬七千美元的淨損失。

在我試著說明時，幾群投資人開始竊竊私語。他們指著這個惱人的數字——五萬七千美元——一再、一再重複。我在某個時間點提到年輕跑者安・凱瑞斯（Anne Caris），才剛穿著ＮＩＫＥ上《運動畫刊》的封面。**各位，我們有突破性進展了！**沒有人聽到，沒有人在乎。他們只關心帳本底線。甚至不是**帳本的**盈虧，而是**他們的**盈虧。

我的報告來到尾聲。我問，有人有問題嗎。三十隻手舉起來。「我對此非常失望，」一位男性長者說，一邊起身。「還有問題嗎？」二十九隻手舉起來。另一位投資人大喊。「我不**開心**。」

我說我感同身受。而我的感同身受只讓他們惱羞成怒。

他們絕對有權利生氣。他們對鮑爾曼和我寄予厚望，我們卻失敗了。我們絕對無法預期虎牌的背叛，但無論如何，這些人的心在痛，我從他們的臉色看得出來，而我必須負起責任，補償他們。我覺得做些讓步是公道的事。

他們的股票有個轉換率，逐年遞增。第一年是每股一美元，第二年是一・五美元，以此類推。有鑑於消息面不好，我告訴他們，在你們擁有股票的前五年，我會讓轉換率維持在同一水準。

他們的怒火稍微平息些。但那天我離開尤金時心知肚明，他們對我和ＮＩＫＥ的評價很低。我也在想，我永遠、**永遠**不會讓這家公司上市。如果三十個人都可以讓胃酸多成這樣，我無法想像答覆成千上萬名股東的情景。

我們還是透過日商岩井和銀行融資比較好。

在法庭被五名律師團團圍住

……如果有東西可以融資的話。一如我們所擔心的，鬼塚已經在日本控告我們。所以現在我們必須迅速在美國反制，告他們違約和侵犯商標專用權。

我把案子交給豪瑟表哥處理。那不是什麼困難的抉擇。當然有信任因素。親屬，血緣等等。也有信心因素。雖然豪瑟表哥只大我兩歲，看來卻比我成熟許多。他也渾身散發無與倫比的自信，尤其是在法官和陪審團面前。他的父親當過業務員，出色的業務員，而豪瑟表哥從他那裡學到如何讓他的客戶取信於人。

更棒的是，他還是個難纏的對手。小時候，豪瑟表哥和我常在他家後院打羽球，進行馬拉松式的惡鬥。一年夏天我們比了一一六場。為什麼是一一六？因為豪瑟表哥連贏我一一五場。我贏了才肯離開。而他完全理解我的心情。

但我選擇豪瑟表哥的最主要原因，是窮。我沒有錢付律師費，而豪瑟表哥說服他的事務所採用勝訴才收費的模式，接下我的案子。

一九七三年，我大半時間在表哥的辦公室度過，讀文件、細查備忘錄、不敢正視自己昔日的言行。我寫過雇用間諜的備忘錄——豪瑟表哥警告，法庭會對此深感不滿。而我從北見的公事包「借用」他的檔案夾呢？法官有可能不把那視為竊盜嗎？麥克阿瑟那句話浮現腦海：**人們只會記**

得你違犯了哪些規矩。

我仔細思忖要不要對法庭隱瞞這些螫人的事實。但最終唯有一途——開誠布公。這是明智之舉，正確之舉。我只需寄望法庭把竊取北見檔案夾視為某種自衛。

當我沒跟豪瑟表哥在一起研究訴訟案時，我都在被研究。換句話說，作證。儘管我一直深信做生意是場沒有子彈的戰爭，但一直到我站在那張桌子前、被五名律師團團圍住的那一刻，才充分體認會議室戰爭之暴烈。他們無所不用其極地逼我說出我違反和鬼塚的合約。他們試了狡詐的問題、不友善的問題、古怪的問題、誘導性的問題。一旦問題失效，他們便扭曲我的答覆。作證對任何人都備極艱辛，對生性羞怯的人更是折磨。糾纏不休、放餌引誘、被騷擾、被嘲笑，到最後我只剩下一副軀殼。雪上加霜的是，我覺得我表現得不怎麼好——豪瑟表哥無奈地證實我的感覺。

在那些難熬的長日將盡之際，是我每晚的六英里長跑救了我一命，然後是我和馬修及佩妮的短暫時光保住了我的神智。我一直試著找時間和心力念床邊故事給馬修聽。**湯瑪斯．哲斐遜（Thomas Jefferson）正埋首撰寫獨立宣言，苦思不出適當的字詞，這時小馬特．歷史給他帶來一枝羽毛筆，文字便神奇地泉湧而出……**

只要我說故事，馬修幾乎總是笑得合不攏嘴。他的笑聲清脆悅耳，我好喜歡聽，因為其他時候他可能悶悶不樂、鬱鬱寡歡。這值得關切。他很慢才學會說話，而現在他表現出令人煩惱的叛逆傾向。我引咎自責。我告訴自己，假如多一點時間在家，他就不會那麼叛逆了。

鮑爾曼花了不少時間陪馬修，他告訴我不必擔心。我喜歡他的氣魄，他說。世界需要多一點反抗者。

沒錯，我想，或許叛逆的勇氣是種福氣。或許，在這個律師氾濫的世界，當個反叛分子對他比較好。

那年春天，佩妮和我多了個煩惱：我們的小叛軍會怎麼對待他的手足。她又懷孕了。暗地裡，其實我更懷疑**我們**將如何因應這種處境。到一九七三年底，我覺得很可能我將有兩個孩子而沒有工作。

我們會贏的，巴克

關上馬修的床頭燈後，我常會進客廳陪佩妮坐一會兒。我們會聊這一天的事，也就是逐漸逼近的開庭審理。成長過程中，佩妮看過她父親的數次官司審理，這讓她對法庭戲熱中得不得了。她絕不會錯過電視的律政劇。《梅森探案》（*Perry Mason*）是她的最愛，而我有時會叫她黛拉·史崔特（Della Street）——梅森勇敢無畏的祕書。我常取笑她的熱忱，但那也是我的精神食糧。

每天晚上的最後一項例行事務是打電話給父親。這是聽我自己的床邊故事的時候了。那時他已離開報社，而退休後他有一大堆時間研究舊案和先例，歸納可能對豪瑟表哥有用的論據。他參與、他強調公平競爭的觀念，加上他根深柢固認定藍帶動機正當的信念，猶如興奮劑。

每天都一樣。父親會先問馬修和佩妮，我會問候母親，然後他會告訴我在法律書裡查到什麼。我會拿黃色拍紙簿仔細做筆記。在掛電話之前，他一定會說我們機會很大。**我們會贏的，巴**

克。那個神奇的代名詞，「我們」——他總是這麼用，總能讓我感覺好過些。這可能是我們最親密的時候了，或許是因為我們的關係已被化約成最初的本質。他是我爸爸，我是他兒子，而我正在為我的生命奮戰。

現在回頭看，我明白還有一件事正在發生。我的考驗提供父親內心的混亂一個比較健康的出口。我的法律麻煩，我每晚的電話，都讓他保持高度警戒，把他留在家裡。他深夜上酒吧的次數少多了。

北美野人史崔瑟

「我要帶一位同事進團隊。」一天豪瑟表哥這麼告訴我。「年輕的律師，勞勃．史崔瑟（Rob Strasser），你會喜歡他的。」

豪瑟表哥說，他才剛從加州大學柏克萊分校的法學院畢業，什麼都不懂。還不懂。但豪瑟表哥對這孩子有預感，覺得他前途似錦。另外，史崔瑟的個性跟我們十分投契。「史崔瑟一讀我們的訴狀，」豪瑟表哥告訴我：「就把這個案子視為聖戰了。」

呃，聽起來挺不賴的。所以下一次我進豪瑟表哥的事務所時，便沿走廊往裡走，一頭探進這位史崔瑟老弟的辦公室。他不在。辦公室一片漆黑。窗簾拉著，燈關著。我轉身離開。然後我聽到一聲……哈囉？回頭張望，看到黑暗深處，一大張胡桃木書桌後面，一道人影晃動。形體逐漸顯現，就像一座山從幽暗的海洋隆起。

它向我滑過來。現在我看到一個男人概略的輪廓。六呎三吋，二八〇磅，還有一對寬闊的肩膀。原木一般的雙臂，有點像北美野人，也有長毛象的感覺，腳步卻出奇輕盈。他小碎步向我走來，將一根原木伸向我。我伸手，跟他相握。

現在我看清楚他的臉了——磚紅色，覆蓋著濃密的金紅色鬍子——還凝著汗珠（所以房間才那麼黑。他需要昏暗、涼爽的地方。他也受不了穿西裝）。這個男人的每件事情都跟我不一樣，和我認識的每一個人也不一樣，但一股莫名的親切感油然而生。

他說他很興奮能做我的案子。深感榮幸。他認為藍帶一直是可怕的不公不義的受害者。親切變成愛。「真的，」我說：「真的，就是這樣。」

他說我們會贏

幾天後史崔瑟親赴泰格德開會。當時佩妮也在辦公室，當史崔瑟瞥見她經過走廊，兩眼瞪得老大。他拉了拉鬍子。「我的天啊！」他說：「那是佩妮·帕克絲嗎？」

「現在她是佩妮·奈特了，」我說。

「她跟我最好的朋友約會過！」

「世界很小啊。」

「如果你是我這種身材，世界會更小。」

幾天、幾星期過去，我和史崔瑟發現彼此的生命和心靈有愈來愈多交集。他是土生土長的奧勒岡人，很引以為傲，而且是那種典型的、粗暴的傲。他從小就對西雅圖、舊金山，和附近其他外人認為比我們好的地方深感興趣。他的地理自卑情結因他不優雅的體型和不出眾的相貌而加重。他一直怕自己在這個世界找不到容身之處，注定是個棄兒。我懂。他有時會用大聲說話和出言不遜來彌補，但他多半緊閉雙唇，大智若愚，不願冒上與人疏離的風險。這我也懂。

但像史崔瑟這般的聰明才智是隱藏不了多久的。他是我遇過最善於思考的人之一。善於辯論、協商、談話和探究——他的腦袋永遠在咻咻地轉，試著理解。還有制勝。他把人生視作一場戰鬥，也在書中找到這個觀念的佐證。跟我一樣，他忍不住讀了許多有關戰爭的書。

他也和我一樣，與在地的球隊同生共死。特別是鴨子。令我們大笑不已的一件事情是，那一年奧勒岡大學籃球隊教頭是迪克．哈特（Dick Harter），足球隊教頭卻還是迪克．恩萊特（Dick Enright）。奧勒岡州賽事最流行的歡呼是：「如果你找不到你的迪克．恩萊特，去找你的迪克．哈特！」我們好不容易止住不笑，史崔瑟又開始了。他笑的聲調令我吃驚。音很高，咯咯咯，帶點嬌羞，這種聲音從他這種體型的男人發出來，還滿驚人的。

而我們最相似的地方莫過於父子關係。史崔瑟是成功商人之子，他也擔心永遠無法達到父親的期望。而他的父親超難應付。史崔瑟告訴我很多故事。有一則烙印在我心田。史崔瑟十七歲時，他的爸媽離家度週末，史崔瑟保握機會開了派對。結果演變成暴亂。鄰居報警，而當巡邏警車抵達，史崔瑟的爸媽也到家了。他們提前打道回府。史崔瑟告訴我，他父親環顧四周——房子凌亂不堪，兒子戴著手銬——冷冷地告訴警察：「把他帶走。」

我早先問過史崔瑟，依他判斷，我們對鬼塚的勝算如何。他說我們會贏。他說得直截了當，毫不猶豫，彷彿我是在問他早餐吃什麼似的。就像一個球迷討論「明年」的態度，懷著堅定不移的信心。就像我父親每天晚上說那句話的語氣，所以我馬上認定他是上帝選派的人，是我們的弟兄，志同道合。就像強森、伍德爾和海耶斯。就像鮑爾曼和霍利斯特和普雷。他是徹頭徹尾、道道地地的藍帶人。

不退款訂單

當沒有為官司審理魂牽夢縈時，我眼睛緊盯著銷售。每天我都會收到倉庫傳來的「雙數」，也就是當天運送給所有顧客的鞋子有幾雙——包括學校、零售商、教練、個別郵購客戶。就一般會計原則，運出一雙就等於賣出一雙，所以每日雙數決定了我的心情、我的消化、我的血壓，因為那大致決定了藍帶的命運。如果我們沒有「售罄」（sell through），賣掉最近訂單上的全部鞋子、迅速把產品換成現金，就會有大麻煩。每日雙數告訴我，我們是否在通往售罄的路上。

「所以，」我會在某個平凡的上午對伍德爾說：「麻薩諸塞很好，尤金看起來也不錯——曼菲斯（Memphis）發生了什麼事？」

「冰風暴，」他或許會這麼說。或者：「卡車故障。」

他有輕輕帶過壞事和輕輕帶過好事的卓越才能，跟著感覺走就對了。比方說，在傻瓜對換後，伍德爾占據了一間一點也不奢華的辦公室。那位於一間老工廠的頂樓，正上方的水塔結著厚厚一層、積了一百年的鴿糞。另外，天花板的梁裂了，而每當模切機壓印出鞋幫，整棟樓就會搖晃。換句話說，整天都有穩定降雨般的鴿糞掉到伍德爾的頭髮、肩膀或桌面上。但沒問題，伍德爾會偶爾拍一拍身體，隨便用掌緣清理桌面，繼續工作。

他也會隨時讓一件公司文具小心蓋住他的咖啡杯，確保他的咖啡裡只有奶油。

我常試著模仿伍德爾那種頗具禪意的作風，但多半辦不到。我一受挫就會激動，知道若非我們的供給問題層出不窮，我們的雙數應該會高得多。人們渴望ＮＩＫＥ——但我們沒辦法準時交貨。我們排除了鬼塚反覆無常的延誤，卻換來新的一連串延誤——因需求而起。工廠和日商都盡責了，現在我們都準時且完好無損地拿到我們訂的貨，但景氣大好的市場創造了新的壓力，使我們愈來愈難正確地配送我們拿到的東西。

供給和需求**永遠**是做生意的根本問題。從古羅馬時代，腓尼基商人火速把羅馬人鍾愛的紫色染料送去時就是如此，王室和富人喜歡把衣物染成紫色，供給永遠無法滿足需求。發明、製造和銷售一樣商品已經夠難了，然後還有物流，還有如何在想要商品的人們想要時送達的機械學和水力學——公司就是這樣倒閉，弊病就是這樣孳生。

一九七三年跑步鞋產業面臨的供需問題異常糾結，看似不可解。全世界突然都需要跑步鞋起來，而供給不單是不穩定——而是慢到像用滴的。輸送管裡從來沒有足夠的鞋子。

我們有很多聰明人努力研究這個問題，但沒有人想得出可如何大幅提振供給又避開巨大的庫存風險。得知愛迪達和彪馬也有同樣問題算是獲得**些許**安慰——但不多。**我們的**問題有可能把我們推向破產。我們全靠財務槓桿過活，而就像多數月光族那樣，我們走在懸崖邊上。萬一有哪個貨櫃的鞋慢了，雙數就會一落千丈。當雙數一落千丈，就攢不到足夠的營收來準時付錢給日商和加州銀行。沒辦法準時付錢給日商和加州銀行，就沒辦法借更多錢。沒辦法借更多錢，我們下一筆訂單的下單時間就會遲了。

無限迴圈。

然後，我們最不需要的事情發生了。碼頭工人罷工。我們一名員工前往波士頓港去載運一貨櫃的鞋，結果發現它牢牢鎖住。他可以隔著柵欄看到它：好多好多箱全世界吵著要的東西。沒辦法拿出來。

我們趕緊安排請日本送新的一批來——十一萬雙，搭七〇七貨機。我們和他們分攤噴射機的燃料成本。只要商品能準時上市，其他都好談。

我們在一九七三年的銷售成長了五〇%，達到四八〇萬美元，當我第一次在紙上看到這個數字時，著實嚇了一跳。年收八千美元不是才昨天的事嗎？但我們沒有慶祝。面臨這樣的法律麻煩和供給災難，我們可能隨時關門大吉。夜闌人靜時分，我會和佩妮坐下來，而她會第無數次這樣問：萬一藍帶破產，我們要怎麼辦？而我會第無數次用自己也不全然相信的樂觀話語請她放心。

然後，那年秋天，我靈機一動。為何不去拜會我們所有最大的零售商，告訴他們，如果他們願意簽「鐵的承諾」（ironclad commitment），如果願意給我們大筆不退款（nonrefundable）的訂單，六個月前下單，我們願意給他們相當豐厚的折扣，最高七%？如此一來，我們就有較充裕的提前期（lead time），較少次的裝運，及更高的**確定性**，因而有更好的機會維持銀行帳戶的現金餘額。另外，我們也可以利用諾德斯特龍（Nordstrom）、Kinney、Athlete's Foot和聯合體育用品（United Sporting Goods）等重量級零售商的長期委託，來榨出日商岩井和加州銀行更多信貸。特別是日商岩井。

零售商當然表示懷疑。我懇求。當懇求失效，我索性大膽預言。我告訴他們，這個我們稱為「未來」（Futures）的計畫，就是**未來**，我們和其他每一個人的未來，所以他們還是加入比較好。愈快愈好。

我口若懸河，因為我無計可施，狗急跳牆。**但願我們可以揭露年成長率限制的真相**。但零售商繼續抗拒。我們一再聽到：「你們這些菜鳥不懂鞋業啦！這個新點子是行不通的。」

當我們一連推出數種令人眼睛一亮的新鞋款，消費者一定趨之若鶩，我的談判形勢突然好轉。布倫熊原本就挺受歡迎，它的外底和鞋幫一體成型，跑起來更平穩。現在我們推出升級款，有鮮綠色的麂皮鞋幫（波士頓塞爾提克隊〔Celtics〕的保羅．希拉斯〔Paul Silas〕已答應穿一雙。）另外還有兩款新的科爾特斯，一款皮革製，一款尼龍製，預料將成為我們迄今最暢銷的鞋子。

最後，幾家零售商簽約了。計畫開始獲得回響。不久，沒跟上的和原本抗拒的人紛紛急著想要加入。

好吧，菲爾，去吧。

一九七三年九月十三日。我的結婚五週年紀念日。佩妮又一次在半夜把我搖醒，說她不舒服。但這一次，在開車往醫院的路上，縈繞心頭的不只有寶寶。未來計畫。雙數。候審。所以我當然迷路了。

我繞個圈子掉頭，原路折返，額頭開始冒出豆大的汗珠。我轉入一條街，看到醫院就在前方。謝天謝地。

她們又一次用輪椅把佩妮推走，而我又一次在外枯等，枯萎。這一次我試著做點文書工作，而當醫生過來找到我，告訴我我又有一個兒子時，我想：兩個兒子。一雙兒子。最終的雙數。

我進入佩妮的房間見見我的新男孩，我們給他取名叫崔維斯（Travis）。然後我幹了件不好的事。

佩妮笑著說醫生告訴她，她兩天後就可以回家，不是生下馬修後院方要求的三天。啊，我說，等等，保險願意支付第三天住院的費用啊——不用那麼趕嘛。就輕鬆一點，物盡其用。

她低下頭，揚起一道眉毛。「誰要出賽，在哪裡？」她說。

「奧勒岡，」我低聲說：「亞利桑那州。」

她嘆了口氣。「好吧，」她說。「好吧，菲爾，去吧。」

第13章・1974年

我們的一分子

我們正試著創造一個品牌，
但也要創造一種文化。
我們在對抗順從、對抗無聊、對抗奴役。
我們要推廣的不只是產品，
還有一種概念——一種精神。

波特蘭商業區的聯邦法院，我和史崔瑟及豪瑟表哥比肩坐在一張小木桌前，凝視挑高的天花板。我試著深呼吸，試著不要往左邊看，看對面那張桌子，那五個眼睛瞪如暴龍、代表鬼塚和其他四個配銷商的律師，全都想看我完蛋的律師。

那天是一九七四年四月十四日。

我們試了最後一次避免噩夢成真。在審理開始前，法院給我們和解的機會。我們告訴鬼塚：付給我們八十萬美元的賠償金、撤回在日本的訴訟，我們就會撤回我們的，然後走開。我不認為對方有可能接受，但豪瑟表哥覺得值得一試。

鬼塚馬上回絕，也沒有另開條件。他們非要殺個片甲不留。

現在法警大叫：「開庭！」法官衝進法庭，重重敲下木槌，我的心臟簡直要跳出來。就是這樣，我告訴自己。

鬼塚一方的首席律師韋恩・希利雅德（Wayne Hilliard）先做開場白。他是個樂在工作的男人，也知道自己能力不凡。「這些人……有**不潔**之手（unclean hands）！」他大叫，指向我們的桌子。「**不潔……之手**，」他重複道。這是標準法律術語，但希利雅德讓它聽來驚悚，近乎色情（希利雅德說的每一句話在我聽來都有點陰險，因為他個子矮小、有個尖鼻子，看起來跟企鵝一樣）。藍帶「詐騙」鬼塚進行合夥，他怒吼道。菲爾·奈特在一九六二年赴日，假裝有家叫藍帶的公司，此後陸續使用詭計、盜竊、間諜及一切必要手法繼續詐騙。

在希利雅德說完話，回到四個律師同僚旁邊坐下時，我已經準備宣判鬼塚勝訴了。我看著我的大腿，問自己，你怎麼可以對那些可憐的日本商人做那麼多可怕的事？

豪瑟表哥站起來。立刻一清二楚的是，他沒有希利雅德那麼火爆。那不是他的天性。豪瑟表哥有條有理、準備充分，就是不激烈。一開始我很失望。然後我更仔細看著豪瑟表哥，聆聽他說的話，回想他的人生。他小時候曾有嚴重的言語障礙（speech impediment）。每個R和L的發音都有困難。甚至到十來歲，他的聲音還像卡通人物。現在，雖然他還留有一絲絲言語障礙的痕跡，但已大致克服，而那一天，當他對法庭滿場觀眾說話，我心中滿是欽佩，和兒女般的忠誠。看著他走過的旅程，我們走過的旅程。我以他為傲，以他在我們這一邊為傲。

另外，他也用勝訴收費的模式接下案子，因為他以為幾個月就會交付審理。兩年過去了，他一毛錢都沒拿到，而他的成本是天文數字，光我的影印費就在數萬美元之譜。豪瑟表哥不時提到他正面臨合夥人把我們踢走的強大壓力。他甚至一度央請賈夸接手此案（不用了謝謝，賈夸說）。激烈也好，不激烈也罷，豪瑟表哥都是真英雄。他說完了，回到我們的桌子就座，看著我和史崔瑟。我拍拍他的背。比賽繼續。

我到底有沒有做那件事啊？

身為原告，我們先提出論據，而我們傳喚的第一位證人是藍帶公司創辦人兼總裁——菲利普．奈特。走上講台時，我覺得彷彿是另一位菲利普．奈特被傳喚，是另一位菲利普．奈特正舉起手，發誓會在一個充滿欺騙和仇恨的案件中說實話。我正飄浮在體外，看著在底下展開的場景。

當我深深埋進證人席那張嘎吱作響的木頭椅、伸手把領帶弄直時，我告訴自己，這將是你這輩子所做最重要的自述了。千萬**別搞砸**。

然後我搞砸了。我表現得就跟以往宣誓作證時一樣糟。甚至更糟一點。

豪瑟表哥試著幫助我，引導我。他用鼓勵的語氣，每個問題都給我親切的笑容，但我的思緒像多頭馬車奔馳。我沒辦法專心。我前一晚沒睡，那天早餐沒吃，我的腎上腺素飆高，但腎上腺素沒有給我額外的能量或清晰。那只遮蔽我的大腦。我發現自己滿腦子怪異、近乎幻覺的念頭，例如豪瑟表哥跟我有多相像。他跟我年齡相仿，身高相仿，很多五官特徵也相仿。我直到現在才注意到家族的相似程度。好個卡夫卡式的轉折，我想，自己給自己審問。

在他提問快結束時，我稍微恢復了一點。腎上腺素退去，我開始講得出道理。但現在換另外一方攻擊我了。

希利雅德一直鑽、一直鑽，沒完沒了。我一下就暈頭轉向，吞吞吐吐，結結巴巴，每一個字都要加上怪異的修飾語。我聽起來語焉不詳，避重就輕，連自己都這麼覺得。當我談到翻北見的公事包時，試著解釋藤本先生不**真的**是商業間諜時，我看到法庭的觀眾，和法官，都一臉懷疑。

就連我自己都在懷疑。我好幾次望向遠方，斜著眼想：我**到底**有沒有做那件事啊？

我環視法庭尋求協助，卻只看到充滿敵意的臉。敵意最深的是博克。他坐在鬼塚那張桌子正後方，怒目而視。他不時把身子靠向鬼塚的律師，交頭接耳，遞送紙條。叛徒。我想。好一個班奈迪克・阿諾德（Benedict Arnold，美國獨立戰爭中原本代表革命派出戰，最後叛逃至英國）。想必受博克慫恿，希利雅德從新角度切入，提新問題，我完全失去脈絡，常不知道自己在說什麼。

法官一度斥責我不知所云，過分複雜。「簡單扼要地回答問題就好，」他說。「要多簡單扼要？」我問。「二十個字以內。」他答。

希利雅德問了下一個問題。

我一手摀著臉。「我沒有辦法用二十字以內回答那個問題。」我說。

法官要求雙方的律師在質詢證人時待在己方的桌子後面，如今回想，我覺得可能是那十碼的緩衝救了我。我覺得如果希利雅德靠得更近，他可能會使我崩潰，當場淚如雨下。

在他為期兩天的磨難即將結束之際，我已被逼到谷底。只能往上走了。我看得出來，希利雅德覺得最好在我起身反擊之前放我走。在我滑下講台時，我給自己打了D^-的成績。豪瑟表哥和史崔瑟沒有表示異議。

在公正的詹姆斯法庭上

我們這件訴訟案的法官是詹姆斯・柏恩斯（James Burns）庭上，奧勒岡司法體系一號惡名昭彰的人物。他有張長而倔的臉，灰白的眼眸從兩道翹起的黑眉毛底下向外望。兩隻眼睛各有各的小茅草屋頂。或許是因為那段時間我心裡一直惦念著工廠，但我常認為柏恩斯法官看起來很像是某間地處偏遠、專門製造絞刑法官的工廠打造的。我覺得他自己也知道，而且引以為傲。他會無比嚴肅地自稱公正的詹姆斯（James the Just）。他會用歌劇式的男低音宣布：「你現在是在公正的詹姆斯的法庭上。」

假如有人以為公正的詹姆斯有點太戲劇化而膽敢笑出聲，願上天憐憫他。

波特蘭還是個小鎮，小不溜丟，而我們接獲小道消息，最近有人在他開的男士俱樂部撞見公正的詹姆斯。那位法官正在喝馬丁尼，抱怨我們的案子。「恐怖的案子，」他對酒保和任何願意聽他講的人說：「恐怖到了極點。」所以我們知道他不比我們想上法庭，所以他時常對我們發洩他的不高興，拿那些旁枝末節的秩序和禮節問題斥責我們。

話說回來，雖然我在台上表現其差無比，豪瑟表哥和史崔瑟和我卻有種感覺：公正的詹姆斯傾向我們這邊。他的言行舉止透露端倪：他對我們的態度稍微沒那麼恐怖。因此，憑此直覺，豪瑟表哥告訴對方律師團，如果他們還在考慮我們最初提出的和解方案，忘了吧，那提議已不存在。

同一天，公正的詹姆斯在審理中途喊停，警告雙方。他說，因為他老是在地方報紙看到本案，他愈來愈心煩意亂了。如果要他指揮一支媒體馬戲團，他會下地獄的。他命令我們停止在庭外討論本案。

我們點點頭。遵命，庭上。

強森坐在我們的桌子後面，常傳紙條給豪瑟表哥，而總是在庭邊會議和休息時讀小說。在每一次休庭後，他會在商業區各處溜達散心，拜訪不同的體育用品店，查看我們的銷售（每當他來到一個新城市，都會做這件事）。

早些時候他回報，拜鮑爾曼的鬆餅運動鞋之賜，NIKE賣得跟瘋了一樣。那款鞋子才剛上市就到處銷售一空，也就是我們正超越鬼塚，甚至彪馬。它暢銷到我們可以首次展望，有朝一日我們的銷售數字會迎頭趕上愛迪達。

強森有次和一個店經理聊天，那是個老朋友，知道此案已開庭審理。「情況如何？」店經理問。「很順利，」強森說。「所以，事實上，我們撤回我們的和解提議了。」

隔天早上第一件事，當我們在法庭集合，各喝各的咖啡時，我們看到辯方桌有張陌生的臉孔。除了那五位律師……這新來的傢伙是誰？強森轉頭，看到他，臉色頓時發白。「噢……不妙，」他說。他用發狂的耳語告訴我們那張新面孔就是那個店經理……**他不經意聊起本案的那個店經理**。

現在換豪瑟表哥和史崔瑟臉色發白。

我們三人面面相覷，看看強森，再一起轉頭望著公正的詹姆斯。他正敲著木槌，顯然即將爆炸。他停止敲打。寂靜充塞法庭。現在他開始咆哮。他花了整整二十分鐘痛批我們。他發布禁言令才一天，他說，**才一天**，藍帶一方就有人走進本地一家店胡說八道。我們眼神直視前方，像頑皮的孩子，不知道會不會造成審理無效。但當法官慢慢停下他冗長的攻擊言論，我覺得我看到他的眼底閃過微乎其微的促狹。或許，我想，只是或許，詹姆斯只是在演戲，而非真正的妖怪。

強森用他的證詞補救。善於表達、對最微小的細節一絲不苟的他，描述波士頓和科爾特斯描述得比世上任何人都好，包括我在內。希利雅德一再試圖打斷他，徒勞無功。看著希利雅德敲著腦袋，水泥般穩固的強森卻始終泰然自若，真是一種樂趣。把螃蟹的爪子掰開都沒這麼不自量力。

接下來我們請鮑爾曼出庭作證。我對老教頭寄予厚望，但那天他表現失常。那是我第一次看到他慌亂，甚至有點膽怯，而原因很快明朗。他沒有準備。出於對鬼塚的輕蔑，又鄙視這整個骯髒的產業，他決定即興發揮。我很難過。豪瑟表哥很生氣。鮑爾曼的證詞，或許能助我們輕騎過關的。

啊，還好。我們安慰自己：至少他沒做任何會傷害我們的事。

接下來豪瑟表哥念了岩野——兩度陪同北見來美國的年輕助理——的證詞。令人欣慰地，事實證明岩野一如我和佩妮對他的第一印象，誠實而純真。他說了實話，全盤托出，而那顯然與北見的說法矛盾。岩野證實鬼塚確實有中止我方合約、拋棄我們和取代我們的明確計畫，而且北見曾公開討論許多次。

接著我們傳喚一位知名的骨科醫師，一名對於運動鞋對足部、關節和脊椎的衝擊有深入研究的專家，他解釋了市面上許多品牌和鞋款的差異，也描述了科爾特斯及波士頓與鬼塚以往製造的鞋款有何不同。基本上，他說，科爾特斯是第一雙能消除阿基里斯腱壓力的鞋子。革命性的，會扭轉戰局的，他說。作證時，他將數十雙鞋散開來擺，一一拆解，然後到處亂丟，這讓公正的詹姆斯焦慮起來。這位庭上顯然有強迫症。他希望他的法庭永遠乾乾淨淨，整整齊齊。他一再要求我們的骨科醫師別搞得一團亂，要把鞋子一雙雙排好，而我們的骨科醫師一再充耳不聞。我開始換氣過度，生怕公正的詹姆斯會覺得我們的專家證人蔑視法庭。

最後我們傳喚伍德爾。我看著他慢慢把輪椅推向講台。這是我第一次見到他穿西裝打領帶。他最近遇到一個女人，結婚了，而現在，當他告訴我他很快樂，我相信他。現在我花了一些時間享受從我們在那家比佛頓三明治餐廳初遇至今，他一路經歷了多少。然後我立刻覺得糟糕透頂，因為正是我把他拉進這個泥淖。他在台上看來比我還緊張，比鮑爾曼還擔心受怕。公正的詹姆斯請他拼他的名字，伍德爾頓了一下，彷彿想不起來。「呃，W，兩個O，兩個D……」忽然他咯咯笑了起來，他的名字沒有兩個D。但有些女性有兩個D。噢天啊，現在他真的大笑了。當然是因為緊張。但公正的詹姆斯以為伍爾德在嘲笑訴訟程序。他提醒伍德爾，他現在是在公正的詹姆斯的法庭。而這只會讓伍德爾咯咯咯笑得更厲害。

我摀住眼睛不敢看。

鬼塚的推託

換鬼塚一方陳述案件，他們傳喚的第一個證人是鬼塚先生。他說的不多。他說他對我和北見的衝突一無所知，也對北見在背後捅我們的計畫毫無所悉。北見有會見其他配銷商嗎？「我不知情，」鬼塚說。北見打算跟我們一刀兩斷嗎？「我不知道。」

接著換北見上場。當他走向講台，鬼塚的律師舉手，告訴法官他們需要翻譯。我拱起手掌緊貼耳後。需要**什麼**？北見英文說得可好了。我還記得他自誇他是聽一張唱片學英文的。我轉頭看豪瑟表哥，眼珠凸起，但他只是伸出手，掌心向下。放輕鬆。

在講台上的那兩天，北見一再說謊，透過他的翻譯，睜眼說瞎話。他堅稱他未曾計畫中止合約。他是在發現我們製造NIKE後才決定這麼做的。沒錯，他說，他確實在我們製造第一雙NIKE前接觸過其他配銷商，但只是在做市場研究。沒錯，鬼塚是討論過買下藍帶的事，但那個構想**是菲爾・奈特提出的**。

在希利雅德和豪瑟表哥做完結辯後，我轉身向到場的觀眾致謝。然後豪瑟表哥和史崔瑟和我到角落的席位鬆開我們的領帶，喝了幾罐冰啤酒。又喝了幾罐。我們討論了事情也許可以怎麼進行，我們原本可以怎麼做。噢，我們原本可以那麼做的，我們說。

之後我們全都回去工作。

我們贏了

數星期後。一早。豪瑟表哥打電話到辦公室給我。「公正的詹姆斯十一點要宣判。」

我火速趕往法院，在我們那張桌子和他及史崔瑟會合。怪的是，法庭裡空空如也。沒有觀眾。沒有辯方，除了希利雅德。通知如此緊急，他的律師同事無法趕到現場。

公正的詹姆斯從側門衝進來，直上法官席。他把一些文件移來移去，然後開始小聲、單音節講話，彷彿自言自語。他說了對雙方有利的事。我搖搖頭。怎麼會有對鬼塚有利的事呢？惡兆。不妙，不妙，不妙。要是鮑爾曼準備得再充分一點就好了。要是我沒有頂不住壓力而那麼軟弱就好了。要是骨科醫師把鞋子擺整齊就好了！

法官俯視我們，他翹起的眉毛比審理開始時更長、更粗。他說，他不會就鬼塚和藍帶的合約問題做出判決。

我整個人往前倒。

他僅單就商標的議題做宣判。在他看來這顯然是各說各話的案子。「我們有兩個相衝突的故事，」他說：「而法庭的見解是藍帶的故事比較可信。」

藍帶比較誠實，他說，不只是在爭端發生期間，如文件所證明，在法庭上也是。「誠實，」他說：「是我最終宣判此案的唯一依歸。」

他提到岩野的證詞。有說服力，法官說。北見看來撒了謊。然後他提到北見使用翻譯員的事：「北見先生在作證期間不只一次打斷翻譯員，糾正他。而且每一次都用流利的英文。」

暫停。公正的詹姆斯翻閱他的文件。所以，他宣布，因此我判定，藍帶保有使用波士頓和科爾特斯等名稱的一切權利。另外，這裡顯然有損失。營業損失。商標挪用。問題在於，如何將那些損失化為金額。一般的做法是任命一位特別專家來裁定賠償金額。我將在未來幾天處理這件事。

他猛力敲下木槌。我轉向豪瑟表哥和史崔瑟。

我們贏了？

老天……**我們贏了**。

我和豪瑟表哥及史崔瑟握手，拍拍他們的肩膀，然後擁抱。我放任自己愉快地、斜斜地望著希利雅德。但令我失望的是，他毫無反應。他直視前方，平靜如水。那本來就不是他的求生奮戰。他只是賺錢的「傭兵」罷了。他冷靜地關上公事包，喀地一聲鎖上，完全沒朝我們的方向瞧一眼，便起身慢慢走出法庭。

勝利的滋味

我們直接前往離法院不遠、位在本森飯店（Benson Hotel）的倫敦烤肉餐廳（London Grill）。我們各自點了雙份的酒，敬公正的詹姆斯，還有岩野，還有我們自己。然後我打公用電話給佩妮。「我們贏了！」我大叫，管他會不會被整棟飯店聽到。「妳相信嗎——我們贏了！」

我打給父親，喊同樣的話。

佩妮和父親都問我們贏了**什麼**。我沒辦法告訴他們。我說，我們還不知道。一美元？一百萬？那是明天的問題。今天就先品嘗一下勝利的滋味。

回到酒吧，豪瑟表哥、史崔瑟和我又喝了杯烈酒。然後我打電話回辦公室，詢問今天的雙數。

四十萬美元和解

一星期後，我們接獲對方的和解提議：四十萬美元。鬼塚很清楚特別專家什麼數字都開得出來，所以打算先一步行動，控制損失。但四十萬美元在我看來低了點。我們討價還價了幾天，希利雅德不肯讓步。

我們都想要趕快搞定這件事，一勞永逸。特別是豪瑟表哥的頂頭上司，他們現在授予他接受金額的權利，而他可以拿到一半——該事務所史上的最高金額。甜蜜的辯護。

我問他打算如何運用那筆錢。我忘了他回答什麼。而拿到我們那一半，藍帶將可輕易向加州銀行舉更高的債、借到更多錢。送更多鞋子出海。

在房間中央的是北見

正式簽署安排在舊金山一家績優上市公司進行，是鬼塚旗下多家藍籌股公司之一。辦公室位於高樓林立的商業區的頂樓，而那一天，我們這行人吵吵嚷嚷、有說有笑地抵達。我們有四個人——我、豪瑟表哥、史崔瑟和凱爾。凱爾說他不想錯過NIKE史上所有重大時刻。他說，「創造」時他在場，現在，解放時也要在場。

或許史崔瑟和我讀了太多戰爭的書籍，但到舊金山的路上，我們談到史上出名的投降，一致同意，阿波麥托克斯（Appomattox）、約克鎮（Yorktown）、漢斯（Reims）都十分戲劇性，雙方的將領在火車車廂或廢棄的農舍，或航空母艦的甲板碰面。一方悔罪，另一方嚴厲但仁慈。然後鋼筆畫過降書。我們討論了麥克阿瑟在密蘇里號（USS Missouri）接受日本投降，發表了那篇雋永的演說。我們當然有點得意忘形，但我們對歷史和軍事勝利的觀念，也正好和日期相映襯。這天是七月四日。

一名職員帶我們進入一間擠滿律師的會議室。我們的心情驟然轉變。至少我是如此。在房間中央的是北見。真意外。

我不知道為什麼見到他會讓我覺得意外。畢竟文件要他簽，支票要他開。他伸出手。更大的意外。

我握了。

我們全都圍著桌子就座。在我們每個人面前的是一疊二十份文件，而每一份文件都有幾十條虛線待簽名。我們簽到手指刺痛。至少簽了一個小時。氣氛緊繃，寂靜凝重，只有一個時刻例外。我記得史崔瑟打了個大噴嚏，跟大象一樣。我也記得他勉強穿了一套全新的海軍藍西裝，是他岳母為他量身訂做的，而她把所有多餘的布料塞進胸前口袋。而史崔瑟藉此證實他全球頂尖反品味人士的地位，這時把手伸進口袋，拉出一長條多餘的斜紋布，拿來擤鼻涕。

最後一名職員收齊所有文件，我們蓋上筆套，希利雅德請北見遞交支票。

北見抬頭，一臉茫然：「我沒有支票。」

此時此刻我在他臉上看到什麼？惡意？挫敗？我不知道。我往旁邊看，掃視會議桌的每一張臉。那些臉比較容易解讀。律師們無不震驚。來和解會議的男人沒帶支票？

沒有人開口說話。這會兒北見一臉羞愧；他知道他出錯了。「我一回日本就會寄出支票，」他說。

希利雅德板著臉孔。「盡快寄出，知道嗎？」他告訴他的客戶。

我拿起公事包，尾隨豪瑟表哥和史崔瑟步出會議室。北見和其他律師跟在後頭。我們全都站著等電梯。門一開，我們全都往裡擠，摩肩接踵，史崔瑟一個人就占去一半車廂。直到我們掉到街上，仍舊沒有人開口，沒有人呼吸。尷尬還不足以形容。當然咯，我想，華盛頓和康華利（Cornwallis，英軍副總司令）並沒有被迫從約克鎮騎同一匹馬離開。

對抗順從、對抗無聊、對抗奴役

史崔瑟在判決出爐幾天後來我們辦公室，做個收尾並道別。我們帶他進會議室，大家集合起來，給他如雷的掌聲。他淚眼汪汪，舉手答謝我們的歡呼和感激。

「說點話嘛！」有人高喊。

「我在這裡交了好多好朋友，」他哽咽地說。「我會想念你們大家的。也會想念為這個案子的付出。為**正義**一方的付出。」

喝采。

「我會想念為這家出色的公司辯護的經過。」

伍德爾和海耶斯和我看著彼此。其中一個人說：「那你何不來這裡工作？」

史崔瑟頓時臉紅，大笑起來。那種笑——我再次被那種與體型不相稱的假音打動。他揮揮手，噗嗤一聲，好像我們在開玩笑似的。

我們不是在開玩笑。一陣子後，我邀請史崔瑟到比佛頓的湯鍋餐廳（Stockpot）共進午餐。我請海耶斯陪同，現在他已經是藍帶的全職員工，而我們竭力自我宣傳。在我這輩子做過的宣傳中，這或許是準備和排練得最周詳的一次，因為我想要史崔瑟，而我知道可能會被打回票。他的眼前有條康莊大道，可在豪瑟表哥或他可以選擇的其他事務所平步青雲。他不需花費太多心力就能成為合夥人，名利雙收。那是已知的事，而我們為他提供的是未知。所以我和海耶斯花了好幾天角色扮演，琢磨我們的論據和反論據，預先考慮史崔瑟可能提出哪些異議。

我開門見山告訴史崔瑟這是必然的結果。「你是我們的一分子，」我說。**我們的一分子**。他知道那句話的含義。我們完全無法忍受那種企業胡說八道，希望寓工作於樂，但也要有意義。我們試著在巨人歌利亞的世界向前挺進，而雖然史崔瑟的體型比兩個歌利亞還大，心底卻是十足的大衛。我們正試著創造一個品牌，我說，但也要創造一種文化。我們在對抗順從、對抗無聊、對抗奴役。我們要推廣的不只是產品，還有一種概念——一種精神。我不知道我是不是直到那天聽到自己跟史崔瑟侃侃而談，才真正充分理解我們是誰，和到底在做什麼。

他頻頻點頭。他吃個不停，但頻頻點頭。他同意我說的話。他說他在結束和鬼塚的激戰後，直接跳進數件無聊的保險訴訟，每天早上他都好想拿迴紋針割腕。「我想念藍帶，」他說。「我想念那種一目了然，每天，都想念克敵制勝的感覺。所以我謝謝你給我這個機會。」

儘管如此，他還是沒答應。「怎麼了嗎？」我說。

「我得……問問……我爹，」他說。

我看著海耶斯。我倆一陣狂笑。「你爹！」海耶斯說。

就是那個叫警察把史崔瑟帶走的爹嗎？我搖搖頭。海耶斯和我沒料到這一著。父親一輩子的影響。

「好，」我說。「跟你父親聊聊，再跟我們說。」

幾天後，帶著父親的祝福，史崔瑟答應成為NIKE史上第一位內部法務律師。

他媽的沒問題

打贏這場法律戰爭，我們大約放鬆慶祝了兩個星期。然後我們抬頭看，看到地平線彼端，一個新的威脅隱約出現。日圓。日幣波動劇烈，而如果繼續這樣下去，會招致某種程度的厄運。

一九七二年以前，日圓對美元的匯率是「釘住」不動，不會變的。一美元永遠可換三六〇日圓，反之亦然。你每天都可以期望這樣的匯率，就和你可以期望太陽升起一般篤定。但尼克森總統覺得日幣被低估了。他擔心美國「正把所有黃金送給日本」，所以將日圓鬆綁，讓它浮動，而現在日幣兌美元的匯率就像天氣。每天都不一樣。結果，在日本做生意的人都無法為明天擬訂計畫。索尼（Sony）的領導人就眾所皆知地抱怨過：「就像打高爾夫，而你的差點每一洞都在變。」

在此同時，日本的勞動成本也節節上升。與波動的日幣聯手，這讓每一家主要在日本製造的公司處境堪虞。我再也無法想像，如果繼續讓大部分的鞋子在日本製造，會有怎樣的未來。我們需要新的工廠，在新的國家，愈快愈好。

對我來說，台灣似乎是合理的下一站。意識到日本即將崩潰，台灣的政府官員正迅速運作來填補即將出現的空缺。他們正火速興建工廠。但那些工廠尚不足以承擔我們的工作量，而且品質控管不佳。在台灣準備好之前，我們需要找一座橋，一個連接日本和台灣的地方。

我考慮波多黎各。我們已經在那裡製造一些鞋子。哎呀，不是很好。另外，強森已經在一九七三年去過那裡考察工廠，而據他回報，波多黎各的工廠沒有比他在新英格蘭看到的那些破舊不堪的工廠好多少。所以我們討論了一些混合方案：從波多黎各進原料，送到新英格蘭做鞋楦和裝底。

到一九七四年底，那漫長至極的一年尾聲，這正式成為我們的計畫。我已經去過東岸，做些基本工作，看過很多間我們可能租用的工廠。我去了兩趟——一趟跟凱爾，一趟跟強森。

第一趟，租車公司的職員拒絕了我的信用卡。當場沒收。當凱爾試著打圓場，拿出他的信用卡，職員說他也不能接受凱爾的卡，因為凱爾跟我在一起，是一丘之貉。

你到底賴了多少債。我不敢看凱爾的眼睛。我們離開史丹福已十二個年頭，他已經是功業彪炳的商人，我卻連不負債都有困難。他固然知道我很掙扎，但現在才知道到底有多掙扎。我羞愧極了。那些重要的時刻，勝利的時刻，他總是在場，但這屈辱的一刻，我擔心，會決定我在他心目中的形象。

然後，當我們來到工廠，主人當面嘲笑我。他說他不會考慮和他聽都沒聽過還連夜逃跑的公司做生意——**更別說是奧勒岡來的**。

第二趟，我和強森在波士頓碰面。他一直在《鞋類新聞》（*Footwear News*）發掘可能合作的供應商，我去那裡接他，一起開車到新罕布夏的艾希特（Exeter）看一間老舊、關閉的工廠。這間建於美國革命時代的工廠已成廢墟。它曾為艾希特鞋靴公司（Exeter Boot and Shoe Company）使用，但現在則住著大老鼠。當我們撬開門、使勁拍掉魚網般的蜘蛛網，各式各樣的生物急匆匆穿過我們的腳邊，飛過我們的耳際。更慘的是，地板上有好多裂開的洞；踏錯一步，可能就是一趟地心之旅。

主人帶我們爬上還可以使用的三樓。他說我們可以租這層樓，或是把這整個地方買下來。他也說我需要幫忙把這間工廠恢復整潔和配備人員，並給我一個也許幫得上忙的當地人的名字。比爾·吉安佩卓（Bill Giampietro）。

隔天我們和吉安佩卓約在艾希特一間酒館碰面。不出幾分鐘我就明白這是我們的人，真正的「鞋痴」。他現年五十歲，但頭髮沒有一絲灰白，彷彿抹過黑色鞋油。他有濃重的波士頓口音，而除了鞋子，他唯一會提的話題是他摯愛的妻兒。他是第一代的美國人——雙親來自義大利，而父親（當然）曾在義大利當過鞋匠。他表情平靜安詳，有一雙長繭的工匠的手，且驕傲地穿著標準的制服：無瑕的長褲、無瑕的斜紋棉布襯衫——袖子捲到無瑕的手肘。他說他這輩子除了修鞋從沒幹過別的事，也不想。「隨便問一個人，」他說：「他們都會這樣告訴你。」他補充說，新英格蘭人人叫他蓋比特（Geppetto），因為大家都以為（到現在仍以為）皮諾丘（Pinocchio）的父親是鞋匠（他其實是木匠）。

我們各自點了一道牛排和一杯啤酒，然後我從公事包裡拿出一雙科爾特斯。「你可以搞定艾希特工廠的設備，來生產這些寶貝嗎？」我問。他接過鞋子，檢查一番，把它們拆開，抽出鞋舌。他像個醫生凝視鞋的內部。「他媽的沒問題，」他說，把鞋子放回桌上。

要多少錢？他在腦裡計算著。租賃和整修艾希特工廠，加上員工、工具、雜物——他估二十五萬美元。

那就做吧，我說。

之後，強森在和我跑步時問道，我們連吉安佩卓的牛排都快付不起了，是要怎麼付二十五萬搞那間工廠。我平靜地告訴他——瘋子的那種平靜——我會讓日商岩井出錢。「日商岩井憑什麼給你錢開工廠？」他問。「簡單，」我說：「不要告訴他們就好。」

我停下腳步，雙手置於兩膝，告訴強森，另外呢，我需要**他**管理那家工廠。

他張大嘴巴，然後閉上。不過一年前，我才要他橫越美國到奧勒岡來。現在，我又要他搬回東部？那麼靠近吉安佩卓？那麼靠近伍德爾？跟他關係……非常複雜……的伍德爾？「這是我聽過最瘋狂的事情，」他說。「先別說那些不便，別說一路拖回東岸的愚蠢，我懂什麼管理工廠的事？我完全一無所知啊。」

我大笑，笑了又笑。「你一無所知？」我說。「你一**無所知**！我們**全都**一無所知啊！**何止**一無所知！」

他呻吟。他發牢騷。他討價還價。聽起來就像一部試圖在天寒地凍的早晨發動的汽車。

我等。就等他一下，我想。

他拒絕，發怒，討價還價，垂頭喪氣，然後接受。傑夫五部曲是也。最後他嘆了長長的一口氣，說他知道這是無比重要的工作，而跟我一樣，他不放心交給別人來掌理。他說他知道，只要是關於藍帶的事，為了贏，我們每個人都願意去做非做不可的事，而如果「非做不可的事」落在我們的專業領域之外，嘿，就如吉安佩卓說的：「他媽的沒問題。」他對經營工廠的事一無所知，但他願意嘗試。願意學習。

如果我們公司哪天倒了，我想，原因絕不會是害怕失敗。並非我們以為自己**不會**失敗；事實上，我們深信我們**會**。但一旦我們真的失敗了，我們有信心能很快站起來，從中記取教訓，下一次會做得更好。

強森皺著眉，點點頭。好吧，他說。拍板定案。

就這樣，當我們來到一九七四年的最後幾天，強森被穩當地安置在艾希特，而夜闌人靜時分，每每想到他人在那裡，我常會泛起微笑，輕聲說：老朋友，祝你一切順利。

現在你是吉安佩卓的麻煩了。

簽不成康諾斯

我們在加州銀行的窗口佩瑞・霍蘭德（Perry Holland），跟第一國民銀行的哈利・懷特很像，親切、忠誠，但毫無用處，因為他有死板的貸款限額，永遠低於我們需求的限額。而他的上司，一如懷特的上司，總是極力勸我們慢下來。

我們在一九七四年以猛踩油門回應。我們的銷售額正逼近八百萬美元，而沒有什麼事，什麼事也沒辦法阻止我們達到那個數字。不顧銀行提醒，我們和更多商店談成生意，也開了好幾家自己的店——還繼續簽我們付不起的知名運動員代言人。

在普雷穿著NIKE打破美國記錄的同時，世上最好的網球選手穿著NIKE摔壞網球拍。他名叫吉米・康諾斯（Jimmy Connors），而他最大的粉絲就是傑夫・強森。強森告訴我，康諾斯是網球版的普雷：難以駕馭、離經叛道。他力勸我和康諾斯接觸，跟他簽代言合約，盡快。因此，一九七四年夏天，我打電話給康諾斯的經紀人毛遂自薦。我說，我們用一萬美元簽了納斯塔塞，而我們願意給他的男孩半價。

經紀人馬上答應。

但在康諾斯親自畫押前，他離開美國去打溫布頓。然後，他大爆冷門，一路過關斬將，贏了溫布頓。穿我們的鞋子。接下來，他返抵國門，又贏了美國公開賽，震驚全世界。我頭暈了。我打電話給他的經紀人問康諾斯簽文件了沒有。我們想要開始宣傳。「什麼文件？」經紀人說。

「呃，那些文件啊。我們要簽合約，記得嗎？」

「啊，我不記得什麼合約。我不記得要跟你簽約，而我們已經拿到比你的金額高三倍的合約了。」

令人失望，我們一致同意。但，噢，沒關係。

另外，我們都說，我們還有普雷。

我們永遠有普雷。

第14章・1975年（上）

跳票

蘭德說：「我們正凍結你們的資金，
我們不再承兌你們用這個帳戶開的支票。」
我雙手抱胸，心想：
這不妙，不妙，不妙。

先付錢給日商。這是我早上的吟誦，每晚的祈禱，我的首要之務。也是猶如《虎豹小霸王》裡的布屈・卡西迪（Butch Cassidy）的我，每天給搭檔日舞小子（Sundance Kid）——海耶斯——的指示。在還銀行錢之前，我說，在還錢給任何人之前……**先付給日商**。

這與其說是策略，不如說是必要之舉。日商就像淨資產。銀行給我們的授信額度是一百萬美元，但日商願意以第二順位之姿再給我們一百萬，這讓銀行覺得更有安全感。如果沒有日商坐鎮，一切都會崩解。因此，我們必須讓日商開心。一定，一定要先付錢給日商。

但先付錢給日商並不容易。付錢給任何人都不容易，我們正在進行資產擴張，庫存劇增，這使我們的現金準備相當吃緊。這是任何成長中的公司都會碰到的標準問題，但我們成長得比一般成長中的公司快，比任何我知道的成長公司都快。我們的問題前所未見，或者看起來如此。

部分當然該怪我。我根本不考慮**少訂點貨**。不成長，毋寧死，這是我的信念，無論情勢如何。如果你骨子裡深信外頭的需求是五百萬美元，你為什麼要把訂單從三百萬降到兩百萬呢。所以我一直把保守的銀行業者推到懸崖邊，強迫他們玩心驚肉跳的遊戲。我訂了在他們眼中數量荒謬的鞋子，我們必須拉到最撐才付得出錢的數量，而我總是在緊要關頭湊到錢支付，然後在最後一刻勉強繳清其他每個月該繳的帳單，總是剛剛好——沒有餘裕——避免被銀行攆走。然後，在那個月底，我會清空帳戶付錢給日商，從零開始。

在多數觀察者眼中，我們魯莽躁進，不顧後果，這樣做生意很危險，但我相信我們鞋子的需求一定會高於我們每年的銷售。另外，拜未來計畫所賜，每十筆訂單有八筆是「純金」的，有保障的。

或許也有人認為我們不必擔心日商，畢竟那家公司是我們的盟友。我們在幫他們賺錢，他們是會生氣到哪兒去？何況，我跟皇湯姆私交甚篤。

但一九七五年，皇湯姆突然不再管事。我們的帳目成長到超過他的權限；我們的信貸不再是他一個人全權決定。我們現在歸西岸信貸經理、以洛杉磯為基地的鈴木千緒管轄，更直屬於波特蘭分部的財務經理伊東忠之。

相較於皇湯姆為人和藹可親，伊東就冷若冰霜，似乎光會從他身上漠然反射。不，事實上不會反射。他會吸進去，像個黑洞。NIKE每一個人都喜歡皇湯姆，我們邀請他參加每一場公司派對。但我不記得曾邀請伊東參加任何活動。

我在心裡叫他「冰人」。

我仍不太敢和人視線接觸，但伊東不會允許我移開目光。他直直望進我的眼睛，看到我靈魂深處，而那根本是勾魂攝魄。尤其在他自覺占上風的時候，他幾乎占盡上風。我跟他打過一、兩次高爾夫，而我甚至在他擊出差勁的開球、下球座時，被他轉身的樣子和直直看我的眼神震懾。他高爾夫打得不怎麼樣，但他自信滿滿，趾高氣揚，總是給人那種他的球飛了三百五十碼遠、準確落在球道中央一簇草上的錯覺。

有件事至今我記憶猶新：他的高爾夫服裝，一如他上班時的服裝，一絲不苟。我的當然不是這樣。一場比賽期間，天氣涼爽，我穿著一件粗馬海毛衣。當我準備第一次走上球座時，伊東低聲問我待會兒是不是計畫去滑雪。我停下腳步，轉身看他。他淡淡一笑。這是記憶中第一次感受到冰人試著展現幽默。也是最後一次。

這是我必須讓他長保開心的男人。很不容易，但我想：一定要在他眼裡表現良好，信貸才能持續擴張，藍帶也才能持續擴張。珍惜他的恩惠，一切無恙。否則……

我對於讓日商長保開心，讓伊東長保快樂的執著，與我不肯減緩成長的態度，在辦公室營造出一種狂亂的氣氛。我們要按時支付每一筆款項，給加州銀行和其他所有債權人的款項，已經夠掙扎的了；而月底要付給日商的錢，更像排腎結石一樣艱巨。當我們開始湊集可用的現金，開出勉強夠付的支票，我們就開始煩惱了。有時日商的款項大到我們一、兩天一文不名。然後其他債權人都得等了。

他們好可憐，我告訴海耶斯。

我知道，我知道，他說。**先付給日商**。

海耶斯不喜歡這種情況。這使他神經緊繃。「那你希望我怎麼做，」我問他：「慢下來？」這總會引來一抹內疚的笑。蠢問題。

偶爾，當我們的現金準備真的非常吃緊，我們的銀行帳戶不只是空，還透支。那時我和海耶斯就得親赴銀行向霍蘭德解釋現況。我們會拿財務報表給他看，指出我們的銷售倍增，庫存都出門了。我們會說，我們的現金流量「現況」只是暫時。

我們當然知道隨波逐流不是做事情的方法，但我們一直告訴自己：這是暫時的。此外，每個人都這麼做。美國有些最大的公司都是這樣靠資金周轉維生。銀行本身就是靠資金周轉維生。霍蘭德清楚得很。「喔，老弟，我了解，」他會點點頭說。只要我們親自到他面前，只要我們公開透明，他都可以配合。

然後是那個決定命運的雨天，一九七五年的春天某個星期三下午。海耶斯和我望著深淵。我們欠日商一百萬美元，第一筆百萬美元的款項，而我們手邊沒有一百萬，大約短少七萬五千。

我記得我們坐在辦公室裡，看著雨點迅速沿窗玻璃滑落。我們偶爾翻翻帳冊，咒罵數字，然後回頭看雨點。「我們得付給日商，」我輕聲說。

「是，是，是，」海耶斯說。「但要付這麼大的票款？我們得榨乾其他**所有**銀行帳戶。全部。榨乾。」

「是。」

我們在柏克萊、洛杉磯、波特蘭和新英格蘭有零售店，每家都有自己的銀行帳戶。我們得把它們通通統統清空，把所有金額轉回總公司的戶頭一兩天——或三天。還有強森的艾希特工廠的每一分錢。我們得像經過墓園一樣屏住呼吸，直到能補充那些帳戶為止。但我們還是不足以支付給日商的龐大金額。我們還需要一點幸運，從還沒付款的零售商那裡拿到一兩筆錢。

「循環籌資，」海耶斯說。

「神奇的金融，」我說。

「王八蛋，」海耶斯說：「如果你放眼我們未來六個月的現金流量，我們狀況良好，就**這一筆**日商的**款項**壞了一鍋粥。」

「是啊，」我說：「如果我們能過這一關，前途就一片光明了。」

「但這是不小的數目。」

「我們向來可以在一兩天內支付給日商的支票。但這一次也許要——三天？四天？」

「我不知道，」海耶斯說：「老實說我不知道。」

我注視著兩滴雨滑下玻璃。齊頭並進。**人們只會記得你違犯了哪些規矩**。「他媽的別管那些魚雷，」我說：「付錢給日商就對了。」

海耶斯點點頭。他站起來。我們相視長長的一秒。他說他會告訴我們的帳務主管卡蘿．菲爾茲（Carole Fields）我們的決定。他說他會請她開始調頭寸。

他會請她星期五開支票給日商。

成敗就看這回了，我想。

「噢，慘了。」

兩天後強森人在他艾希特工廠的新辦公室，在他處理文書工作時，一群憤怒的員工忽然出現在門口。他們說，他們的薪資支票跳票了。他們要他給個交代。

強森當然沒交代可給。他求他們稍安勿躁，一定是哪裡出錯。他打電話給奧勒岡，找到菲爾茲，告訴她發生什麼事。他以為她會說是天大的誤會，是會計出錯。結果她低聲說：「噢，慘了。」然後掛他電話。

薪資發現金

一道隔板隔開菲爾茲和我的辦公室。她繞過隔板，直接來到我的桌前。「你最好坐下來，」她衝口而出。

「我**是**坐著啊。」我說。

「出大亂子了，」她說。

「什麼亂子？」

「支票。所有的支票。」

我叫海耶斯進來。那時他重三三〇磅，但當菲爾茲對我們詳細描述強森在電話裡說的情況，他好像在我面前縮水了。「這次我們可能真的搞砸了，」他說。「我們該怎麼辦？」我說。「我來打給霍蘭德，」海耶斯說。

幾分鐘後海耶斯回到我的辦公室，舉起雙手。「霍蘭德說沒問題，不用擔心，他主管那邊他會擺平。」

我鬆了口氣，災難避掉了。

但在此同時，強森不會坐等我們回他電話。他打電話給當地銀行，得知他的戶頭，因某種緣故空了。他打電話給吉安佩卓，吉安佩卓開車去找一個老朋友，當地一家箱子公司的老闆。吉安佩卓向他借五千美元，現金。這要求很過分，但那家箱子公司得靠藍帶生存。如果我們倒閉，箱子公司可能也在劫難逃。所以那位老闆成了連帶受害人，不情願地拿出五十張熱騰騰的百元鈔。

隨後吉安佩卓趕回工廠，用現金發放每個人的薪資，就像吉米・史都華（Jimmy Stewart）保住貝禮兄弟建築及貸款公司（Bailey Bros. Building & Loan）一線生機那樣。

還不出錢，還加倍借

海耶斯腳步沉重地進入我的辦公室。「霍蘭德說我們得移駕銀行，立刻。」

記憶中的下一個場景是：我們全都坐在加州銀行的會議室。桌子一邊是霍蘭德和兩個不知名的西裝人士。看來猶如殯葬業者。另一邊是海耶斯和我。霍蘭德一臉嚴峻地開口。「兩位先生……」

不妙，我想。「先生？」我說：「先生？佩瑞，是我們欸。」

「兩位先生，本銀行已經決定，不再跟貴公司往來了。」

海耶斯和我面面相覷。

「意思是你們要拋棄我們了嗎？」海耶斯問。

「確實如此，」霍蘭德說。

「你們不能這麼做，」海耶斯說。

「我們可以，也正這麼做，」霍蘭德說：「我們正凍結你們的資金，我們不再承兌你們用這個帳戶開的支票。」

「凍結我們——！我不敢相信，」海耶斯說。

「請相信，」霍蘭德說。

我什麼也沒說，只是雙手抱胸，心想：這不妙，不妙，不妙。

先別管霍蘭德拋棄我們會使多少困窘、麻煩和不良後果接踵而至。我唯一掛念的是日商。他們會作何反應？伊東會作何反應？我想像自己告訴冰人我們付不出他的百萬美金的情景。那讓我背脊發冷，不寒而慄。

我不記得那場會議是怎麼結束的。不記得怎麼離開銀行、走出去、過馬路、上電梯、搭到頂樓。我只記得我一直發抖，劇烈地顫抖，因為我得找伊東先生談談。

我記得的下一個畫面是伊東和皇湯姆帶我和海耶斯進他們的會議室。他們感覺得出我們脆弱不堪。他們請我們坐下，然後雙雙在我說話時看著地板。**怪**，真**怪**。「呃，」我說：「我有些壞消息。我們的銀行……拋棄我們了。」

伊東抬起眼。「為什麼？」他說。

他的眼神冷酷，但聲音卻出奇輕柔。我想到富士山頂的風。想到明治神宮外苑拂過銀杏葉子的微風。我說：「伊東先生，你知道大型貿易公司和銀行是怎麼靠資金周轉維生的嗎？好，我們藍帶也傾向如此，不時如此，包括上個月。而事實是，先生，我們那次周轉不靈。而現在加州銀行決定跟我們斷絕往來。」

皇湯姆點了根鴻運菸。抽了一口。又一口。

伊東依樣畫葫蘆。一口。又一口。但呼氣時，煙似乎不是出自他的嘴。那似乎是發自他的內心深處，從他的袖口和衣領開始繚繞。他直直看著我的眼，眼神穿透我的身體。「他們不該這麼做，」他說。

我的心跳停了一拍。這是伊東說過最接近同情的話了。我看看海耶斯，再看看伊東。我放任自己想：「我們或許可以……大難不死。」

然後我明白我還沒告訴他最糟的部分。「話雖如此，」我說：「他們確實封殺我們了，伊東先生，他們這麼做了，所以結論是，我沒有銀行了，也沒錢了。而我需要發薪水，需要付錢給其他債權人。而如果我盡不了那些義務，我就破產了。結論是，今天我不但沒辦法支付欠你們的一百萬美元……還得再向你們籌措一百萬。」

伊東和皇湯姆交換眼神半秒鐘，再將眼神回到我身上。房裡一切戛然而止。微塵，空氣的分子，停在半空。「奈特先生，」伊東說：「在多給你們一點錢之前……我得查看你的帳冊。」

我們已經通知聯邦調查局了

當我從日商那裡回到家，時間大約晚上九點。佩妮說霍蘭德來過電話。「霍蘭德？」我說。

「對，」她說。「他有交代要你一到家就回電給他。他有留家裡的電話。」

鈴響第一聲他就接起來了。他的聲音……孱弱。他今天白天比較拘謹，為的是執行主管的命令，但現在聽起來比較像個人了。一個悲傷、緊張的人。「菲爾，」他說：「我覺得我應該要告訴你……我們已經通知聯邦調查局了。」

我把話筒抓得更緊。「再說一次，」我低聲說：「佩瑞，再說一次。」

「我們別無選擇。」

「你到底在說什麼？」

「這——呃，在我們看來，這像詐欺。」

我什麼都不知道！

我走進廚房，一屁股跌進一張椅子。「怎麼回事？」佩妮說。

我告訴她。破產，恥辱，崩毀——一五一十。

「沒希望了嗎？」她問。

「要看日商。」

「皇湯姆？」

「和他的上司。」

「那就沒問題啦。皇湯姆愛你。」

她站起來。她有信心，完全一副好整以暇，甚至還有辦法睡覺。

我沒辦法。我徹夜未眠，排練了一百種不同的情境，斥責自己冒了這樣的風險。

當我終於爬上床，心仍靜不下來。躺在黑暗中，我想了又想：我會坐牢嗎？

我？坐牢？

我起床，給自己倒杯水，看一下男孩們的情況。兩個都攤開四肢趴在床上，與世無爭。他們以後會做什麼呢？會走哪一行呢？然後我進書房，研究了宅地豁免法（homestead law）。得知聯邦不能取走這間房子，我如釋重負。他們可以奪走其他一切，唯獨這一千六百平方英尺的聖殿不行。

我鬆了口氣，但寬心持續不久。我開始思索我的生活。我回到多年以前，質疑我做過的每一個造成今天這般田地的決定。要是我擅長賣百科全書就好了，一切便會迥然不同。

我試著給自己做標準的教理問答。

你知道什麼？

可是我什麼都不知道。坐在我的活動躺椅，我好想大叫：**我什麼都不知道！**

不管什麼問題，我向來都有答案，某種答案。但此時此刻，今晚，我沒有答案。我起身，找到一張黃色橫格紙，開始列清單。但我的心一直在飄，當我低頭看，紙上只有塗鴉。打勾，彎曲的線條，閃電。

在怪異的月光中，它們看來全都像憤怒、挑釁的勾勾。

一天不要睡覺。你最想要的東西就會來到身邊。

我們必須開誠布公

後來我勉強睡了一、兩個小時，而整個視線模糊的星期六上午幾乎都在講電話，請人給我建議。大家都說星期一將是關鍵日。或許是我這輩子最關鍵的一天。我們必須迅速、大膽地行動。所以，為了做好準備，我召開星期天下午的高峰會。

我們齊聚藍帶的會議室。有一定是搭頭班飛機從波士頓趕過來的伍德爾，海耶斯和史崔瑟，以及從洛杉磯飛上來的凱爾。有人帶甜甜圈來，有人出去買了披薩。有人打給強森，用擴音器放出他的聲音。房間裡的氣氛一開始悶悶不樂，因為那是我的心情。但有我的朋友、我的團隊在身邊，感覺好多了，而隨著我笑逐顏開，他們也開心起來。

我們一直聊到天黑，而若說我們有什麼共識，那就是：事情沒有簡單的解決之道。一旦聯邦調查局捲入，事情通常就沒那麼簡單。或者，如果你在五年內第二次被你的銀行攆走的話。

當會議接近尾聲，氣氛再次轉變。房裡的空氣變得污濁、凝重，披薩跟毒藥沒兩樣。共識形成：解決這個危機的辦法，不管什麼辦法，都操縱在別人手中。

而在所有別人之中，日商是我們最大的希望。

我們討論了星期一上午的戰略。也就是日商的人馬預定抵達的時候。伊東和皇湯姆要過來鑽研我們的帳冊，而雖然難以預料他們會對我們的財務作何感想，有一件事十之八九是注定的。他們會馬上看出，他們的大筆資金不是用在向海外買鞋子，而是在艾希特經營一間祕密工廠。最好的情況是這會使他們抓狂；最壞的情況是這會讓他們發瘋。如果他們覺得我們的財務手法是徹徹底底的背叛，就會拋棄我們，比銀行還快，於是我們就會倒閉。就這麼簡單。

我們討論過要不要對他們隱瞞工廠的事。但桌邊每一個人都同意，我們必須開誠布公。一如鬼塚的訴訟，充分揭露，完全透明，是唯一的途徑。無論就策略或道德來看都合情合理。

整場高峰會期間，電話響個不停。從西岸到東岸的債權人紛紛試圖了解發生了什麼事，為什麼我們支票會像超級彈力球（Super Ball）那樣跳掉。兩位債權人尤其生氣。其一是波士頓人（Bostonian Shoes）的老闆比爾・薛斯基（Bill Shesky）。我們欠他整整五十萬美元，而他想讓我們知道他正準備上飛機來奧勒岡拿。其二是紐約貿易公司曼諾國際（Mano International）的老闆比爾・曼諾威茲（Bill Manowitz）。我們欠他十萬，而他也要親赴奧勒岡逼我們攤牌，以及提領現金。

會後，我最後一個離開。我獨自一人蹣跚往車子而去。這一生，我曾用我痠痛的腿、瘸跛的膝蓋和耗盡的能量完成許多場賽跑，但今晚，我完全不確定有沒有力氣開車回家。

祕密工廠曝光

伊東和皇湯姆非常準時。星期一上午九點整，他們就把車停在大樓前，兩人都穿深色西裝，打深色領帶，都拿著黑色公事包。我想到所有我看過的武士電影，所有讀過有關忍者的書。在壞蛋幕府將軍進行儀式般的殺戮之前，都是這幅情景。

他們直直穿過我們的大廳，進入會議室坐下。一句也沒閒聊，我們便把帳冊疊在他們面前。皇湯姆點了根菸。伊東脫去鋼筆蓋。他們開始了。按著計算機，畫著橫格紙，喝著永不見底的咖啡和綠茶，他們慢慢一層一層剝去我們的營運外衣，窺探內情。

我進進出出，大概每十五分鐘一次，問他們有沒有需要什麼。從來沒有。

不久，銀行稽核員過來收取我們所有現金收入。聯合體育用品開的五萬美元支票真的**已經**寄到。我們拿給他看：那就在卡蘿・菲爾茲桌上。就是這張支票啟動骨牌效應。這一張，加上正常日的收入，掩蓋了我們的赤字。銀行稽核員打電話給聯合體育用品在洛杉磯的銀行，要對方立刻付款，將資金轉入我們在加州銀行的帳戶。洛杉磯銀行說不行，聯合體育用品帳戶裡的金額不足。

聯合體育用品也在玩周轉的遊戲。

已經覺得頭痛欲裂的我回到會議室。我嗅得出來——決定命運的那一刻已到來。傾身靠近帳冊，伊東明白他看到了什麼，正慢慢再細看一遍。艾希特。祕密工廠。然後我看到那個恍然大悟：他是付錢養工廠的那個笨蛋。

他抬起頭來看我，把脖子上的頭往前推，好像在說：真的？

我點點頭。

然後……他笑了。似笑非笑，馬海毛衣的微笑，但蘊含千言萬語。

我回以虛弱的微笑，就在那短暫無言的交流中，無數的命運和未來已被決定。

不會再有鞋子可以掉了

過了午夜，伊東和皇湯姆還在那裡，還忙著按計算機、畫橫格紙。這天終於離開時，他們答應隔天一早會再回來。我開車回家，發現佩妮還在等門。我們在餐廳坐下，交談。我告訴她最新情況。我們都同意日商已經查完帳；他們在中午之前就已經知道他們必須知道的一切。接下來，即將接踵而至的，就是懲罰。「別這樣任他們擺布！」佩妮說。

「妳在開玩笑吧？」我說。「現在他們想怎樣擺布我就怎樣擺布我。他們是我唯一的希望。」

「至少不會再有意外了啊，」她說。

「沒錯，」我說：「不會再有鞋子可以掉了。」

NIKE是我事業上的孩子

伊東和皇湯姆九點整回來，占據他們在會議室裡的位置。我在辦公室走來走去，告訴每一個人：「就快結束了。撐住。再撐一會兒就好。他們沒有其他東西可以找了。」

他們抵達後不久，皇湯姆站起來，伸了伸懶腰，一副要到外頭抽菸的樣子。他叫了我。**有話要說？**我們走下走廊，到我辦公室。「我擔心這次查帳會比你想像中還慘，」他說。「什麼——為什麼？」我說。「因為，」他說，「我有拖延……我有時沒有馬上把發票送出去。」「這是怎麼回事？」我說。

皇湯姆羞愧地解釋他一直很擔心我們，因此試著藉由把日商的發票藏在抽屜來掩蓋我們的信用問題。他扣住發票，到他覺得我們有足夠的現金支付才送出去給會計部門，於是從日商的帳上看起來，他們對我們的信用曝險遠比實際來得低。換句話說，我們一直拚死拚活準時付錢給日商，實則**從來沒有**準時付過，因為皇湯姆沒有準時開我們的發票，以為這樣是在**幫忙**。「這很糟，」我對皇湯姆說。「是啊，」他說，又點了一根鴻運：「很糟，巴克，非常非常糟。」

我把他押回會議室，一起向伊東吐實，他當然大為震驚。一開始他懷疑皇湯姆是聽我們的命令行事。這怪不得他，共謀是最合乎邏輯的解釋。換成我在他的位置，我也會這麼想。但皇湯姆一副要跪倒在伊東面前，用生命發誓是他自作主張，是他膽大妄為。

「你為什麼要這麼做？」伊東質問。

「因為我認為藍帶前景大好，」皇湯姆說：「也許有兩千萬美元的實力。我和史蒂夫・普雷方丹先生握過很多次手，跟比爾・鮑爾曼先生握過手。我跟菲爾・奈特先生一起去看過很多場拓荒者隊的球賽。我甚至在倉庫包過訂單。NIKE是我**事業上的孩子**。看到**事業上的孩子**成長茁壯是件開心的事。」

「這麼說來，」伊東說：「你藏發票是因為……你……**喜歡這些人**？」

深感羞愧的皇湯姆低下頭。「はい（是），」他說：「はい。」

進入紅色警戒

我不知道伊東會作何處置。但我不能徘徊原地等事實揭曉。我突然有了另一個難題。那兩位怒氣沖沖的債權人已經落地。波士頓人的薛斯基和曼諾的曼諾威茲都已降落波特蘭，朝我們而來。

我很快召集眾人進我的辦公室，給他們最後幾道指令。「夥伴們——我們已進入紅色警戒。這棟大樓，這棟面積四千五百平方英尺的大樓，即將擠滿被我們欠錢的人。今天，不管我們要做什麼，都不能讓他們撞見彼此。我們欠他們錢已經夠糟了，如果讓他們在走廊不期而遇，如果一個不開心的債權人遇到另一個不開心的債權人，如果他們有機會互通信息，他們會失控的。他們可能會同聲一氣，決定出某種共同付款時程表！那將是末日決戰。」

我們擬訂計畫。我們為每一位債權人安排專人，隨時盯著他，甚至陪他上洗手間。然後我們安排另一個人負責居中協調一切，就像空中交通管制，確定債權人和陪同人員分屬不同領空。在此同時，我則忙著在各房間穿梭，道歉，道歉，下跪，下跪。

有時氣氛緊張得令人受不了。有時又像是馬克思兄弟（Marx Brothers）的爛片。最後，不知怎麼地，效果不錯。債權人都沒有遇到別的債權人。那晚薛斯基和曼諾威茲都放心地離開大樓，甚至喃喃說著藍帶的好話。

日商在兩小時後離開。那時伊東已經相信皇湯姆是單方面行動，藏發票是他自己的意思，我並不知情。然後他寬恕了我的罪，包括我的祕密工廠。他說：「有雄心壯志不是最糟的事情。」

這將是今天存入的第一筆！

只剩一個問題了。名副其實的問題，其他問題都相形失色。聯邦調查局。

隔天近中午時，我和海耶斯開車進城。我們在車上沒怎麼交談，搭電梯上日商時也沒怎麼說話。我們和伊東在他的外部辦公室碰面，他什麼也沒說。他鞠躬，我們也鞠躬。然後我們三個人默默搭電梯下一樓，步行過馬路。這是一星期內我第二次把伊東看成神話般的武士，揮著一把鑲了寶石的刀。但這一次他是準備要保衛——我。

但願我入獄後還能仰仗他的保護。

我們肩並肩走進加州銀行，求見霍蘭德。接待人員要我們就座。

過了五分鐘。

十分鐘。

霍蘭德出來了。他跟伊東握手，向我和海耶斯點點頭，便帶我們進入後面的會議室，也就是幾天前他祭出鐵腕的會議室。霍蘭德說某甲先生和某乙先生也會到場。我們全都靜靜坐在那裡，等待霍蘭德的同夥從閉關的地窖放出來。最後他們來了，坐在他的兩側。沒有人確定該由誰開場。這是一場高賭注的遊戲，只有王牌或超級王牌。

伊東摸摸下巴，決定由他開場。他開門見山。開門。見山。「各位先生，」他說，雖然只對著霍蘭德：「據我了解，你拒絕再處理藍帶的帳戶了？」

霍蘭德點點頭。「是的，沒錯，伊東先生。」

「這樣的話，」伊東說：「日商想幫藍帶清償債務——全部。」

霍蘭德瞪大眼睛。「**全部……？**」

伊東哼的一聲。我怒視霍蘭德。我想說：「那在日文的意思是：**我說得不夠清楚嗎？**」

「是，」伊東說：「總額是多少？」

霍蘭德在便條紙上寫了個數字，朝伊東滑過來，伊東迅速看了一眼。「對，」伊東。「這正是你的人告訴我的人的數字。所以，」他打開公事包，拿出一個信封，滑過桌子到霍蘭德面前。「這裡是全額支票。」

「這將是上午存入的第一筆，」霍蘭德說。

「這將是**今天**存入的**第一筆！**」伊東說。

霍蘭德結結巴巴。「好，對，今天。」

同夥看來大惑不解，又驚又懼。

伊東在他的椅子上旋轉身體，一道冰點以下的眼神掃過對方三人。「還有一件事，」他說：「我想你們銀行已經在舊金山進行協商，要歸於日商銀行旗下了？」

「是的。」霍蘭德說。

「啊，我必須告訴你，你們繼續追求這樣的協商，只是在浪費時間而已。」

「你確定？」霍蘭德問。

「十分確定。」

冰人駕到。

我偷瞄海耶斯一眼。我試著忍住不笑。努力忍住。失敗。

然後我直直看著霍蘭德。他眨也不眨的眼睛說明了一切。他知道他的銀行高估自身實力了。他知道銀行官員反應過度了。就在那一刻，我看得出來，不會有聯邦調查局介入了。他和銀行都希望這件事趕快結束，趕快落幕，再無瓜葛。他們用卑劣的方式對待一個好顧客，而他們不想為他們的行為應訊。

我們永遠不會再聽到他們或是他的聲音了。

我看著霍蘭德兩側的西裝。「各位先生，」我一邊說，一邊站起來。各位先生。有時那在商場的意思是：**帶著你的聯邦調查局滾蛋**。

我不喜歡愚蠢

當我們全部來到銀行外，我向伊東鞠躬。我想親吻他，但我只是鞠躬。海耶斯也鞠躬了，雖然我一度以為他是禁不住前三天的壓力而往前倒。「謝謝你，」我對伊東說。「你這樣為我們辯護，絕對不會後悔的。」

他把領帶整理一番。「真是愚蠢，」他說。

一開始我以為他在說我。然後我才明白他是指銀行。「我不喜歡愚蠢，」他說：「人們太注重數字了。」

—第2部—

「會議室生不出優秀的構想，」他向丹保證。「可是有很多愚蠢的構想死在那裡，」史塔說。

——史考特・費茲傑羅，

《最後的大亨》（*The Last Tycoon*）

第15章・1975年（下）

巨星殞落

普雷最有名的一句話是：
「或許有人可以擊敗我——
但得流血才行。」

沒有慶祝勝利的派對，沒有勝利的舞會，甚至沒時間在走廊跳一下勝利的吉格舞（jig）。沒時間。我們還是沒有銀行，而每一家公司都需要銀行。

海耶斯列了奧勒岡存款最多的銀行，都比第一國民銀行或加州銀行小得多，但，噢。叫化子沒得挑三揀四。

前六家掛我們電話。但第七家，奧勒岡第一州立銀行（First State Bank of Oregon）沒掛。這家銀行位於密爾瓦基（Milwaukie），距離比佛頓開車半小時的小鎮。「過來吧。」當我終於找到銀行總裁接聽電話時，他這麼說。他答應貸給我一百萬美元，那差不多是他銀行的極限了。

我們當天就移轉帳戶。

那一晚，大約兩星期以來第一次，我把頭靠在枕頭上，睡了。

「或許有人可以擊敗我——但得流血才行。」

隔天早上，我和佩妮消磨早餐時光，談到即將到來的陣亡將士紀念日（Memorial Day）週末。我告訴她不知道自己曾幾何時這麼渴望假日。我需要休息、睡覺，好好吃點東西——也必須看普雷跑步。她回我一個鬼臉，笑我老是把工作和娛樂混在一起。

內疚。

那個週末普雷在尤金主辦一場比賽，他邀請了世界一流的跑者，包括他的芬蘭死對頭，韋倫。雖然韋倫在最後一分鐘抽腿，仍有一票出色的跑者同場競技，包括個性急躁的馬拉松選手法蘭克．休爾特（Frank Shorter）：一九七二年，他在出生地慕尼黑摘下奧運金牌。頑固、聰明、現居科羅拉多並有律師身分的休爾特，已差不多和普雷一樣知名，兩人也結為好友。我暗自盤算著簽下休爾特為我們代言。

星期五晚上，我和佩妮開車到尤金，和七千個尖叫喧嘩的普雷粉絲坐在一起。五千公尺緊張激烈，而普雷不在巔峰，大家都看得出來。休爾特一路領先到最後一圈。但到最後關頭，最後兩百碼，普雷又拿出看家本領。他火力全開。在海沃德運動場震動、搖晃之中，他突破重圍，以十三分二十三秒八獲勝，比最佳記錄還快一．六秒。

普雷最有名的一句話是：「或許有人可以擊敗我——但得流血才行。」在一九七五年五月最後一個週末看他跑步，我對他更加仰慕，也覺得更感同身受。或許有人可以擊敗我，我告訴自己，或許有某家銀行或某個債權人或對手可以阻止我，但他們得流血才行。

霍利斯特家中辦了一場賽後派對。我和佩妮想去，但我們開車回波特蘭要兩小時。孩子啊，要回去顧孩子啊，當我們跟普雷、休爾特和霍利斯特揮手道別時，我們這麼說。

隔天一早，天還沒亮，電話就響了。我摸黑抓到話筒。**哈囉**？

「是巴克嗎？」

「你哪位？」

「巴克，我是艾德·坎貝爾（Ed Campbell）……加州銀行的。」

「加州——？」

半夜打來？我一定是在做噩夢。「幹嘛，我們沒在你們那邊存錢了——你們把我們攆走了。」

他打電話來不是為了錢的事。他打電話來，他說，是因為他聽說普雷死了。

「死了？不可能。我們才剛看他跑步啊，昨天晚上。」

死了。坎貝爾不斷重複這個字，一再拿它痛毆我。死了死了——**死了**。出了某種意外，他喃喃地說。「巴克，你在聽嗎？巴克？」

我摸黑找燈。我打電話給霍利斯特。他的反應跟我如出一轍。不可能，不可能。「普雷剛剛才在**這裡**啊，」他說：「他興高采烈地離開。我再回你電話。」

當他幾分鐘後打來，已泣不成聲。

普雷的雄心

最詳盡的說法是：普雷開車從派對載休爾特回家，放休爾特下車後幾分鐘，他的車失去控制了。那美麗的牛奶糖名爵，用他第一張藍帶支票買的車，撞到路上的大石頭。車子騰空而起，普雷飛了出去。他背部著地，剛好被名爵輾過胸口。

他在派對上喝了一兩杯啤酒，但看到他離開的人都說他沒喝醉。

他二十四歲。正是我和卡特前往夏威夷的年紀。換句話說，我的人生剛開始的時候。二十四歲時，我還不知道自己是誰，而普雷不但知道他是誰，全世界都知道他是誰。他過世時是美國每一種中長距離的記錄保持人，從兩千公尺到一萬公尺，兩英里到六英里。當然，他真正保有的，真正擄獲、留住、永遠不會放開的，是我們的想像。

致悼詞時，鮑爾曼當然提到普雷在體育方面的成就，但也強調，普雷的人生和傳奇還有更大、更崇高的目標。沒錯，鮑爾曼說，普雷矢志要當世界最好的跑者，但他的雄心不止於此。他想要打破心胸狹窄、斤斤計較的官僚綁住所有跑者的枷鎖。他想要破除那些阻擋業餘運動員、害他們身無分文、妨礙他們發揮潛力的蠢規則。當鮑爾曼致詞完畢，走下講台時，我覺得他看起來老了好多，簡直身孱體弱。看著他踉踉蹌蹌走回座位，我完全無法想像他是怎麼找到力量、上台發表那些話的。

佩妮和我並未跟隨隊伍到墓園。我們沒辦法。我們太過激動。我們也沒跟鮑爾曼說話，而我也不記得之後有和他說起普雷過世的事。我們都無法承受。

一兩年後我聽說普雷過世的地點有事發生。那裡成了一個聖殿。人們每天前去探訪，留下鮮花、信件、紙條、禮物——和NIKE。我想，該有人把他們收集起來，存放在安全的地方。我憶及一九六二年造訪過的許多聖地。該有人管理普雷的地方，而我認為該由我們出面。我們沒有錢做那樣的事。但我找強森及伍德爾談過，而我們一致同意，只要我們還有營業，就會想辦法**找**錢做那樣的事。

第16章・1976年

「雜碎」會議

我讓員工做自己、
讓他們放手一搏、
讓他們犯自己的錯，
因為我也喜歡人們這樣對待我。

既然已經度過銀行危機，既然我有充分理由相信不會坐牢，我便可以回頭去問更深的問題。我們企圖在這裡建立什麼？我們希望成為什麼樣的公司？

一如大部分的公司，我們有學習的榜樣。例如索尼。索尼就像今天的蘋果。賺錢、創新、有效率——而且善待員工。每當新聞媒體問起，我常說我希望NIKE跟索尼一樣。但內心深處，我有更大而比較模糊的目標和希望。

我搜遍腦海及內心，唯一找得到的就是這個字——贏。那沒什麼深意，但就是遠遠比其他代替的詞彙來得好。無論發生什麼事，我都不想輸。輸等於死。藍帶是我第三個孩子，如皇湯姆所說，我事業上的孩子，而我就是無法承受它死去。它非活下去不可。我告訴自己。非活下去不可。我只知道這個。

有好幾次，一九七六年的頭幾個月，我和海耶斯、伍德爾和史崔瑟聚在一起吃三明治喝汽水時，隨便聊聊這個終極目標的問題。輸贏的問題。錢不是我們的目標，我們意見一致。錢不是我們的終點。但無論我們的目標或終點為何，錢是唯一能到達彼岸的途徑。我們需要比手頭更多的錢。

日商岩井已經貸給我們好幾百萬，彼此關係感覺穩定，又因近來的危機更加鞏固。**你沒有更好的合夥人了**。查克．羅賓森說得對。但要追上需求，要持續成長，我們還需要好幾百萬。新銀行貸款給我們了，這很好，但因為他們是小銀行，我們已經達到它的法律限制。在伍德爾、史崔瑟和海耶斯一九七六年一連串討論會的某個時間點，我們開始聊到最合乎邏輯的算術解決方式，但也是最情感糾結的方式。

上市。

當然，在某種程度上，這個構想非常合理。上市可以瞬間取得一大筆錢。但那也十分冒險，因為上市往往意味著失去掌控權。那可能意味著替別人工作，突然要對股東，數百甚至數千名陌生人負責，而且其中多數將是大型投資公司。

上市可能會讓我們一夕之間變成我們憎惡的東西，我們費盡千辛萬苦逃離的東西。

對我來說還有個要考慮的因素，語義學的因素。因為生性害羞孤僻，我覺得這個名詞本身就令人厭惡：上市，**公開**發行。不用了謝謝。

然而，在每天夜跑期間，我有時會問自己，你的人生難道不是一直在尋找連結？為鮑爾曼跑步、到世界各地背包旅行、開公司、娶佩妮、召集一幫兄弟進入藍帶的核心——以上種種，就某個角度來看，難道不是接觸大眾嗎？

不過，最後，我決定，**我們**決定，上市不恰當。那不適合我們，我說，我們說。不可能適合。絕對不適合。

散會。

所以我們著手尋覓其他方法來籌措資金。

有個方法自己找上門。第一州立銀行請我們申請百萬美元的貸款，說小企業管理局（Small Business Administration）會擔保。這是個漏洞，小型銀行溫和提高信貸上限的方式，因為它們擔保借款的限額比直接貸款高。所以我們去貸了，主要是為了讓他們更好過。

一如以往，事實證明過程比乍看下複雜。第一州立銀行和小企業管理局要求身為大股東的我和鮑爾曼親自擔保。我們在第一國民銀行和加州銀行都做過，所以我不覺得有什麼問題。我欠的債都堆到脖子那麼高了，再擔保一件又何妨？

但鮑爾曼畏縮不前。已經退休、靠固定收入過活、因前幾年的創傷頹靡不振、又受到普雷過世重擊的他，不想再冒任何風險。他擔心輸掉江山。

他不想提供個人擔保，反倒打算以折扣價轉賣三分之二的藍帶股份給我。他要退出。

我不想這樣。別說我沒錢買他的股份，我更不想失去我公司的基石，我心靈的靠山。但鮑爾曼無比堅持，而我不會蠢到和他爭論。所以我們一起去找賈夸，請他協助促成這筆交易。賈夸仍是鮑爾曼最好的朋友，而我也已視他為至交。我仍完全信任他。

我跟他說，我們不要完全拆夥。雖然我不情願地答應買下鮑爾曼的股份（分五年分期付款），我仍拜託他保留一定比例，繼續擔任副總裁和小董事會的一員。

成交，他說。我們握手。

敬我們的台灣朋友！

在我們忙著轉移股份和美金時，美金本身正大幅貶值。它忽然掉入對日圓的死亡螺旋（death spiral）。加上日本勞動工資率節節上漲，弱勢美元儼然成為我們生存的最大威脅。我們已經提升生產並分散生產來源，在新英格蘭和波多黎各增建新工廠，但我們的製造仍幾乎全在變化莫測的日本進行，以日本橡膠為主。不無可能突然出現後果嚴重的供應短缺。尤其，近來鮑爾曼鬆餅運動鞋的需求巨幅攀升。

鬆餅運動鞋擁有獨一無二的外鞋底和枕頭般舒適的中底減震墊，售價又低於市場行情（二四．九五美元），繼續前所未見地擄獲大眾的想像力。不只感覺起來不一樣，或穿起來不一樣——看起來也不一樣，迥然不同。鮮紅的鞋幫，粗白的勾勾，堪稱功能和美學的革命。這外觀吸引數十萬人成為NIKE的新顧客，而其性能鞏固了顧客忠誠。抓地力和避震力優於市面上任何產品。

從流行配件到文化工藝的角度看鞋子在一九七六年的演化，我有個想法：**人們可能開始穿這玩意兒去上課**。

上班。

去雜貨店。

日常生活走到哪穿到哪。

這是個相當誇張的構想。愛迪達意欲透過史丹．史密斯（Stan Smith）代言的網球鞋和鄉村系列（Country）跑步鞋將運動鞋轉變成日常穿著，成效有限。而這兩者的獨特性或是受歡迎程度都及不上鬆餅運動鞋三分。所以我請工廠開始製造藍色的鬆餅鞋，這樣和牛仔褲比較搭，而鬆餅鞋的銷量就從這時真正激升。

我們生產得不夠。零售商和業務代表都下跪懇求我們把能運的鬆餅鞋統統給他們。一飛沖天的雙數改變我們公司，遑論整個產業。這數字重新定義我們的長期目標，它給了我們一直欠缺的東西——身分，只有品牌是不夠的。NIKE逐漸成為家喻戶曉的名字，到了我們非換公司名稱不可的地步。我們決定，藍帶該功成身退了。我們必須組成NIKE公司（Nike, Inc.）。

而為了讓這個新名字響徹雲霄，持續成長，渡過美元走弱的難關，一如以往，我們必須提高產能。業務代表的跪求不會持續多久，我們必須找到更多日本之外的製造中心。現階段在美國和波多黎各的工廠有幫助，但絕對不夠。太舊、太少、太貴。所以，一九七六年春天，終於到了轉向台灣的時候。

誰要當台灣的先頭部隊？我仰賴吉姆．戈爾曼，一名彌足珍貴、向來以對NIKE近乎瘋狂的忠誠著稱的員工。在一連數個寄養家庭長大的戈爾曼，似乎在NIKE找到從未擁有過的家庭，因此他永遠是個好兄弟、好隊員。例如，一九七二年，在賈夸會議室那場決定性的攤牌之後，就是戈爾曼獲派那個不愉快的任務：載北見去機場，而他無怨無尤。是戈爾曼接替伍德爾管理尤金的店面：後人難以企及的艱巨任務。是戈爾曼在一九七二年奧運資格賽穿品質欠佳的NIKE釘鞋。在每一個例子，戈爾曼都圓滿達成任務，從未口出惡言。他似乎是承擔這個最新「不可能任務」——台灣——的最佳人選。但首先我得給他上一堂亞洲速成課。所以我安排了一次旅行，就我們兩個人。

在往海外的飛機上，戈爾曼證明自己是個酷愛學習的人，猶如海綿。對於我的經驗、我的意見、我讀的書，他無不打破砂鍋問到底，而且記下我說的每一句話。我覺得彷彿回到波特蘭州大教書，很喜歡。我記得，要加深你對某個學科的知識，最好的方式就是分享，所以當我將我對日本、韓國、中國和台灣所知的一切轉移到戈爾曼的腦袋，我們教學相長。

我告訴他，鞋子的生產商啊，正聯手拋棄日本。而他們全都轉往兩個地方：韓國和台灣。兩個國家都專攻低價鞋，但南韓已選擇採用幾家超大型工廠的模式，台灣則正在建造一百家較小的工廠。那就是我們選擇台灣的原因。對最大的工廠來說，我們的需求太高，量卻太低。而在較小型的工廠，我們將擁有主導權。一切將由我們掌控。

當然，比較棘手的挑戰是如何提升我們所選工廠的品質。

再來是政局不穩的持續威脅。蔣介石總統剛去世，我告訴戈爾曼，在掌權二十五年後，留下麻煩的權力真空。

另外，你永遠必須考量台灣和中國長年的緊張關係。

當我們飛越太平洋時，我一直說，一直說，而戈爾曼在做詳實筆記之餘，也提出嶄新的構想，而那給了我新的洞見，要思考的新的事情。當我們抵達台中——我們的第一站——踏出飛機，我滿心歡喜，也印象深刻。這個傢伙熱情洋溢、活力充沛、渴望趕快開始。我以當他的導師為傲。

選得好，我告訴自己。

但當我們抵達飯店時，戈爾曼退避三舍。台中看起來跟聞起來都像銀河系的另一端。一座冒煙工廠林立的大都會，密度每平方英尺數千人，完全不像我見過的任何地方，而我已經跑遍全亞洲，所以可憐的戈爾曼當然會受不了。我在他眼中看到典型亞洲菜鳥的反應，那種精神錯亂、電路超載的神色。跟佩妮在日本遇到我時一模一樣。

穩住，我告訴他。一天捱過一天，一間工廠看過一間工廠。跟著你的導師走就對了。

接下來一星期，我們拜訪、參觀了二十多間工廠。大都不好。幽暗、髒亂，員工重複同樣的動作、眼神空洞。但在台中以南的斗六小鎮裡，我們找到一間看來頗有希望的工廠。它叫豐泰，是由一個叫王秋雄的年輕人管理。工廠小但乾淨，充滿正向的氛圍，王秋雄也一樣，是個為他的工作場所而活的「鞋痴」。也住在那裡。當我們注意到工廠旁有個小房間寫著禁止進入，我問裡面是什麼。家，他說。「我和內人和三個孩子住的地方。」

我想起強森。我決定讓豐泰成為我們台灣事業的基石。

當我們沒在參觀工廠時，戈爾曼和我接受工廠老闆的招待。他們請我們享用當地的佳餚，其中有些是真正烹調過的食物，也一直斟給我們一種叫「茅台」的玩意，說是種蒸餾酒，但顯然是用鞋乳而非甘蔗蒸餾的。因為時差的緣故，戈爾曼和我都不勝酒力。兩杯茅台下肚，我們就爛醉如泥了。我們試著放慢速度，但東道主一直舉起他們的玻璃杯。

敬NIKE！

敬美國！

在造訪台中的最後一頓晚餐上，戈爾曼一再請求離開、衝進男廁、潑冷水到臉上。每當他離開桌子，我都把我剩的茅台統統倒進他的水杯。每一次他從男廁回來，大家都會再敬一次酒，而戈爾曼以為拿水杯十分穩當。

敬我們的美國朋友！

敬我們的台灣朋友！

又吞了一大口兌了酒的水後，戈爾曼一臉驚恐地看著我。「我覺得我快昏倒了，」他說。

「多喝點水，」我說。

「喝起來很怪。」

「哪會。」

雖然我頻頻把酒精偷賴給戈爾曼，但回到房間時，我還是頭昏眼花，沒辦法準備就寢，連找床都沒辦法。我在刷牙時睡著，只刷到一半。

一段時間後我醒來，試著找我備用的隱形眼鏡。找到了，又掉到地上。傳來敲門聲。是戈爾曼。他走進來，問我隔天的行程。他看到我趴在地上，在我自己的一攤嘔吐物中找隱形眼鏡。

「菲爾，你還好嗎？」

「跟著你的導師走就對了，」我含糊地說。

台灣子公司

隔天早上我們飛到首都台北，又參觀了兩間工廠。晚上到新生南路散步，欣賞那裡的寺廟、教堂和清真寺。天堂之路，當地人這麼稱呼。而且，我告訴戈爾曼，新生就是「新的生命」之意。當我們回到飯店，我接到一通奇怪、意外的電話。是傑瑞．謝打來「致意」。

我在前一年拜訪過的某家製鞋廠遇過他。那時他為三菱和偉大的喬納斯．桑特工作。他的熱情和工作倫理令我印象深刻。而且年輕。不同於其他所有我遇過的「鞋痴」，他年輕、二十來歲，而且看起來年紀小得多，像發育太好的幼兒。

他說聽說我們來台灣。然後，宛如中情局探員，他補了一句：「我知道你們為什麼來這裡……」

他邀請我們去他的辦公室，這項邀請似乎是在暗示，他現在自己開公司，不是為三菱工作了。

我記下謝的辦公室地址，拉了戈爾曼一塊兒去。飯店的門房畫給我們一張地圖——結果證明毫無用處。謝的辦公室在這座城市地圖未標出的部分，最糟的部分。戈爾曼和我走進一連串沒標示的小路，再走入一連串沒編號的巷弄。你有看到路標嗎？我連路都看不出來。

我們一定迷了十幾次路。終於到了。一棟結實的舊紅磚樓房，裡面有一座不穩固的樓梯。走上三樓途中，欄杆一直在我們手中脫落，而每一道石階都有深深的凹痕——跟上百萬隻鞋子接觸的結果。

「請進！」當我們敲門時，謝高喊。我們看到他坐在猶如巨鼠窩的房間正中央。放眼所及都是鞋、鞋、鞋，以及一堆堆、一疊疊鞋子的部件——鞋底、鞋帶、鞋舌。謝跳起來，清出空間給我們坐。他請我們喝茶。然後，水還在滾呢，他就開始教育我們。**你知道世上每個國家都有許許多多與鞋子有關的習俗和迷信嗎？**他從架上抓了一隻鞋，拿到我們面前。**你知道在中國，男性娶親的時候，會把紅鞋扔上屋頂，確保婚禮當晚諸事順利嗎？**他把鞋子拿到奮力突破窗戶污垢的微弱日光下旋轉。他告訴我們它來自哪間工廠，他為什麼覺得它做得不錯，還有可以怎麼做得更好。**你知道在許多國家，當人們展開旅程，朝他們扔一隻鞋子其實代表好運嗎？**他抓了另一隻鞋，像哈姆雷特捧著憂裡客（Yorick）的頭骨那樣伸過來。他鑑定了它的出處，告訴我們為什麼做得很差，為什麼很快就會分崩離析，然後輕蔑地丟到一旁。一隻鞋與另一隻鞋的差異，十之八九在工廠。忘了設計、忘了顏色、忘了其他所有檢視一隻鞋子的東西，最重要的是工廠。

我仔細聆聽，還做筆記，像飛機上的戈爾曼一樣，不過我從頭到尾都在想：這是在作戲。他從頭到尾都在表演，企圖取信於我們。他不了解，我們需要他比他需要我們更甚。

這會兒謝開始毛遂自薦了。他告訴我們，只要一點點佣金，他很樂意幫我們引薦台灣最好的工廠。

成敗可能在此一舉。我們可以善加利用地頭蛇，為我們鋪路，替我們牽線，協助戈爾曼適應。亞洲版的吉安佩卓。接下來幾分鐘，我們商議了每雙鞋的佣金，但那是友好的磋商。然後我們握了手。

成交？成交。

我們再次坐下來，擬訂設立一家台灣子公司的協議。要叫它什麼好呢？我不想用ＮＩＫＥ。如果我們想在中華人民共和國做生意，就不能跟中國不共戴天的敵人有瓜葛。那說好聽希望微小，說難聽是遙不可及的夢想，但終究是個希望。所以我選了雅典娜（Athena）。帶來「ＮＩＫＥ」的希臘女神。我由此保護了那條不見於地圖、沒有門牌的天堂路。或說對「鞋痴」而言是天堂。

那是一個有二十億隻腳的國度。

麥克阿瑟的套房

我先遣戈爾曼回國。在離開亞洲前，我告訴他得很快停一下馬尼拉。私事，我含糊地說。

我去馬尼拉拜訪一家製鞋廠，很好。然後，為了完成一個舊循環，當晚，我在麥克阿瑟的套房度過。

人們只會記得你違犯了哪些規矩。

也許會。

也許不會。

建國兩百週年

今年是美國建國兩百年，美國文化史上奇妙的一刻，三百六十五天都有非常出色的自省、公民課程和夜半煙火。從元月一日到十二月三十一日，無論你轉到哪個頻道，都避不掉有關喬治・華盛頓或班・富蘭克林（Ben Franklin）或萊辛頓和康科德戰役（Lexington and Concord）的電影或紀錄片。而無可避免地，那些愛國節目還嵌了另一種「兩百週年備忘錄」（Bicentennial Minute），一種由迪克・范・戴克（Dick Van Dyke）或露西・波兒（Lucille Ball）或蓋博・凱普蘭（Gabe Kaplan）敘述在獨立戰爭年代的今天所發生的一些事件。這天晚上也許是潔西卡・坦迪（Jessica Tandy）暢談自由之樹（Liberty Tree）的砍伐。隔晚也許換福特總統（Gerald Ford）規勸全體美國人要「長保〔一七〕七六年的精神」。那多少有點陳腔濫調，稍嫌多愁善感——但極為動人。這般鼓吹愛國精神一年下來，喚醒了我對國家本就濃烈的愛。高大的船隻駛進紐約港，吟誦權利法案（Bill of Rights）和獨立宣言（Declaration of Independence）、熱烈討論自由和正義——全都重新燃起我身為美國人的感激。還有自由。還有沒鋃鐺入獄。

三名奧運選手……穿ＮＩＫＥ！

六月再次於尤金舉行的一九七六年奧運資格賽，ＮＩＫＥ有機會——絕佳的機會——大顯身手。憑著虎牌從未有過的機會——虎牌釘鞋水準並非頂尖。憑著第一代的ＮＩＫＥ產品從未有過的機會。現在，我們終於有自己的產品，而且那真的好：頂級的馬拉松鞋和釘鞋。離開波特蘭時，我們興奮地七嘴八舌。我們終於可以說，將有穿ＮＩＫＥ的跑者入選奧運代表隊了。

一定會有。

非有不可。

佩妮和我開車到尤金，和負責為那場盛會拍照的強森碰頭。雖然我們對資格賽倍感興奮，但當我們在水泄不通的看台就座，談的卻是普雷。顯然普雷也在其他每個人心底。他的名字從四面八方傳來，他的靈魂似乎徘徊不去，像在田徑場上空翻攪的低雲。而如果你很想忘記他，就算只是暫時，當你看著那些跑者的腳，又會猛然想起。許多跑者都穿普雷蒙特婁（更多跑者穿艾希特廠製造的款式，例如Triumph和Vainqueur。那天的海沃德運動場宛如ＮＩＫＥ的展示廳）。

眾所皆知，這場資格賽原本會是普雷史詩般東山再起的起點。在慕尼黑被擊倒後，他原本會再站起來，毋庸置疑，而再起原本會從這裡開始，此時此地。賽事每一回合都喚起同樣的念頭，同樣的畫面：普雷突圍而出。普雷衝過終點線。我們都看得到。我們都看得到他為勝利而亢奮。

要是這樣就好了，我們一直這樣說，語帶哽咽地說，要是這樣就好了。

夕陽西下時，天空變得又紅又白，還有一抹微黑的湛藍。但還夠亮，當一萬公尺的跑者聚集於起跑線時，仍認得出誰是誰。佩妮和我一邊站起來，一邊試著摒除雜念，十指緊扣，彷彿在祈禱。我們當然指望休爾特。他天分絕頂，又是最後一個見到普雷活著的人——由他接下普雷的火把合情合理。不過我們還有兩位跑者穿ＮＩＫＥ：一是克雷格．維京（Craig Virgin），伊利諾大學年輕優秀的跑者；二是蓋瑞．柏克倫（Garry Bjorklund），來自明尼蘇達的老將，動過手術摘除足部一根鬆脫的骨頭，正試圖復出。

槍響，跑者拔腿狂奔，全部擠成一團，而佩妮也和我擠在一起，隨著每一個步伐又喔又啊的。過了半途的標誌，集團中原本僅止毫釐的差距發生變化，休爾特和維京猛然超前。在一陣推擠中，維京不小心踩到柏克倫，使他的NIKE飛了起來。現在柏克倫脆弱、手術修復的腳赤裸了，暴露了，每一步都拍打著堅硬的跑道。但柏克倫沒有停下來，沒有猶豫，甚至沒有慢下來。他繼續跑，愈跑愈快，而那熾烈的勇氣展現征服了全場觀眾。我們大聲幫他加油，我想就和前一年幫普雷加油一樣大聲。

來到最後一圈，休爾特和維京領先群倫。佩妮和我跳上跳下。「我們會包辦前兩名，」我們說：「我們會包辦前兩名！」結果我們一舉包辦前三。休爾特和維京拿下前兩名，而柏克倫在終點線超前比爾．羅傑斯。我全身是汗。三名奧運選手……穿NIKE！

隔天早上，我們沒有在海沃德繞場一圈慶祝勝利，而是到NIKE店面紮營。在強森和我混進顧客時，佩妮操作絹印機，大量生產NIKE的T恤。她的技術無與倫比；從早到晚都有人進來說他們在街上看到有人穿NIKE，所以他們也想要一件。雖然不時悼念普雷，但我們允許自己感受喜悅，因為事實愈來愈明顯：NIKE不只是大顯身手而已。NIKE儼然在奧運資格賽稱霸。維京穿著NIKE拿下五千公尺第一。休爾特穿著NIKE贏得馬拉松。慢慢地，在店裡，在鎮上，我們聽到人們竊竊私語：NIKE、NIKE、NIKE。我們聽到我們的名字比任何運動員的名字都多。除了普雷。

星期六下午，走進海沃德運動場探訪鮑爾曼時，我聽到身後有人說：「我咧，NIKE**真的**給愛迪達迎頭痛擊了。」這堪稱這個週末、這一年的最重要時刻，而緊跟在後的是我稍後看到的彪馬業務代表——他靠著一棵樹，一副想自殺的樣子。

這次鮑爾曼在海沃德只當觀眾，這對他、對我們來說都很怪。但他還是穿著他的標準制服：

破舊的運動衫、壓低的球帽。他正式要求在東看台底下的小辦公室碰面。那其實不是真的辦公室，比較像儲藏間，是場地管理員存放耙子、掃帚和幾張帆布椅的地方。幾乎沒有空間容納教練、強森和我，更別說教練邀請的其他人：霍利斯特和丹尼斯．維西（Dennis Vixie）。維西是在地的足科醫師，兼任鮑爾曼的鞋子顧問。當鮑爾曼關上門，我發現他看來完全不像他。在普雷的告別式上，他看起來很蒼老。現在則看來十分迷惘。聊了一會兒後，他開始怒吼。他抱怨NIKE已經完全不「尊重」他。我們在他家裡設了實驗室，給他一部鞋幫機，但他說他一直向艾希特要原料而不可得。

強森一臉惶恐。「什麼原料？」他問。

「我要鞋幫，卻沒人理我！」鮑爾曼說。

強森轉向維西。「我有把鞋幫寄給你啊！」他說：「維西——你沒收到嗎？」

維西一臉困惑。「有啊，有收到。」

鮑爾曼脫掉球帽，戴回去，又脫掉。「啊，呃，」他咕噥道：「可是你們沒寄**外底**來。」

強森臉都紅了。「我也寄了！維西？」

「有，」維西說：「我們有收到。」

現在我們全都轉頭看鮑爾曼，他在踱步，或試圖踱步。沒有空間。辦公室很暗，但我仍看得出來，老教頭的臉也紅了。「呃……我們沒準時收到！」他大叫，耙子的尖齒震顫不已。問題不在鞋幫和外底。問題在退休。和時間。一如普雷，時間不會**聽**鮑爾曼說話。時間不會**慢下來**。

「我不要再忍受這些狗屎了，」他氣急敗壞，奪門而出，讓門敞開著，擺動著。

我看著強森和維西和霍利斯特。他們全都看著我。鮑爾曼是對是錯並不重要，我們就是必須設法讓他覺得被需要，和有用處。我說，如果鮑爾曼不開心，NIKE就不會開心。

他穿著……虎牌

幾個月後，悶熱的蒙特婁是NIKE華麗登場的舞台，我們奧運亮相派對的場地。一九七六年奧運開幕時，數項備受矚目的賽事都有選手穿著NIKE。但我們最殷切的希望，以及我們大部分的資金，都投注在休爾特身上。他是奪金大熱門，也就是說，史上第一次，NIKE有望搶在其他所有鞋子之前越過奧運的終點線。對一家跑步鞋公司來說，這是盛大的成人禮。在有奧運選手穿上你的鞋子登上最高的授獎台之前，你算不上合格、名副其實的跑步鞋公司。

那個星期六——一九七六年七月三十一日，我醒得很早。喝完早上的咖啡，我到躺椅就座，三明治在肘邊，冰汽水在冰箱。不知道北見有沒有在看。不知道之前的銀行有沒有在看。不知道我的爸媽和妹妹有沒有在看。不知道聯邦調查局有沒有在看。

跑者接近起跑線。我跟著他們彎腰向前。我體內的腎上腺素說不定跟休爾特一樣高。我等待鳴槍，等待那無可避免的，照到休爾特雙腳的特寫畫面。鏡頭伸進了。我停止呼吸。我從躺椅滑落到地板，爬到電視螢光幕前。不，我說。不，我痛苦地大叫。「不。**不！**」

他穿著……**虎牌**。

我驚恐地看著NIKE最大的希望，穿著敵人的鞋子起跑。

我站起來，走回躺椅，看著比賽繼續發展，對自己說話，喃喃自語。屋裡變暗了。還暗得不如我意。我在某一刻拉上了窗簾，關了燈，但沒關電視。我要看完兩個小時又十分鐘，直到結果分曉。

我到現在還不確定自己是否明白發生了什麼事。看樣子，休爾特認定他的NIKE很脆弱，撐不完二十六英里的全程（就算那在奧運資格賽表現完美）。或許是焦躁，或許是迷信，他想用他以前一直在用的東西。跑者在那方面的執著很可笑。無論如何，他在最後一刻換回在一九七二年奪金時穿的鞋子。

而我把汽水換成伏特加。坐在黑暗中，抓著雞尾酒，我告訴自己就整體計畫來看，那沒什麼大不了。休爾特根本沒贏。一個東德人意想不到地把金牌帶回家。當然我是在自己騙自己，事情非常大條，而且不是因為失望，或失去行銷機會。如果看到休爾特不是穿我的鞋子起跑可以影響我那麼深，現在可以正式宣布：NIKE不只是一雙鞋。不再只是我製造NIKE了；NIKE也在製造我。如果我看到有運動員選擇別的鞋子，那不光是品牌遭到拒絕，也是我被拒絕。我告訴自己要講理，這個世界不是人人都會穿NIKE。而我不會說，每當我看到有人不是穿我的跑步鞋在街上走，就會覺得心煩意亂。

但那一定會留下印象。

而我不喜歡這樣。

當晚我打電話給霍利斯特。他也極為震驚。聲音掩不住憤怒。我滿高興的。我希望為我工作的人也感受到那樣的痛徹心扉，同樣因為那樣的拒絕而肝腸寸斷。

所幸，這樣的拒絕愈來愈少。在一九七六會計年度結束時，我們的銷售額增加一倍——一千四百萬美元。驚人的數字，財務分析師如此指出，並大書特書。但我們仍缺現金。我繼續盡力借我借得到的每一分錢，帶著我信任的夥伴或率直或心照不宣的祝福，投入成長。伍德爾，史崔瑟，海耶斯。

一九七六年初我們四個人曾試探性地討論上市，當時擱置了。現在，在一九七六年的尾聲，我們再次提起這個構想，更嚴肅地討論。我們分析了風險，權衡利弊得失，再次決定：不要。

當然，當然，我們說，我們喜歡那種快速的融資方式。噢，我們可以拿錢做好多事！可以租好幾間工廠！可以聘用人才！但上市會改變我們的文化，讓我們承擔義務，讓我們變成有限公司。那不是我們的玩法，我們一致同意。

幾星期後，我們亟需用錢，銀行帳戶卻已歸零，我們又研究了這個構想。

再次否決。

想一勞永逸解決這個問題，我把這個主題列為我們的半年一會，即我們暱稱為「雜碎」（The Buttface）的度假會議的首要議程。

不來「房間裡最聰明的人」這套

印象中，「雜碎」一詞是強森發明的。他在最早某次度假會議中低聲嘀咕：「有多少市價數百萬美元的公司可以讓你大叫：『喂，雜碎，』結果整支管理團隊全部回頭？」那引發哄堂大笑。於是定案，於是成為本公司方言的關鍵部分。雜碎既指度假會議，也指參與度假會議的人；不只如實描繪了度假會議的不正式氣氛——沒有哪一個構想神聖到不可嘲笑，也沒有哪一號人物重要到不可揶揄——也總結了這家公司的精神、使命和精神特質。

前幾次度假會議分別在奧勒岡數個度假村舉行。Otter Crest、Salishan。最後我們寧可選擇Sunriver，陽光普照的奧勒岡中部一個充滿田園風情的地點。通常，伍德爾和強森會從東岸飛來，然後我們會在星期五晚上一起開車去Sunriver。我們會訂一堆客房、預留會議室，接下來兩、三天就在那裡互相咆哮叫到喉嚨沙啞。

我可以清楚看到自己坐在會議桌前頭，咆哮，被咆哮——笑到沒聲音為止。我們面臨的問題嚴峻、複雜、看似無法克服，又因我們平常相隔三千英里而雪上加霜，畢竟那個年代的通訊沒有那麼簡便即時。但我們一直在笑。有時候，在一陣捧腹大笑後，我會掃視桌子四周，覺得情感豐沛到不能自已。同志情誼、忠誠、感激。甚至愛。當然是愛。但我也記得自己倏然一驚：**這些**都是我找來的人欸。這些是一家市值數百萬、賣**運動**鞋的公司的創建元老欸？一個癱瘓的老兄、兩個過胖的傢伙、一個菸不離手的老菸槍？明白在這群人中跟我有最多共通點的是……強森，這點固然令人振奮，但無可否認的是，當大家都在歡笑、喧鬧不已的時候，他是唯一神智清醒的，靜靜坐在桌子中央讀他的書。

每場度假會議，嗓門最大、最瘋狂的似乎都是海耶斯，一如他的腰圍，他的性格也一直在擴張，增添新的恐懼和有熱忱的事物。例如，這時海耶斯不知怎地深深迷戀起重型裝備。反鏟挖土機、推土機、移動升降台（cherry picker）、起重機，令他神魂顛倒。它們……讓他興奮莫名，沒有比這更好的說法了。有一場雜碎，在我們離開當地酒吧時，海耶斯看到旅館後面的田裡有部推土機。他驚訝地發現鑰匙留在上頭，所以他跳進去，在田裡以及停車場裡，把土推過來推過去，到差點撞壞好幾輛車才離開。海耶斯開推土機，我想：一如勾勾，**那**可以當我們的標誌。

我總是說，是伍德爾讓「火車準點」，但「鋪設軌道」的人其實是海耶斯。海耶斯建立了所有難懂的會計系統，沒有那些，這家公司早就戛然而止。當我們剛從人工操作改成自動化會計系統時，海耶斯取得第一批最原始的機器，不斷加以調整、修改，甚至拿他火腿一般的拳頭猛敲，確保機器精確無誤。當我們剛開始去美國海外做生意時，外國貨幣成了窮極麻煩的問題，而海耶斯建立了精妙的貨幣避險系統，讓我們的擴張更可靠，更可預期。

雖然時常胡鬧，雖然古里古怪，雖然身體有缺陷，我仍覺得我們是一支堅不可摧的團隊（幾年後，一位研究NIKE的知名哈佛商學教授也有同樣的結論。「一般來說，」他說：「如果一家公司有一位經理可以做戰略性**及**策略性思考，那家公司便有光明的未來。但天啊你們好幸運：有超過半數的雜碎可以那樣思考！」）。

隨便找個外人來看，我們無疑是一群差勁的烏合之眾，無可救藥地不搭軋。但事實上，我們的相似多於相異，而這凝聚了我們的目標和努力。我們大都是奧勒岡人，這很重要。我們都有一種與生俱來的需求：證明自己、向世界證明我們不是鄉巴佬不是大老粗。我們也幾乎都無情地厭惡自己，而這壓抑了自我意識。我們之間不搞「房間裡最聰明的人」那種愚蠢玩意兒。海耶斯、史崔瑟、強森，三個都會是任何房間裡面最聰明的人，但三個都不自認如此，也不認為別人是。我們的會議總是輕蔑來、鄙視去，滿場粗言穢語。

我們不斷互相辱罵，說有多粗俗就有多粗俗。槍林彈雨般互相抨擊。在提出點子、駁倒點子、仔細討論公司面臨的威脅時，我們最不在乎的就是別人的感覺，包括我。甚至以我為頭號目標。我的雜碎夥伴、我的員工，都叫我簿記員巴克（Bucky the Bookkeeper），一直叫，一直叫。我從未要求他們住口。我了解狀況。如果你示弱，流露出多愁善感，你就完蛋了。

我記得在一場雜碎上，史崔瑟認為我們的手段「侵略性」不夠。他說，這家公司太多數字專家了。「所以在這場會議開始前，我想要先插句話。我在這裡準備了一套**反**預算。」他揮著一個活頁夾。「這就是該拿我們的錢做的事。」

大家當然都想看看他的數字，尤以搞數字的海耶斯為甚。當我們發現數字沒有加起來，一欄也沒加時，我們開始咆哮。

史崔瑟很不高興。「我針對的是本質，」他說。「**本質**。」

咆哮聲更大了。所以史崔瑟拿起他的活頁夾，往牆一扔。「你們這些渾蛋，」他說。活頁夾迸開，紙張飛得到處都是，笑聲震耳欲聾。就連史崔瑟也忍不住笑了。他非加入不可。

怪不得史崔瑟的綽號叫「轟天雷」（Rolling Thunder）。海耶斯叫「審判日」（Doomsday），伍德爾叫「載重」（Weight）（總載重噸位〔Dead Weight〕的簡稱）。強森叫「四因數」（Four Factor），因為他有誇大的傾向，所以他說的每一件事情都得除以四。沒有人放在心上。在雜碎，唯一不被容許的是臉皮薄。

還有適量飲酒。當一天落幕，眾人因一直辱罵、狂笑和商討問題而口乾舌燥，當我們的黃色拍紙簿寫滿構想、方案、語錄和一張又一張的表，我們會轉移陣地到旅館的酒吧，繼續喝酒開會。喝很多。

那家酒吧叫貓頭鷹的巢（Owl's Nest）。我喜歡閉上眼睛，回想我們旋風般衝進入口，把所有其他客人嚇得鳥獸散，或是和他們做朋友。我們會買酒請大家喝，然後占據一個角落，繼續抨擊彼此的問題或構想或輕率的計畫。假設問題是中底沒有從甲地送到乙地。我們會輪流再輪流，一次一個人講，指名道姓不假情面的讚美詩，在酒精作祟下愈來愈大聲，愈來愈好笑，事情也愈來愈清楚。在貓頭鷹的巢裡面的任何人看來，企業世界的任何人看來，我們毫無效率、毫無章法。太不像話。但在酒保表示要打烊之前，我們會一清二楚**為什麼**那些中底沒辦法從甲地送到乙地，該負責的人會表示悔罪，遭到警告，然後，我們自己會找到富創造力的解決之道。

唯一不會加入我們深夜狂歡的是強森。他通常會去跑個步讓頭腦清醒，接著就回房間在床上讀書。印象中他一步也沒踏進貓頭鷹的巢，搞不好連在哪都不知道。隔天早上我們的第一件事，就是告知他我們在他缺席時所做的決定。

光是在建國兩百週年這年，我們就要努力處理許多壓力異常沉重的問題。我們必須在東岸找間更大的倉庫；我們必須轉移我們的配銷中心，從麻州的霍利斯頓（Holliston）轉到新罕布夏州格陵蘭（Greenland）一個新的四萬平方英尺的空間，這必定是場物流夢魘；我們必須聘用廣告代理商處理量愈來愈大的平面廣告；我們必須要不整頓要不關閉我們績效不彰的工廠；我們必須修正「未來計畫」的缺失；我們必須聘請一位促銷主管；我們必須成立職業俱樂部（Pro Club），一種提供給我們頂尖NBA明星的獎勵制度，鞏固他們的忠誠、把他們留在NIKE的圈子；我們需要推動新產品，如Arsenal：足球棒球兩用、有皮革鞋幫和乙烯基泡沫塑料鞋舌的釘鞋，以及

Striker：適合足球、棒球、美式足球、壘球和草地曲棍球的多功能釘鞋；我們還需要決定新的標誌，除了勾勾，還有書寫體小寫的名字nike，問題於焉而生——太多人以為它是like，或mike。但走到今天，更改公司名稱已經太遲了，所以讓那些字母更清晰易讀似乎是不錯的主意。我們廣告代理商的創意總監丹尼．史崔克蘭（Denny Strickland）設計了印刷體字母的NIKE，全部大寫，且窩在勾勾裡面。我們花了好幾天考慮、辯論。

最重要的是，我們必須決定，最後一次決定，「上市」的問題。在最早幾場雜碎上，共識開始形成。如果我們不能維繫成長，就不可能存活。而雖然我們心懷恐懼，雖然有那些風險和壞處，上市是維繫成長的最佳途徑。

儘管討論激烈，儘管身處公司史上數一數二的麻煩年頭，但那些雜碎會議仍充滿樂趣。在Sunriver度過的時光，沒有一分鐘感覺像在工作。我們是與世界格格不入，而我們覺得這個世界很可悲。話雖如此，就算有正當理由，我們並沒有逃離這世界。我們每個人都曾被誤解、被輕視、被排斥。當外貌和其他優雅的天賦為世人稱頌，我們被老闆剔除、被幸運摒棄、被社會拒絕、被命運捉弄。我們每個人都被早年的失敗鍛鍊過。我們都曾努力追尋過認可和意義，卻徒勞無功。

海耶斯因為太胖，無法成為合夥人。

強森無法適應所謂朝九晚五的正常世界。

史崔瑟是一個討厭保險——也討厭律師——的保險律師。

伍德爾所有年少的夢想，在一場倒楣的意外化為泡影。

我被踢出棒球隊，心碎一地。

每一位雜碎心裡的那個天生輸家，我都感同身受，反之亦然，而我知道我們同心協力可以成為贏家。我仍不清楚除了不輸，贏的確切意義為何，但我們似乎逐漸接近那個關鍵性時刻——答案即將揭曉，或者至少定義更加明確的時刻。也許上市就是那一刻。

也許只要上市，就能確定NIKE可以活下去。

若說我對一九七六年的藍帶管理團隊有任何疑慮，那主要是對於我自己。我這樣對待雜碎們公平嗎？幾乎不給他們指引是對的嗎？當他們表現傑出，我只聳聳肩，說出我最高的評價：還不差。當他們犯錯，我會吼個一、兩分鐘，然後就拋諸腦後。沒有一個雜碎覺得受到我最低程度的威脅——這是好事嗎？**別告訴人們怎麼做事，只要告訴他們要做什麼，讓他們拿出成果令你大吃一驚**。這對巴頓將軍和他的美國大兵而言是正確的方針，但適合這群雜碎嗎？我很擔心。或許我該更親力親為一些。也許我們該更有組織一些。

但我又想：不管我做了什麼，效果應該還算不錯，因為幾乎沒有人叛變。事實上，從博克以後，沒有人真正對任何事鬧過脾氣，甚至包括薪俸，這在任何公司，不論大小皆前所未聞。那群雜碎知道我給自己的薪水不高，而他們相信我已經盡力付給他們最好的報酬。

雜碎們顯然喜歡我營造的文化。我信任他們，完全信任，不緊迫盯人，而那孕育出強有力的雙向忠誠。我的管理風格不適合每一步都想要人家指導的人，但這群人覺得這樣很自由，有充分自主權。我讓他們做自己、讓他們放手一搏、讓他們犯自己的錯，因為我也喜歡人們這樣對待我。

在某個雜碎週末結束時，全神貫注於這些和其他想法，我恍恍惚惚地開車回波特蘭。開到半途我猛然驚醒，開始想佩妮和男孩的事。雜碎們像是家人，但我與他們共度的每一分鐘，都是以我其他的家人——我真正的家人為代價。內疚淹沒了我。當我走進家中，馬修和崔維斯常在門口迎接我。「你去哪裡了？」他們會問。「爹地跟朋友在一起，」我一邊說，一邊把他們抱起來。他們會張大眼睛，一臉困惑。「可是媽咪告訴我們你是去工作。」

就在大概這個時候，約莫NIKE推出第一批童鞋——Wally Waffle和Robbie Road Racer的時候，馬修宣布他只要活著一天，就一天不會穿NIKE的鞋子。他是在表達對我不在家的憤怒，以及其他挫折感。佩妮試著讓他了解爹地不在家是不得已的。爹地在努力打造一些東西。爹地在努力讓他和崔維斯將來可以上大學。

我沒有特地解釋什麼。我告訴自己，我說什麼並不重要。馬修永遠不會理解，而崔維斯一定會理解——他們似乎天生擁有這些恆久不變的原始設定。馬修似乎生來就對我懷抱著一些怨恨，崔維斯則本性深情忠實。多說一些話能改變什麼呢？多一點時間又能改變什麼呢？

我為人父親的風格，我想，就跟我的管理風格一樣。我一直自問，我是做得好，或只是做得夠？

然後我會心軟。我會一再告訴自己：**我要多花點時間陪孩子**。我會一再履行承諾——一陣子。然後又會回到之前的模式，就我所知唯一的可行之道——袖手旁觀。

這或許是我和雜碎弟兄們再怎樣腦力激盪也無法解決的問題。遠比如何讓中底從甲地送到乙地棘手的，是大兒子和二兒子的問題：如何一面讓他們開心，一面讓三兒子——NIKE——維持下去。

第17章・1977年

瘋狂實驗、火爆浪子、拒碰運動的兒子

那幅廣告是一位跑者在孤單的鄉間道路上，
四周環繞著高聳的花旗松。顯然是奧勒岡。
文案寫道：「戰勝對手相對容易。
戰勝自己則是永無休止。」

他名叫法蘭克・魯迪（M. Frank Rudy），當過航太工程師，是個十足的怪人。看他一眼，你就知道他是個瘋狂教授，只不過要到幾年後，我才領教到他瘋得有多徹底（他把自己的性生活和排便寫成了巨細靡遺的日記）。他的搭檔包伯・波傑特（Bob Bogert）是另一個鬼才，他們要一起向我們推銷某個瘋狂的點子。一九七七年三月的那天早上，我們在會議桌前就定位時，我所知道的就只有這些。我甚至不確定這兩個人是怎麼找上我們，或是如何安排了這次的會面。

「好了，老弟。」我說。「你們有何高見？」

我記得那天的天氣不錯。室外的光線是奶油般的淺黃色，天空是幾個月來第一次泛藍，所以我心不在焉，因春光美好而有點懶洋洋的，魯迪則把他的重量靠在會議桌邊，並微笑以對。「奈特先生，我們想出了辦法把……**空氣**……灌進跑鞋裡。」

我皺起了眉頭，把鉛筆一丟。「為什麼？」

「為了強化防震。」他說。「為了強化支撐。

為了走一**輩子**。」

我瞪大了眼。「你在說笑是吧？」

我在鞋業聽過很多不同的人講過很多蠢事，但這件。哦，媽呀。

魯迪遞給我一副鞋底，彷彿是靠念力從二十二世紀送來的。它又大又笨，明顯是硬塑膠，裡面是——氣泡嗎？我把它翻過來。「是氣泡嗎？」我說。

「壓縮氣囊。」他說。

我把鞋底放下，湊近看著魯迪，從頭打量到腳。六呎三吋，身形瘦長，黑髮散亂，眼鏡厚如瓶底，笑起來嘴斜一邊，而且我心想他嚴重缺乏維生素D，完全沒有曬夠太陽，要不然就是「阿達一族」（Addams Family）失散已久的成員。

他看到我估量他，看到我有所存疑，卻沒有絲毫慌張。他走向黑板，拿起粉筆開始寫數字、符號、等式。他頗為詳細地解釋了氣墊鞋為什麼有用，為什麼絕對不會扁掉，它為什麼是下一個大事件（Next Big Thing）。當他說完時，我盯著黑板看。身為受過訓練的會計師，我一輩子有不少時間都在看黑板，但這位魯迪老弟的字不是普通的潦草，很難懂。

我說，人類從冰河時期就在穿鞋，而且四萬年來，基本設計並沒有改變多少。從十九世紀末，鞋匠開始替左右腳的鞋做不同的楦頭，橡膠公司開始製作鞋底以來，其實就沒什麼突破了。在這麼晚的時期，要憑空想出這麼新、這麼革命性的東西似乎不太可能。在我聽起來，「氣墊鞋」就像是噴射背包和自動人行道，純屬漫畫裡的題材。

魯迪依然不受打擊。他鍥而不捨，處變不驚，全神貫注。最後他聳聳肩說他明白了。他嘗試過向愛迪達推銷，而他們也是存疑。天靈靈地靈靈。我要聽到的咒語就是這個。

我問他能不能把鞋底套進我的跑步鞋裡試用看看。「它沒有調節裝置。」他說。「會又鬆又晃。」

「我不在乎這個。」我說。

我把鞋底塞進鞋裡，回頭把鞋穿上，把鞋帶綁緊。我跳上跳下地說，還不賴。

我去跑了六英里。它的確不牢固，但走起來還是很棒。

我跑回了辦公室。還滿身是汗，就直接衝進史崔瑟的辦公室對他說：「我想我們在這方面或許有搞頭。」

這可能大有搞頭

那天晚上，我和史崔瑟找魯迪和波傑特去吃了晚餐。對於氣墊鞋底背後的科學，魯迪解釋了更多。而就在這第二次，它開始說得通了。我對他說，咱們有可能做得成生意。然後我就把它交給史崔瑟去收尾。

我聘用史崔瑟原本是相中他的法律素養，但到了一九七七年時，我發現了他真正的才華：談判。頭幾次我要他去跟世界上最難纏的談判人員——運動經紀人談合約，他都不只守住了底線。我很訝異，經紀人也是。每次史崔瑟帶回來的都比我們打心底期望的要多。在意志力對抗時，沒人嚇得倒他，沒人比得上他。到了一九七七年時，我都是信心滿滿地把他派去參與每場談判，彷佛我派去的是最精銳的第八十二空降師。

我想，他的祕訣在於根本不在乎自己說了什麼、怎麼說，或是回應如何。他全盤吐實，在任何談判中都是極端戰術。我記得史崔瑟有一次是跟艾爾文．海斯（Elvin Hayes）交手，當時我們極力想要續簽這位華盛頓子彈隊（Washington Bullets）的全明星球員。艾爾文的經紀人對史崔瑟說：「你們應該要把整間鬼公司都送給艾爾文才對！」

史崔瑟打了個呵欠。「你要是吧？自己去領。我們有一萬塊在銀行。」

「最後出價，不要就拉倒。」

經紀人吞下去了。

眼見這些「氣墊鞋底」的龐大潛力，此時史崔瑟提議說，我們每賣一副鞋底，就給魯迪一角，魯迪則要求兩角。討價還價了幾週後，他們談妥了一個中間價。然後我們把魯迪和他的搭檔載回艾希特，那裡已成了實際上的研發部。

當然，強森跟魯迪見面時，也幹了跟我一樣的事。他把一些氣墊鞋底塞進自己的跑鞋裡，小跑了輕快的六英里，事後打了通電話給我。「這可能大有搞頭。」他說。

「我就是這麼想的。」我說。

可是強森擔心，氣泡會造成摩擦。他說他的腳覺得熱，長起了水泡。他建議在中底也灌空氣，走起來才平穩。「不要跟我說。」我說。「去跟你的新室友魯迪先生說。」

NIKE打入大學籃球隊

才剛成功把魯迪搞定，我們就給了史崔瑟另一項重大任務：去簽大學的籃球教練。NIKE有軍容壯盛的NBA球員，籃球鞋的銷量急速上升，但我們幾乎沒有大學球隊，連奧勒岡大學都沒有。真不可思議。

迪克．哈特教練在一九七五年告訴我們，他交給球員來決定，而球隊的投票結果是六比六，所以球隊留下了匡威（Converse）。

隔年球隊以九比三票選出了NIKE，但哈特說還是太接近，所以他留下了匡威。

這是什麼鬼話？

在接下來的一年，我叫霍利斯特持續去遊說球員。他照辦了。一九七七年的投票結果是NIKE十二比零。

隔天我跟哈特在賈夸的辦公室碰面，他告訴我，他還是不打算簽。

為什麼？

「我的兩千五百美元呢？」他說。

「啊。」我說。「現在我懂了。」

我寄了張支票給哈特。我的鴨子隊終於要穿著NIKE上球場了。

幾乎就在這個空檔的同時，第二位陌生的鞋子發明人來到了我們的門前。他名叫桑尼．瓦卡羅（Sonny Vaccaro），而且就跟魯迪一樣獨一無二。他又矮又圓，眼珠子不停打轉，講話的聲音沙啞，並有濃濃的義大利口音。他肯定是鞋痴，但卻是直接從《教父》（*The Godfather*）裡走出來的鞋痴。他第一次來NIKE時，帶了好幾隻自己發明的鞋，而在會議室裡引發了陣陣笑聲。這位仁兄與魯迪大異其趣。然而在商談的過程中，他自稱跟國內的每位大學籃球教練都很要好。在多年前，他一手創辦了很夯的高中全明星賽時髦丹經典賽（Dapper Dan Classic），十分轟動，並藉此認識了所有的大牌教練。

「好。」我對他說。「你錄取了。你和史崔瑟出門到外面去看看，能不能打進那個大學籃球市場。」

加州大學洛杉磯分校、印地安那、北卡等等，優秀的籃球學校全都跟愛迪達或匡威有長期的往來。那還剩誰？我們拿得出什麼條件？我們草草憑空想出了「諮詢委員會」，也就是我們的NBA獎酬制度——職業俱樂部的另一種版本，但很寒酸。我打心底預期史崔瑟和瓦卡羅會失敗。而且我以為他們起碼有一年都不會出現在我眼前。

一個月後，史崔瑟喜不自勝地站在我的辦公室裡大叫，還唱名。艾迪・薩頓（Eddie Sutton），阿肯色！艾貝・雷蒙斯（Abe Lemmons），德州！傑瑞・塔卡尼恩（Jerry Tarkanian），內華達大學拉斯維加斯分校！法蘭克・馬奎爾（Frank McGuire），南卡！（我從椅子上跳了起來。馬奎爾是個傳奇：他曾打敗威特・張伯倫〔Wilt Chamberlain〕的堪薩斯隊，為北卡拿下了全國冠軍。）史崔瑟說，我們挖到寶了。

另外，跟附贈沒兩樣的是，他提到了兩位年輕人：愛荷納（Iona）的吉姆・瓦爾瓦諾（Jim Valvano）和喬治城的約翰・湯普森（John Thompson）。

（一兩年後他在大學美式足球領域中達到一樣的成就，打動所有大牌教練，包括文斯・杜利〔Vince Dooley〕和他獲全國冠軍的喬治亞大學牛頭犬隊。赫歇爾・沃克〔Herschel Walker〕穿上NIKE——是的。）

我們連忙發了新聞稿，宣布NIKE跟這些學校簽了約。糟糕的是，新聞稿的拼字出了包。愛荷納拼成了「愛荷華」（Iowa）。愛荷華的教練路特・歐森（Lute Olson）立刻來電。他氣炸了。我們則道歉說隔天就會發出更正。

他安靜了下來。「唔，現在等一下，等一下。」他說。「這個**諮詢委員會**是怎麼個玩法……？」

哈特定理，徹底奏效。

「他是個火爆浪子」

其他的代言就比較費力了。我們的網球布局起步得一帆風順，有伊利・納斯塔塞，但後來在康諾斯身上碰了釘子，納斯塔塞也在此時拋棄了我們。愛迪達一年贊助他十萬美元，包括球鞋、球衣和球拍。我們有權競價，但不能這樣幹。「在財務上太不負責。」我對納斯塔塞的經紀人和其他每個聽得進去的人說。「絕對不會再有人看到這麼大的運動代言案！」

所以來到一九七七年時，我們在網球方面就沒人了。我們馬上就近找了專業人士當顧問，然後在那年夏天，我和他去了溫布頓。我們第一天到倫敦時，遇到了一群美國網球高層。「我們有一些年輕球員很強。」他們說。「最強的或許是艾略特・特爾切（Elliot Telscher），布萊恩・戈特福里德（Brian Gottfried）也很出色。不管你們要幹嘛，離在十四號球場出賽的那個小子遠一點就對了。」

「為什麼？」

「他是個火爆浪子。」

我直奔十四號球場而去。然後就無可救藥地瘋狂愛上了來自紐約、一頭鬈髮的高中生，名叫約翰・馬克安諾（John McEnroe）。

不管成功與否，我們的努力都讓人覺得可貴

在我們與運動員、教練和瘋狂科學家簽定協議的同時，我們推出了LD 1000，是以厚翼鞋跟為特色的跑鞋。事實上，鞋跟的翼大到從某些角度看起來就像是滑水板。它的理論是，翼形鞋跟會把腿部的扭力變小，並減輕膝蓋的壓力，進而降低肌腱炎和其他跑步相關疾病的風險。它是由鮑爾曼所設計，並承蒙足科醫師維西大力指導。顧客很愛它。

起初是如此。後來問題來了。假如跑者沒有踩對，翼形鞋跟可能會造成足內翻、膝蓋等問題，或更糟。我們下令回收，並對民眾的指責做好了準備，但它壓根沒有發生。相反地，我們聽到的只有感謝。沒有一家別的鞋公司在嘗試新東西，所以不管成功與否，我們的努力都讓人覺得可貴。所有的創新都被捧為進步、想法前衛。一如失敗並沒有嚇退我們，它似乎也沒有減損顧客

的忠誠度。

不過，鮑爾曼卻非常自責。我試著要安慰他，於是便提醒他說，要是沒有他，就不會有NIKE，所以他應該要繼續無所畏懼地發明創造。LD 1000就像是文學天才不太成熟的小說。它必然會發生，沒理由要就此停筆。

我的精神喊話並沒奏效。而且接著我所犯下的錯誤是，提到了我們在開發的氣墊鞋底。我把魯迪的充氣創新告訴鮑爾曼，鮑爾曼嗤之以鼻。「笑話——氣墊鞋。那絕對行不通，巴克。」

他聽起來有點——吃味？

我把它視為好現象。他不服輸的心態已經重新點燃。

「法拉鞋」

有好多個下午，我跟史崔瑟和伍德爾閒坐在辦公室裡，試圖搞清楚為什麼有的產品賣、有的不賣，進而更廣泛討論到民眾是怎麼看我們，以及為什麼。因為花不起錢，我們並沒有做焦點團體或市場研究，所以試圖借助直覺、占卜、判讀茶葉。我們都同意，對於我們的鞋子，民眾顯然是喜歡它的外觀。他們顯然是喜歡我們的故事：由跑步怪咖在奧勒岡所創立的公司。他們顯然是喜歡穿上一雙NIKE所代表的自己。我們不只是品牌；我們也是宣言。

有的功勞則要歸給好萊塢。我們派了人在那裡把NIKE送給明星，大、小、興、衰的各種明星。每次我一開電視，就有某個當紅節目的角色穿著我們的鞋，像是《警網雙雄》（*Starsky*

& Hutch）、《無敵金剛》（*The Six Million Dollar Man*）、《無敵浩克》（*The Incredible Hulk*）（當然，浩克的NIKE是綠色的）。我們在好萊塢的聯絡人想辦法把一雙科爾特斯小姐（Senorita Cortez）送到了法拉．佛西（Farrah Fawcett）手上，而在一九七七年有一集的《霹靂嬌娃》（*Charlie's Angels*）裡，她就穿上了它。一切就是這麼簡單。有個一閃而過的鏡頭是法拉穿著NIKE，到了隔天中午，全國每家店的科爾特斯小姐就銷售一空。不久後，加州大學洛杉磯分校和南加大的啦啦隊也穿著通稱的「法拉鞋」跳上跳下。

這一切代表需求變多了……因應需求的問題也變多了。我們的製造基地更廣了。除了日本，現在我們在台灣有好幾座廠，在韓國有兩座比較小的廠，外帶波多黎各和艾希特，但我們還是應付不過來。此外，我們上線的廠愈多，對我們造成的現金壓力就愈大。

偶爾我們的問題跟現金無關。例如在韓國，最大的五座廠大得不得了，彼此拚得血流成河，所以我們知道就快被仿冒了。果不其然，有一天，我收到了郵寄來的完美仿製品，是我們的布倫態，包括招牌的勾勾在內。模仿是恭維，但仿冒就是偷竊了，而且這樣的偷竊很惡毒。在我們的人沒給任何指點下，細節和做工好到令人吃驚。我寫信給廠長，要求他停手並自制，否則我就要他坐上一百年的牢。

順帶一提，我補了一句說，你要不要跟我們合作？

在一九七七年的夏天，我跟他的廠簽了約，我們當時的仿冒問題就此終結。更重要的是，這使我們在必要時有辦法大幅轉移生產。

這還一勞永逸地終結了我們對日本的依賴。

廣告聚焦的不是產品，而是背後的精神

我深知問題從來不會停止，但當下我們的氣勢比問題更強。為了保住這股氣勢，我們推出了新的廣告宣傳，並有個吸引人的新口號：「沒有終點線。」（There is no finish line.）這個點子是來自我們的廣告代理商和其執行長約翰·布朗（John Brown）。他剛在西雅圖開了自己的店，他年輕、優秀，而且當然絕對不是個運動員。在那段時期，我們所找的似乎全都是不愛運動的人。除了強森和我自己，NIKE也是他們的避風港。儘管如此，不管是不是運動選手，布朗仍設法憑空想出了文宣和標語來完美呈現NIKE的理念。他的廣告主打的是一位跑者在孤單的鄉間道路上，四周環繞著高聳的花旗松。顯然是奧勒岡。文案寫道：「戰勝對手相對容易。戰勝自己則是永無休止。」（Beating the competition is relatively easy. Beating yourself is a never-ending commitment.）

我身邊的每個人都認為廣告大膽又新鮮。它所聚焦的不是產品，而是產品背後的精神，這在一九七〇年代是從來沒看過的事。大家為了那則廣告恭喜我，彷彿我們的成就驚天地而泣鬼神。我則會聳聳肩。我並不是在謙虛。我還是不相信廣告的威力，一點都不。我認為，產品自會證明一切，否則就是假的。終究只有品質才算數。我無法想像有任何廣告文宣真能證明我錯了，或是改變我的思維。

我們的廣告人員當然是告訴我，我錯了、錯了、百分之一千錯了。但我一而再、再而三地問他們：你能斬釘截鐵地說，民眾是因為你們的廣告才買NIKE的嗎？你能用白紙黑字的數字證

明給我看嗎？

一片靜默。

他們會說，不能……我們沒辦法說得那麼**斬釘截鐵**。

於是接著我就會說，有點難讓人心服口服，對吧？

一片靜默。

「你們這樣是活不下去的」

我常希望有更多時間靜下心來深思廣告的細節。我們半天一次的危機總是比印在鞋子照片下的口號更大、更緊迫。在一九七七年的下半年，危機是我們的外部投資人。他們突然吵著要想辦法換現金。到目前為止，能做到這點的最好方法就是公開發行。我們試著向他們解釋，這不是選項。他們完全聽不進去。

我再次找上了查克・羅賓森。此人的經歷頗為驚人。在二次世界大戰時，他在戰艦上是有過戰功的海軍少校。沙烏地阿拉伯第一座煉鋼廠是由他所建造。他幫忙談判過和蘇聯的穀物交易。查克深諳經商之道，比我所認識的任何人都懂，我想向他請益已有好一段時間了。但在過去幾年，他都是國務院裡次於亨利・季辛吉（Henry Kissinger）的二把手，因此照賈夸的講法，我「碰不得」。如今在吉米・卡特新當選總統下，查克去了華爾街，並再次當起顧問。我請他來奧勒岡一趟。

我永遠忘不了他來我們辦公室的第一天。我向他打聽了過去幾年的發展，並謝謝他在日本貿易公司方面的無價建言。接著我把財務明細拿給他看。他翻了一下，開始笑了，笑到停不下來。他說：「就組成上來說，你們**是**家日本貿易公司——九成負債！」

「我知道。」

「你們這樣是活不下去的。」他說。

「唔……我想這就是為什麼要請你過來了。」

首要之務，我邀請他加入我們的董事會。令我意外的是，他答應了。接著我請教了他對於上市的看法。

他說上市不是選項，而是非做不可。他說，我需要解決現金流這個麻煩，攻擊它，把它撂倒在地，否則我可能會丟掉公司。聽到他的評估很震撼，但有其必要。

我破天荒地首次把上市當成不可避免之事，而且我無能為力，這樣的體認讓我很感傷。當然，我們馬上就要賺大錢了。可是發財從來不在我的決定考量之列，「雜碎」們更是不把它放在眼裡。所以當我在隔次的會議中提出來，並把查克說的話告訴他們時，我並沒有要求再次辯論，直接付諸表決。

海耶斯贊成。

強森反對。

史崔瑟也是。「那樣會破壞文化。」他一直叨念著。

伍德爾舉棋不定。

不過，假如有一件事是我們一致同意的，那就是勢已不可擋。上市毫無阻礙。銷售奇佳，口碑正面，法律爭議已成過去。我們有負債，但目前在掌控範圍內。在一九七七年的耶誕季開始，當所有的房子都亮起了燈，我還記得在某一次夜跑時想說：一切就要改變了。只是遲早的事。

接著信就來了。

對手的把戲

不起眼的小東西。標準的白色信封。凸起的退件地址。**美國海關署**。我把它打開，手開始發抖。是帳單。兩千五百萬美元。

我一看再看，卻看不出個名堂。我絞盡腦汁地解讀，聯邦政府是說，基於所謂「美國銷售價格」（American Selling Price，或稱ＡＳＰ）這種舊的課稅方法，ＮＩＫＥ積欠了關稅，要溯及既往三年。美國銷售——什麼？我把史崔瑟叫進辦公室，把信塞給他。他看完後笑了。「這不可能是真的。」他搓著鬍子說。「我的反應正是如此。」我說。

我們把它拿來拿去，一致認為一定是搞錯了。因為假如是真的，假如我們竟然真的欠了政府兩千五百萬美元，那我們就不用玩了。就是這麼回事。針對上市所談的這些全是在浪費時間。從一九六二年以來，一切都是在浪費時間。沒有終點線？就在這裡，**這**就是終點線。

史崔瑟在隔天打了幾通電話並向我回報。這次他笑不出來了。「或許是真的。」他說。它的來由很陰險。我們的美國競爭對手匡威和卡奇（Keds），加上幾家小廠，換句話說就是美國鞋業的殘餘勢力，它們全都有份。它們去遊說華府，企圖打壓我們的氣勢，而且遊說奏效了，比它們膽敢期望的還高。它們說服了海關官員，所強制執行的美國銷售價格要追溯到貿易保護時代的古早法律，比經濟大恐慌還早，有些人則說這是大恐慌的起因。這麼做，等於是綁住NIKE。

美國銷售價格法基本上規定，尼龍鞋的進口稅必須是製鞋成本的兩成，除非有美國的競爭對手在製造「類似款鞋子」。在這樣的情況下，稅則必須是競爭對手**銷售價格**的兩成。所以我們的競爭對手所需要做的就是在美國做幾雙鞋，讓它被宣告為「類似款」，然後把價格定得老高，並炒熱局面。它們也能讓我們的進口稅抬得老高。

而這就是他們幹的好事。一招卑鄙的小把戲，就成功使我們的進口稅提高了四成，並溯及既往。海關說我們欠了他們要溯及既往多年的進口稅，金額是兩千五百萬美元。不管是不是卑鄙的把戲，史崔瑟告訴我，海關可沒有在開玩笑。我們欠了他們兩千五百萬美元，他們要討債。現在就要。

我把頭靠在桌子上。幾年前在跟鬼塚對打時，我告訴自己，問題是根植在文化差異上。對於跟老敵人槓上，經歷過二次世界大戰的我並沒有那麼訝異。如今，我則是以日本人的身分來對戰美利堅合眾國。對戰自己的政府。

這是我從未想像過的衝突，並且是千百萬個不願意，然而我卻躲不掉。輸了就代表全軍覆沒。政府所追討的兩千五百萬美元差不多就是我們在一九七七年全年的銷售數字。而且就算我們真繳得起相當於一年的營收，也無法**繼續**繳高了四成的進口稅。

所以只有一件事要做，我嘆口氣對史崔瑟說：「我們必須不計一切跟它打下去。」

崩潰摔電話

不知道是為什麼，這場危機在心理上對我的打擊比其他所有的都要深。我一再試著告訴自己，我們經歷過苦日子，我們會熬過去的。

但這次感覺起來就是不一樣。

我試著找佩妮談，但她說我根本沒在談，而是在嘀咕和放空。她會火大又帶點驚嚇地說：「牆冒出來了。」我不曉得要怎麼告訴她，男人在戰鬥時就會幹這種事。他們會築牆，還會拉起吊橋，還會在護城河裡放水。

從我高築的牆後，我不曉得要怎麼解釋才好。我在一九七七年時喪失了說話的能力。我不是沉默就是暴怒。深夜時分，在跟史崔瑟、海耶斯、伍德爾或我父親講完電話後，我看不到有任何的出路。我只看得到自己搞垮了這麼拚命打造出來的事業。於是我在電話裡爆發了。我並沒有把話筒掛掉，而是猛摔，然後再猛摔，愈來愈大力，直到它摔爛為止。我有好幾次把那台電話砸得稀巴爛。

我這麼做了三次以後，也許是四次，我注意到電話公司的維修員盯上了我。他換掉電話，檢查一下，以確保有嘟嘟聲。他一邊整理工具，一邊非常輕聲地說：「這實在……不太成熟。」

我點了點頭。

「你應該要有大人的樣子。」他說。

我又點了點頭。

我告訴自己，假如電話維修員覺得需要告誡你一下，那你的行為大概就需要修正了。我在那天向自己許下承諾。我發誓從今以後，要深思熟慮，沉著冷靜，晚上跑十二英里，想盡辦法保持鎮定。

他們一直在湊近拍那個勾勾

保持鎮定跟當個好爸爸並不是同一回事。我總是向自己許下承諾，當我兒子的爸要比當我爸的兒子強。這代表我要給他們更明確的肯定、更多的關注。可是在一九七七年末，我誠實的替自己打分數；當我看到自己不在兒子身邊的時間有多長，以及我連待在家裡都有多疏遠他們時，我給自己打了低分。純粹就數字來看，我只能說自己比老爸對我好一成。

我告訴自己，至少我養家比較強。

而且至少我一直有念床邊故事給他們聽。

波士頓，一七七三年四月。跟著數十位憤怒的殖民者抗議心愛的茶葉調漲進口稅，馬特和崔維斯．歷史溜到波士頓港裡的三艘船上，把茶葉全部扔進海裡……

他們的眼睛一閉上，我就會溜出房間，窩進躺椅裡，並伸手去拿電話。**嘿，老爸。是啊。你好不好？我嗎？不怎麼好。**

過去十年間，這都是我的睡前酒、我的救贖。可是現在，對他的仰賴更甚以往。我渴求的東西只能從老爸身上得到，雖然我很難一一細數。

是安心？

是肯定？

是安慰？

一九七七年十二月九日，我一口氣得到了全部。而成因當然就是運動。

休士頓火箭隊（Houston Rockets）在當晚對戰洛杉磯湖人隊（Los Angeles Lakers）。在第二節的開頭，湖人隊的後衛諾姆．尼克森（Norm Nixon）跳投沒進，他來自愛荷華的七呎竹竿型隊友凱文．昆內特（Kevin Kunnert）和休士頓的柯密特．華盛頓（Kermit Washington）爭搶籃板。在纏鬥中，華盛頓把昆內特的球褲往下拉，昆內特則回敬了一記拐子。接著華盛頓往昆內特的腦袋上招呼過去。架就此開打。當休士頓的魯迪．湯姆賈諾維奇（Rudy Tomjanovich）衝過去捍衛隊友時，華盛頓轉過身來使出一記兇狠的重擊，打斷了湯姆賈諾維奇的鼻子和下巴，使他的頭骨、顏面骨與皮膚分離。湯姆賈諾維奇應聲倒地，有如被霰彈槍給打中。聲響的回音直達洛杉磯論壇球場的上層，湯姆賈諾維奇倒在原地好幾秒，一動也不動，血泊也愈擴愈大。

我對此事毫無所悉，直到當晚跟我爸聊天時。他快喘不過氣來了。我很訝異他看了比賽，但在那年的波特蘭，人人都很瘋籃球，因為我們的拓荒者隊要衛冕ＮＢＡ冠軍。儘管如此，使他喘不過氣來的並不是比賽本身。在把鬥毆告訴我後，他大喊：「噢，巴克，巴克，那是我所看過最不可置信的一件事了。」接著停了很久，他補充說：「攝影機一直在湊近拍，你可以看得相當清楚……湯姆賈諾維奇的鞋子……那個勾勾！他們一直在湊近拍那個**勾勾**。」

我從來沒聽過老爸的語調這麼驕傲。湯姆賈諾維奇肯定是在醫院裡為性命搏鬥，顏面肯定是在他的頭上晃動，但全國的聚光燈都照在巴克・奈特的標誌上。

對我爸來說，勾勾或許就是在那個晚上變得真切，而且體面。他壓根沒有用到「驕傲」這兩個字。但我掛上電話時，卻覺得他彷彿有。

我告訴自己，這一切幾乎都值得了。

幾乎值得。

兩個兒子卻都不想跟運動扯上任何關係

打從我在勇士裡賣出頭幾百雙以來，銷量就年復一年地以幾何級數攀升。但我們在一九七七年結算時……銷量卻一飛沖天。將近七千萬美元。於是佩妮和我決定買間更大的房子。

在飛蛾撲火對抗政府之際，做這件事還挺奇怪的。但我喜歡船到橋頭自然直的想法。天助勇者，諸如此類的。

我也喜歡換個環境的想法。

我想這樣也許會轉運。

要離開舊房子，我們當然感傷。兩個兒子在那裡踏出了第一步，而且馬修就是為那座游泳池而活。他從來沒有像在水中玩耍時那麼平靜。我還記得佩妮搖著頭說：「有一件事可以確定。那孩子絕對不會溺水。」

兩個兒子長這麼大了，極需更大的空間，而新家就很寬敞。它占地五英畝，在希爾斯伯洛（Hillsboro）上方的高處，每個房間感覺起來又大又通風。我們從第一天晚上就知道，我們找到了自己的家。連我的躺椅都有設計好的落腳處。

為了替我們的新地址、我們的新開始爭面子，我試著改用新的時間表。除非出城，否則我盡量去看所有的青年籃球賽、青年足球賽和少棒聯盟的比賽。我把整個週末都拿來教馬修揮棒，雖然我們兩個都不明白是為了什麼。他死都不把後腳定住。他死都不聽，不停地跟我爭辯。

他說，球在動，那我為什麼不該動？

「因為這樣比較難打到。」

對他來說，這根本不是夠好的理由。

馬修不只是叛逆。我發現，他不只是唱反調。他肯定受不了權威，而且他嗅得到潛伏在每道陰影裡的權威。只要違背他的意志，那就是壓迫，所以要下令開戰。例如在踢足球時，他就像個無政府主義者。他抗衡對手的程度遠遠比不上抗衡規則，也就是結構。假如別隊的最佳球員在過人時朝著他來，馬修就會忘了比賽、忘了球，而直接瞄準那孩子的腳脛踢。孩子倒地，父母出面，大混戰就登場了。在某次由馬修開打的混戰中，我看著他，深知他比我還不想待在那裡。他並不喜歡足球。就這點來說，他並不愛好運動。他比賽，我就去看他比賽，是出於某種責任感。

久而久之，他的行為便對弟弟產生了壓抑的作用。雖然崔維斯是有天分的運動員並熱愛運動，但馬修卻使他心生抗拒。有一天，小崔維斯索性不玩了。他再也不要加入任何球隊。我要他重新考慮，但他跟馬修、也許是和他爸唯一的共同之處就是脾氣拗。在我一生所有的談判裡，最難搞的就是兒子。

在一九七七年的除夕，我巡視著新家，把燈關掉，並感覺到我的存在根基深處有某種裂痕。我的人生繫於運動，我的事業繫於運動，我跟父親的關係繫於運動，我的兩個兒子卻都不想跟運動扯上任何關係。

就跟美國銷售價格一樣，一切似乎都是那麼不公道。

第18章・1978年

力氣燒光了

第一代的順風有一半最終進了回收桶，
大家便有志一同地假裝那沒什麼大不了。
我們得到了寶貴的教訓：
不要在一隻鞋子裡塞進十二樣創新。

史崔瑟是我們的五星上將，我準備好要跟隨他進入槍林彈雨。我們在跟鬼塚對抗時，他的憤慨安慰並支撐了我，而且他的腦筋是強大的武器。在這場與聯邦官員的新對抗裡，他則是加倍憤慨。我心想，很好。他在各辦公室跑來跑去，有如被惹火的維京人，而在我的耳裡，他的腳步聲則是美妙天籟。

不過我們兩個都知道，會生氣並不夠。光靠史崔瑟也是。我們槓上的可是美利堅合眾國。我們需要**幾位**好手。於是史崔瑟找來了一位波特蘭的年輕律師，是他的朋友，名叫李察・魏奇庫（Richard Werschkul）。

我不記得有人向魏奇庫介紹過我，也不記得有誰要我去見他或聘請他。我只記得突然就**知道有**魏奇庫這個人，清楚意識到他一直都在。就跟你會意識到前院或頭上有隻大啄木鳥一樣。

多半來說，魏奇庫的出現是件好事。他有我們所喜歡的那種衝勁，以及我們總是在找的學歷。史丹福大學、奧勒岡大學法學院。他還有出色的性格、氣質。他黝黑、結實、毒舌、戴著眼鏡，擁有罕見深厚、富磁性的男低音，宛如《星際大戰》的黑武士（Darth Vader）患了傷風感冒。總的來說，他給人的印象是個有計畫的人，而且投降或睡覺並不包含在計畫中。

另一方面，他的氣質也很怪。我們全都是，但魏奇庫的或許會被哈菲爾德阿嬤稱為「怒髮」。他總會有什麼東西不太……搭調。比方說，雖然他是道地的奧勒岡人，卻散發著令人不解的東岸人氣質：穿藍色運動夾克、粉紅襯衫、啾啾領結。有時他的口音會讓人想到新港的夏天，耶魯的划船隊、馬球賽的成排賽馬。怪到不行的人，對威廉梅特河谷熟門熟路。他可以非常風趣、甚至傻氣，但也可以說變就變，變得嚴肅到嚇人。

沒有什麼比NIKE告美國海關的話題讓他更嚴肅。

對於魏奇庫的嚴肅，NIKE內部有的人憂心忡忡，擔心他走火入魔。我的想法則是無妨。走火入魔只是針對工作，只是針對我。有的人質疑他的穩定性。但就穩定性來說，我問道，在我們之中，愛挑釁的會是誰？

此外，史崔瑟喜歡他，而我信任史崔瑟。所以當史崔瑟建議我們替魏奇庫升官，把他派去華府，使他比較接近我們需要拉攏的政治人物時，我毫不猶豫。當然，魏奇庫也是。

雪上加霜

大約就在我們把魏奇庫調去華盛頓的同時，我叫海耶斯去艾希特查一下工廠裡的事，並看看伍德爾和強森處得怎麼樣。他還有一項任務是，去買一樣叫作橡膠研磨機的玩意兒。據說它有助於我們在固定外底和中底的品質上做得更好。加上鮑爾曼要拿它來實驗，而我的政策依然是：鮑爾曼要什麼就給什麼。我對伍德爾說，假如鮑爾曼要申請雪曼（Sherman）坦克，不要多問，打電話去國防部就對了。

可是當海耶斯問到「這些橡膠研磨器具」，以及要去哪裡找時，伍德爾卻聳聳肩。從來沒聽過。伍德爾把海耶斯引介給了吉安佩卓。對於橡膠研磨機每件值得知道的事，他當然都知道。幾天之後，海耶斯便拖著步伐跟吉安佩卓進入緬因州的偏遠林區，來到了薩柯（Saco）小鎮的工業設備拍賣會。

海耶斯在拍賣會上沒能找到橡膠研磨機，但倒是愛上了拍賣會場，一座紅磚工廠，位在薩柯河（Saco River）裡的島上。工廠有史蒂芬．金（Stephen King）的風格，但這點並沒有嚇到海耶斯，反而深深吸引著他。可想而知的是，迷戀推土機的人自然會為生鏽的工廠所傾倒。令人訝異的是，工廠剛好要賣，要價五十萬美元。海耶斯向工廠老闆出價十萬美元，並以二十萬美元成交。

「恭喜喔。」海耶斯和伍德爾在當天下午來電時說。

「恭喜什麼？」

「只花了比橡膠研磨機貴一點點的錢，你就成了整間鬼工廠的風光老闆。」他們說。

「你們在講什麼東西？」

他們一五一十向我道來。有如傑克把魔豆的事告訴媽媽，一談到價格的部分，他們就吞吞吐吐。還有工廠修起來需要好幾萬美元。

我聽得出來，他們喝了酒。後來伍德爾坦承，在去了新罕布夏一家大型的平價酒類暢貨店後，海耶斯開心地狂叫：「像這樣的價錢？是男人就**不能不**來一杯！」

我從椅子上起身，對著電話咆哮：「你們這些白痴！我要**緬因州薩柯**的**廢棄**工廠幹嘛？」

「倉儲？」他們說。「而且有朝一日，它或許能跟我們在艾希特的工廠互補。」

我完全是馬克安諾上身地大吼說：「你們不可能是**認真**的！你們不敢！」

「太遲了。我們已經買了。」

電話掛斷。

我坐了下來。我甚至不覺得火大。我氣到火大不起來。聯邦官員在向我催討我拿不出的兩千五百萬美元，我的手下卻在鄉間跑來跑去，連問都沒問，就又開了幾十萬美元的支票。我突然變得平靜下來。半痴呆狀態。我告訴自己，誰管他？等政府上門，等他們查扣每樣東西，鎖頭、存貨、桶子時，**他們**就會去研究緬因州薩柯的沒用工廠要怎麼處理。

後來海耶斯和伍德爾回電說，他們說買了工廠只是在開玩笑。「鬧著你玩的。」他說。「可是你真的得買。非買不可。」

好吧，我無力地說。好吧。你們這些白痴說了算。

力氣即將燒光

我們在一九七九年邁向了一億四千萬美元的營業額。但更棒的是，我們的品質迅速提升。

業內人士、產業圈裡的人紛紛撰文讚美我們，「終於」做出了比愛迪達還要好的鞋子。我個人認為，圈內人士是後知後覺。除了早期跌過幾跤，我們的品質多年來都是頂尖的。而且我們在創新上從來沒落後過（況且我們正在對魯迪的氣墊鞋底下工夫）。

除了對政府開戰外，我們可說是蒸蒸日上。

這似乎像是說：除了身在死刑牢房外，人生都很順遂。

另一個好兆頭是，我們的總部愈來愈擠。我們在那年又搬家了，四萬平方英尺的大樓完全自用，在比佛頓。我的私人辦公室又炫又大，比我們在粉紅水桶隔壁的第一個總部整間還大。

而且空曠到怪。室內設計師決定走日式的極簡風，其所散發的違和感讓每個人都覺得滑稽。她認為，在我的桌子旁邊擺一張巨大棒球手套的皮椅會很有哏。她說：「你可以每天坐在上面，思考你的……運動用品。」

我像顆界外球坐在手套裡，看著窗外。我早該沉醉在這一刻，細細品味著幽默和反諷感。高中時被棒球隊淘汰是我人生的一大傷痛，如今我坐在大手套裡，新的辦公室富麗堂皇，並掌管著一家把「運動用品」賣給職業棒球選手的公司。但我眼光並不放在我們走了多遠，我只看到我們還必須走多遠。我的窗子看出去是一排美麗的松樹，我絕對不能見樹不見林。

我在當下並不明白是怎麼回事，但現在明白了。長年的壓力正在耗損我。當人只看到問題，就會看不清楚。就在我需要發揮到極致的那一刻，我的力氣卻即將燃燒殆盡。

最不會穿衣服的人要賣衣服

在一九七八年最後一次的雜碎會議上，我是以熱情澎湃的發言開場，試圖激勵部隊，但主要是我自己。我說：「各位，我們這行是由白雪公主和七個小矮人所組成！而明年……終於……有一個小矮人要鑽進白雪公主的褲子裡了！」

這個比喻儼然需要進一步解釋，於是我解釋說，愛迪達是白雪公主。然後我大喊，我們的時代就要來了！

但首先，我們得開始賣衣服。愛迪達所賣的服裝比鞋子多，除了這個一目了然的數字事實，服裝也為他們帶來了心理優勢。服裝幫他們引誘更大咖的運動員投入更豐厚的代言協議。愛迪達會指著T恤、褲子和其他行頭對運動員說，看看我們可以給你這麼多。而且他們跟運動用品店坐下來談時，也可以說同樣的話。

此外，假如我們真的解決了與聯邦官員的對抗，假如真的想要上市，卻只是一家鞋業公司，那華爾街就不會給我們應有的尊重。我們需要多角化，這代表要發展扎實的服裝系列，也代表要找個絕佳的人選來操盤。在討厭鬼上，我宣布此人就是朗恩·尼爾森（Ron Nelson）。

「為什麼是他？」海耶斯問道。

「呃，這個嘛。」我說。「首先，他是個執業會計師……」

海耶斯叫了出來。「完全符合我們的需求。」他說。「又是個會計師。」

他點出了我的罩門。我的確似乎是非會計師不找，還有律師。我並不是對會計師和律師有某種超乎尋常的好感，我只是不曉得還能去哪裡找人。我提醒海耶斯，不是第一次了，我們沒有鞋子學校、沒有鞋類大學可以徵才。我們需要找才思敏捷的人，那是我們的首選，而會計師和律師起碼證明了能精通困難的學科，並在大型考試中過關。

他們大多數也展現了基本才能。當你請的是會計師，就知道他能算。當你請的是律師，就知道他能講。當你請的是行銷專家或產品開發人員，你知道的是什麼？沒有。你無法預知他能做到什麼，或者他能不能做到什麼。那一般的商學院畢業生呢？他們並不想從提著袋子賣鞋幹起。況且他們全都沒經驗，所以你只能根據他們在面試時表現得有多好來賭運氣。而我們並沒有足夠的犯錯空間來對任何人賭運氣。

此外，在會計師的角色上，尼爾森可說是出類拔萃。他才五年就當上了經理人，快到離譜。他在高中時還是畢業生致詞代表（唉，我們直到後來才發現，他是在蒙大拿東部念高中，班上就五個人）。

由負面角度來看，由於這麼快就當上了會計師，所以尼爾森很年輕，也許會太年輕而應付不了像推出服裝系列這麼大的事。但我告訴自己，這個年輕人不會是關鍵因素，因為創立服裝系列比鞋來得容易，畢竟不牽涉到科技或創新。史崔瑟有一次說得好：「可沒有氣墊褲這種東西。」

後來在某次跟尼爾森的首波會面中，就在我一把他請來後，我注意到……他毫無品味可言。我愈細看他，從上到下、從左到右，就愈認定他或許是我所認識最不會穿衣服的人，比史崔瑟還糟。我有一天在停車場注意到，連尼爾森的車都是超醜的咖啡色。我跟尼爾森提到這點時，他笑了，還大言不慚地自誇說，他所買過的每一部車都是同樣的咖啡色。

「我或許對尼爾森看走眼了。」我對海耶斯透露說。

「你得穿西裝、打領帶才行！」

我並不是時裝達人，但我知道要怎麼把西裝穿得體面。而且由於本公司要推出服裝系列，所以我現在開始更注意自己怎麼穿，以及身邊的人怎麼穿。我在兩方面都嚇了一跳。銀行人員和投資人、日商岩井的代表、我們需要打動的各種人都會走過我們的新大廳，每當他們看到史崔瑟穿著夏威夷衫或海耶斯穿著開推土機的工作服時，就會忍不住多看幾眼。有時我們的怪挺好玩（富樂客〔Foot Locker〕運動用品有個高層主管說：「我們都把你們當神看——直到看到了你們的車」）。但大多數的時候則是丟臉，並且可能會礙事。因此在一九七八年的感恩節左右，我訂出了嚴格的公司衣著規定。

反應並不怎麼好。有很多人抱怨公司亂搞，我成了笑柄。大家多半沒把我當回事。甚至隨便找個人來看都一目了然，史崔瑟開始穿得更難看了。當他在第一天穿著褲襠鬆垮的百慕達短褲到班時，他彷彿是在海灘上遛蓋格計數器（Geiger counter，偵測輻射計），我無法坐視不管。這是抗命。

我在大廳把他攔了下來，並對他下令。「你得穿西裝、打領帶才行！」我說。

「我們又不是穿西裝、打領帶的公司。」他回嗆道。

「現在是了。」

他掉頭就走。

往後幾天，史崔瑟繼續故意挑釁地隨便亂穿。於是我開罰，要帳務員從史崔瑟下次的薪水裡扣掉七十五美元。

他當然是氣得跳腳，並且搞起了花樣。幾天後，他和海耶斯穿著西裝、打著領帶來上班。但卻是讓人昏倒的西裝和領帶。條紋格呢、圓點方格，全都是人造纖維和聚酯纖維——還有粗麻布？他們故意藉此來搞笑，但也是為了抗議，展現公民不服從，而我可沒興致讓這兩位男裝界的甘地舉行服裝發表會。我把他們兩個從下次的雜碎會議列席者名單上剔除。然後我命令他們兩個回家，不准回來，直到在舉止和穿著上能像個大人為止。

「而且你要再罰錢！」我對史崔瑟大吼。

「誰鳥你！」他吼了回來。

就在這一剎那，我剛好轉過頭去。朝我走來的是尼爾森，穿得比他們這票人還糟。聚酯纖維的喇叭褲，粉紅色絲質襯衫開到肚臍。史崔瑟和海耶斯是一回事，但這個新人對我的衣著規定到底是在抗議個什麼勁？就在我**剛聘用**他之後？我指著大門，把他也送回家。從他臉上困惑、驚嚇的表情看來，我知道他並不是在抗議。他只是天生缺乏品味。

我的新服裝主管。

我那天倒在我的棒球手套椅子上，對著窗外凝視了好久好久。運動用品。

我知道接下來會怎樣。哦，真的是。

幾個星期後，尼爾森站在我們面前，正式介紹NIKE第一個服裝系列。他一臉自豪、興奮地露齒而笑，所有的新衣服展示在會議桌上。骯髒的訓練短褲、襤褸的T恤，縐巴巴的連帽衫，每件爛得發臭的東西看起來好像捐贈品，或是從垃圾箱偷來的。最誇張的是：尼爾森從一個骯髒的牛皮紙袋把那些東西扯出來，袋子裡看起來也像裝了他的午餐。

起初我們一驚。沒有人知道該說什麼。終於有人在偷笑。八成是史崔瑟。接著有人大笑。也許是伍德爾。接著水壩就潰堤了。每個人都笑得前仰後合，從椅子上摔下來。尼爾森眼見自己鬧了笑話，慌張地開始把衣服塞回紙袋裡還把它撐破，使每個人笑得更用力了。我也在笑，比任何人都用力，但我隱約覺得，自己可能要開始欲哭無淚了。

那天過後沒多久，我就把尼爾森調去新成立的生產部，他的會計長才也幫助他表現出色。然後我默默改派伍德爾去管服裝。他照例做得無可挑剔，亮相的系列立刻就在業界受到了關注與推崇。我自問為什麼不把一切直接交給伍德爾去做就好。

包括我的工作在內。也許他能飛回東邊，幫我把聯邦官員給擺平。

在一隻鞋子裡不要塞進十二樣創新

在這一團混亂中，在對未來種種的不確定中，我們需要提振士氣，而我們就在一九七八年的尾聲辦到了。我們總算推出了順風（Tailwind）。在艾希特開發，在日本製造。魯迪的心血結晶不只是鞋子，還是後現代藝術的作品，大受歡迎、閃閃發光、亮銀色，填充了魯迪的專利氣墊鞋底，它擁有十二項不同的產品創新。我們把它捧上了天，廣告宣傳遍地開花，並把發表會跟檀香山馬拉松結合起來，到時候有很多跑者都會穿上它。

為了發表會，大夥兒都搭機到了夏威夷。結果成了爛醉的飲酒作樂，以及史崔瑟的模擬加冕大典：我把他從法務轉往行銷，把他趕出了舒適區。我喜歡時不時就對每個人這麼做，以免他們愈來愈疲乏。順風是史崔瑟的第一件大案，所以他覺得自己就像是希臘神話裡點石成金的米達斯國王（Midas）。他一直說著「搞定了」；以及誰可能會為了他的勝利時刻而嫉妒他。在初試啼聲大獲成功後，順風出奇熱銷。我們認為在十天內，它可能就有機會讓鬆餅訓練鞋相形失色。

接著報告開始陸續傳來。顧客紛紛把鞋子退回店裡，並抱怨東西會爆開解體。退貨的鞋子經過勘驗，透露出致命的設計缺陷。銀色塗料裡的少量金屬會跟鞋面摩擦，像是細微的刀片，會劃破及割壞布料。我們下令回收，姑且算是，並提供全額退費，使第一代的順風有一半最終進了回收桶。

起初用來提振士氣的東西最終卻重創了大夥的信心。人人各有自己的反應方式。海耶斯開著推土機狂兜圈子，伍德爾每天在辦公室待得更久，我則是茫然地坐困在棒球手套和躺椅之間。

一陣子之後，大家便有志一同地假裝那沒什麼大不了。我們得到了寶貴的教訓。不要在一隻鞋子裡塞進十二樣創新，那對鞋子的要求太超過，更不用說是對設計團隊了。我們互相提醒，說「重新來過」是件光榮的事。我們互相提醒，鮑爾曼也搞壞過很多鬆餅機。

大家都說，等明年，你就會看到。等明年，小矮人就會搞到白雪公主了。

但史崔瑟放不下。他開始酗酒，上班遲到。他的衣著規定如今是我最小的問題。這或許是他歷來第一次真正失敗，而且我永遠記得在那些陰暗的冬天早上，看到他帶著順風最新的壞消息，蹣跚地走進我的辦公室。我認得這個徵兆。他的力氣也即將燃燒殆盡。

唯一對順風不感到沮喪的人就是鮑爾曼。事實上，它悲慘的初試啼聲將**他**拉出從退休以來所陷入的泥淖。他有多樂於能告訴我、告訴大家：「早就跟你們說了。」

要治好筋疲力盡，也許就是要更拚才對

我們在台灣和韓國的工廠不停運轉，我們那年還在赫克蒙德懷克（Heckmondwike）、英格蘭和愛爾蘭開了新廠。產業觀察家說明了我們的新廠和銷量，並說我們勢不可擋。很少人想得到我們破產了，或是我們的行銷主管憂鬱到不可自拔，或是我們的創辦人兼總裁正悶悶不樂地坐在巨大的棒球手套裡。

筋疲力盡有如單聲道般播送至全辦公室。在大家都筋疲力盡之際，我們在華盛頓的人卻正來勁。魏奇庫做到了我要他做的每件事。他對政治人物死纏爛打。他去請願、遊說、為我們的理由辯護，即使並非總是條理分明，也是滿腔熱血。他日復一日地在國會大廳跑上跑下，送出一雙雙免費的NIKE。用某款勾勾來疏通（魏奇庫知道餽贈的價值超過三十五美元時，議員就必須依法申報，所以他總會附上一張三十四．九九美元的發票）。但每個政治人物對魏奇庫說的話都一樣。小子，給我書面資料，讓我有東西可以研究，把你們的個案說明給我。

於是魏奇庫花了幾個月撰寫說明，並在過程中吃盡了苦頭。它理當是摘要、簡述，卻膨脹為鉅細靡遺的歷史「NIKE帝國衰亡錄」，長達**數百頁**。它比普魯斯特（Proust）還長，比托爾斯

泰（Tolstoy）還長，而且沒有哪個片段容易看懂。它甚至有卷名。魏奇庫稱它為《魏奇庫論美國銷售價格第一集》（*Werschkul on American Selling Price, Volume I*），不帶絲毫反諷。

當你想一下，好好想一下，會把你嚇到的就是**第一集**那個部分。

我把史崔瑟派回了東部去管管魏奇庫，必要的話就把他送去精神病院。我說，讓那小子冷靜下來就對了。在第一天的那個晚上，他們去喬治城當地的酒吧喝了幾杯調酒。當晚結束時，魏奇庫一點都沒有比較冷靜。恰好相反。他爬到桌子上對客人發表競選演說。他完全是革命家派屈克·亨利（Patrick Henry）上身。「沒ＮＩＫＥ，毋寧死！」（Give me Nike or give me death!）客人則準備投票支持後者。史崔瑟試著把魏奇庫從椅子上給哄下來，但魏奇庫才剛熱完身。他大喊：「諸位難道不明白，自由正在這裡受審嗎？**自由**！你們知道希特勒的爸爸是海關督察員嗎？」

另外提一點，我想魏奇庫真的把史崔瑟嚇到了。當他回來跟我談到魏奇庫的精神狀態時，他看起來就像是以往的史崔瑟。

我們開懷地笑，舒壓地笑。接著他交給我一本《魏奇庫論美國銷售價格第一集》。魏奇庫甚至幫它上了封面。還是皮面。

我看著卷名：**WASP**。貼切到不行。魏奇庫到不行。

「你會看嗎？」史崔瑟問道。

「我會等著看電影。」我說，並把它扔在我的桌子上。

我當下就知道，我必須開始飛回華府，自己去打這場仗。別無他法。

而且這樣也許會把我的筋疲力盡給治好。我心想，筋疲力盡要治好，也許就是要更拚才對。

第19章・1979年

第一家NIKE城

在波特蘭的鬧區，
第一家NIKE城開張，
立刻就人山人海。
民眾吵著要試穿……每樣東西。

他在財政部所占的辦公室很小，空間就跟我媽的衣櫥差不多大。政府配給的鐵灰色辦公桌差點就塞不下，更不用說是替偶爾才有的訪客準備椅子了。

他指指椅子說，坐。

我坐著，不可置信地看著四周。一直把那些兩千五百萬元帳單寄給我們的人就是以此為據點？此時我看著他，這位眼神銳利的官員。他讓我想到了什麼動物？不是小蟲，他比那要大；不是蛇，他不像牠那麼簡單。接著我想到了。強森的寵物章魚「伸展」。我還記得伸展把無助的螃蟹拖回牠的巢穴。對，這位官員就是海怪。小型的海怪。官僚海怪。

忍著這些念頭，藏住一切的敵意和恐懼，我在臉上擠出假笑，試著以友善的語氣解釋說，這整件事是天大的誤會。連官僚海怪在財政部的同事都認同我們的立場。我遞了份文件給他。「就是這個。」我說。「備忘錄上載明，美國銷售價格不適用於NIKE的鞋子，備忘錄是來自財政部。」

「唔。」官僚海怪說。他看了一下，就把它推還給我。「這對海關沒有約束力。」

沒有約束力？我咬緊牙根。「但這整個案子只不過是我們的競爭對手出奧步的結果。我們是因為成功才受到處罰。」

「我們並不是這麼看。」

「你所謂的我們……是誰？」

「美國政府。」

我覺得很難相信，這個……人……是代表美國政府發言，但我並沒有把它說出口。「我覺得很難相信，美國政府會想要扼殺自由企業。」我說。「美國政府會想要成為這種欺騙和詭詐的一方。美國政府、我的政府會想要欺負奧勒岡的小公司。長官，恕我直言，我跑遍了全世界，看過未開發國家的腐敗政府幹這種事。我看過惡棍欺侮企業，明目張膽、有恃無恐，我不敢相信自己的政府會有這樣的行徑。」

官僚海怪一語不發。他的薄唇閃過了淺淺的僵笑。我當下就察覺到，他不爽得很詭異，所有的官員也是。等我再度開口時，他的不爽則在坐立難安的焦躁能量中展露無遺。他猛然起身踱步，在桌子後面來回走動。接著他坐了下來。之後他又來了一遍。那不是在思考的踱步，而是動物被關在籠子裡的躁動：往右扭捏地踩三步，往左蹣跚地拖三步。

他又坐了下來，並把我說到一半的話給打斷。他解釋說，他不在乎我說了什麼、我怎麼想，或者其中有任何地方「公不公平」或「美不美國」（他用瘦到見骨的「手指」在空中比出括號）。

他只想把他的錢要到。**他的**錢？

我用兩手環抱自己。打從力氣燒光之初，這個舊習慣就變得愈發明顯。一九七九年時，我看起來常像是在試著不讓自己解體，試著不讓體內的東西濺出來。我想要提出另一點來反駁官僚海怪剛才所說的話，但我不相信自己說得好。我怕自己的手腳可能會控制不住，我可能會開始咆哮，可能會把他的電話砸個稀爛。我們成了絕配：他是焦躁到惶惶不安，我則是猛抱著自己。

局面很清楚，我們僵持不下。我必須拿出辦法才行，於是我開始拍馬屁。我對官僚海怪說，我尊重他的立場。他有職務在身。那職務非常重要。要催收煩人的規費，一直應付申訴，那肯定不容易。我還顧了他的蝸居辦公室，貌似同情。不過，我說，假如NIKE被迫繳交這筆金額過高的錢，那打開天窗說亮話，我們就不用玩了。

「所以呢？」他說。

「所以呢？」我說。

「是啊。」他說。「所以……又怎樣？奈特先生，為美國財政部收到進口稅是我的責任。對我來說，現況就是如此。該怎麼辦……就怎麼辦。」

我把自己抱得更緊了，我看起來一定像是穿著隱形的束身衣。

接著我把自己放開並站了起來，小心翼翼地拿起我的公事包。我對官僚海怪說，我不會接受他的決定，也不會放棄。有必要的話，我會去拜訪每位參眾議員，並私下請託案件。我突然對魏奇庫產生了最大的同情。難怪他會精神錯亂。**你不知道希特勒的爸爸是海關督察員嗎？**

「你愛怎麼做就怎麼做。」官僚海怪說。「慢走。」

他回身去拿檔案，順便看了一下手表。快五點了，在上班時間結束前，剩沒多少時間可以毀掉別人的生活了。

聖人馬克

我開始等於是通勤到華盛頓。我每個月都會去拜會政治人物、說客、顧問、官僚，任何能幫上忙的人。我泡在那個奇怪的政治黑社會裡，並盡力研讀各種海關資料。

我甚至把《魏奇庫論美國銷售價格第一集》翻了一遍。一點用處都沒有。

在一九七九年的夏末，魏奇庫幫我約了一位奧勒岡的參議員馬克·哈菲爾德（Mark O. Hatfield）。備受敬重、人脈甚廣的哈菲爾德是參議院撥款委員會的主席。一通電話，他或許就能讓官僚海怪的老闆結掉那筆兩千五百萬美元的差額。於是我花了幾天準備，為拜會做研究，並多次找伍德爾和海耶斯會商。

「哈菲爾德得從我們的角度來看才行。」海耶斯說。「兩黨對他都很敬重。有些人稱他為聖人馬克，很潔身自愛。他在水門案時跟尼克森針鋒相對。而且為了替哥倫比亞的水壩籌款，他鬥起來就像隻老虎。」

「聽起來像是我們的最佳機會。」伍德爾說。

「也許是我們的最後機會。」我說。

我抵達華盛頓那晚，就和魏奇庫共進晚餐預演。如同兩個演員在對台詞，我們演練了哈菲爾德或許會質問我們的每個可能論點。魏奇庫不斷引用《魏奇庫論美國銷售價格第一集》。有時他甚至會引用第二集。「別管它了。」我說。「保持單純就好。」

隔天早上，我們緩緩走上美國參議院大廈的樓梯。我抬頭看著那雄偉的外觀、那高聳的圓頂，不由自主地停了下來。我想起了萬神殿、勝利神廟。噢，帶來勝利的雅典娜女神，憐憫您卑微的僕人吧。我知道這也會是我人生中的一個重大時刻。無論結果為何，我都不想讓它就這樣過去，而沒有去感受、去體會。於是我凝視著圓柱。我欣賞著大理石所反射出的陽光。

「你要走了嗎？」魏奇庫說。

那是個炎熱的夏日。我拎著公事包的那隻手全都是汗，我的西裝溼透了。我看起來像是走過一場暴風雨。我這個樣子要怎麼去拜會美國參議員？我要怎麼跟他握手？

我要怎麼正常思考？

我們走進哈菲爾德的對外辦公室，他的一位助理把我們帶到了會客室。有點像是牛棚。我想到了兩個兒子的出生，想到了佩妮，想到了爸媽，想到了鮑爾曼，想到了葛瑞勒，想到了普雷，想到了北見，想到了詹姆斯法官。

「參議員現在要見你們了。」助理說。

她把我們帶進一間又大又涼爽的辦公室。哈菲爾德從他的桌子後面現身。他盛情歡迎我們，因為是奧勒岡的鄉親，並帶我們到窗戶旁的會客區。大家就座。哈菲爾德微笑以對，魏奇庫也微笑以對。我對哈菲爾德說，我們可是遠親喔。我相信，我媽是他的三等親。我們聊了一下羅斯堡。

接著大家清了清喉嚨，空調發出了運轉聲。「呃，那個，參議員。」我說。「我們今天來拜訪您的原因——」

他把手一抬。「對於你們的處境，我全都明白。我的幕僚看了《魏奇庫論美國銷售價格第一集》，並對我簡報過。我可以幫上什麼忙？」

我說不出話來，整個人目瞪口呆。我轉身對著魏奇庫，他的臉色就跟他的粉紅啾啾領結一樣。我們花了這麼多時間預演這場協商，準備向哈菲爾德力陳我們的理由正當，卻沒預想到有可能……一下就成功。我們靠向彼此，交頭接耳地商量可以請哈菲爾德幫忙的不同方式。魏奇庫認為應該請他寫信給美國總統，或者也許是海關負責人。我則想請他打電話。我們講不定，開始爭論。空調的運轉聲告一段落。最後我讓魏奇庫不作聲，讓空調不作聲，轉身對著哈菲爾德。我說：「參議員，我們沒料到您今天會一口就答應。老實說，我們不知道自己要什麼，我們必須改天再向您報告。」

我沒有回頭去看魏奇庫有沒有跟上來，就走了出去。

「明天可能一切就沒了」

我及時飛回家主持了兩場劃時代活動。在波特蘭的鬧區，我們開了第一家ＮＩＫＥ城（Niketown），是三千五百平方英尺的零售商場，立刻就人山人海。收銀機前的排隊人潮沒完沒了。民眾吵著要試穿……每樣東西。我必須跳下去幫忙。我有片刻彷彿回到了爸媽的客廳量尺寸，替跑者把鞋子配到合腳。它是一場舞會、一場狂歡，適時提醒了我們為什麼會走到這裡。

接著我們的辦公室又搬家了。我們還需要更多的空間，並在一棟四萬六千平方英尺的大樓裡找到了。裡面一應俱全，有蒸氣室、圖書室、健身房和多到我算不清楚的會議室。在簽租約時，回想起那些晚上跟伍德爾到處開著車，我搖了搖頭。但我並沒有勝利感。「明天可能一切就沒了。」我喃喃地說。

不容否認的是，我們很大。為了確保我們不會像哈菲爾德阿嬤所說的**自大到**太超過，我們照著老方法來搬。三百位員工在週末時全體上陣，把自己的物品打包到自己的車上。我們提供披薩和啤酒，一些倉儲人員則把較重的東西裝進貨車，然後大家一路慢慢開車過去。

我要倉儲人員把棒球手套椅留下來。

官僚海怪絕不會退休

一九七九年秋天時，我飛到了華盛頓跟官僚海怪二度會面。這次他沒那麼不耐煩。哈菲爾德關照過了。巴布．派克伍德（Bob Packwood）參議員也是，他是參議院財政委員會的主席，對財政部有審查權。「我**聽煩**了……也**聽膩**了你那些權貴**朋友**的交代。」官僚海怪用一根觸角指著我說。

「哦，抱歉。」我說。「那肯定一點都不好玩。但在這個局面解決前，你還是會聽到。」

他不屑地說：「你曉不曉得，我並不需要這份工作？你知不知道，我太太很……有……錢！我不需要工作，你知不知道？」

「你真好命。她也是。」我心想，你愈快退休愈好。

但官僚海怪絕對不會退休。在未來幾年，歷經共和黨和民主黨政府，他都會健在。永無休止，就像是死亡和繳稅。

前進中國

在官僚海怪陣腳大亂下，我暫時得以把注意力轉回另一個現存的威脅上，那就是生產。貨幣波動、勞動成本上升、政府不穩定打擊了日本，同樣的狀況也開始席捲台灣和韓國。時候到了，又要去找新的工廠、新的國家了。考慮中國的時候到了。

問題不在於要怎麼進中國。鞋業公司終究會有一家進去，到時候其他所有的業者照做就好。問題是要怎麼搶到頭香。搶到頭香所帶來的競爭優勢可以維持幾十年，不僅是在於中國的生產部門，也在於它的市場和政治領導人。在起初談到中國的會議上時，我們總會說那會有多不得了。十億人。二十億隻腳。

我們團隊裡有一位標準的中國專家查克。除了跟在國務卿亨利．季辛吉身邊做過事，他還在覬覦中國市場的汽車零件製造商艾倫集團（Allen Group）裡擔任董事。它的執行長是華特．季辛吉（Walter Kissinger），亨利的弟弟。查克告訴我們，在徹底研究中國時，艾倫發掘了一位非常厲害的中國通，名叫大衛．張（David Chang）。查克懂中國，並認識懂中國的人，但沒有一個人像大衛．張那麼懂中國。

「這麼說吧。」查克說。「當華特．季辛吉想要進中國卻進不了時，他不會打電話給亨利。他會打給張。」

我一把抓過了電話。

專門說錯話

張在NIKE建立王朝的起步並不順利。首先，他走的是學院風。要是沒有認識張，我會以為魏奇庫就是學院風。藍色運動夾克、金色鈕扣、漿到超挺的格子布襯衫、兵團式領帶，而且他穿起來毫不費力，流暢自如。他是拉夫．勞倫（Ralph Lauren）和洛拉．艾胥利（Laura Ashley）偷生的愛渦旋紋的小孩。

我帶著他到辦公室各處，向大夥介紹他，他則展現了專門說錯話的不凡天分。他見了三百三十磅的海耶斯、三百二十磅的史崔瑟，以及差一根丘牌（Mounds）糖果棒就會到三百五十磅的新任財務長吉姆．曼斯（Jim Manns）。張竟取笑我們的「管理高層有半噸重」。

他說，**公司以運動為業**，腰圍卻這麼粗？

沒人笑得出來。「也許是你表達方式不佳的關係。」我告訴他，並趕緊把他帶走。

我們走到大廳，遇到了最近被我從東岸叫回來的伍德爾。張伸手去握伍德爾的手。「滑雪意外嗎？」他說。

「什麼？」伍德爾說。

「還是從那張椅子上起來的時候？」張問。

「才不是咧，你這個豬頭。」

我嘆了口氣。「欸，」我對張說。「前面沒路了，只能往上走。」

第20章・1980年

上市

世界就跟前一天一樣，
跟平常一樣。
什麼都沒變，尤其是我。
我卻有了一億七千八百萬美元的身價。

大家聚在會議室裡，聽張向我們說明他的背景。他出生於上海，家境富裕。他祖父是中國北方第三大的醬油製造商，父親曾是中國外交部的第三號人物。不過，張在十幾歲的時候碰到了革命。張家逃到了美國，落腳在洛杉磯，張就在那裡念好萊塢高中。他常想著自己會回去，他爸媽也是。他們跟中國的朋友和家人保持著密切的聯繫，而且他媽媽始終跟革命之母宋慶齡十分親近。

在此同時，張上了普林斯頓，念的是建築，並搬去了紐約。他在一家不錯的建築事務所找到工作，並參與了萊維敦城鎮（Levittown）的案子。後來他自己開了事務所，賺了不少錢，但卻意興闌珊。他得不到絲毫樂趣，並覺得自己做的不是什麼大事。

有一天，有個普林斯頓的朋友抱怨拿不到簽證去上海。張幫忙朋友拿到了簽證，幫忙他約到了業務聯絡人，並發現自己樂在其中。充當密使、中間人更能善用他的時間與才華。

張警覺到，即使有他幫忙，要進中國也十分困難。流程很繁瑣。「你不能光申請參訪中國的許可。你還得正式請求中國政府邀請你去，用官僚都不足以形容。」

我閉上眼睛想像畫面，在世界另一頭的某處，中國版的官僚海怪。

我也想起了在我二十四歲時，對我解釋日式經商之道的前美軍。我聽從了他們的建議，分毫不差，而且從來沒有後悔過。於是在張的指導下，我們擬了份書面說明。

它很長。幾乎就跟《魏奇庫論美國銷售價格第一集》一樣長。我們也替它裝了封面。

我們常問彼此：這玩意兒真的有誰會去看嗎？

我們說，哦，唔。張說就是要這樣做。

我們不抱希望地把它寄往了北京。

NIKE版的美國銷售價格

在一九八〇年首次的雜碎會議中，我宣布說，雖然我們對聯邦官員占了上風，但假如我們不大膽出擊、出奇制勝，它可能會打到天荒地老。「我在這方面想了很多。」我說。「我認為我們需要做的就是……自創NIKE版的美國銷售價格。」

雜碎們笑了出來。

接著他們收起笑臉，看著彼此。

我們在週末的剩餘時間反覆研究。有可能嗎？沒有，辦不到。我們行嗎？不行，別想了。

但……也許呢？

我們決定試它一試。我們推出新鞋，尼龍鞋面的跑鞋，並稱它為One Line。它是仿製品，便宜到不像話，有簡單的標誌，是在薩柯製造的，就是海耶斯的舊工廠。我們把價格定得很低，跟成本差不多。如今海關官員就必須把這款「競爭對手」的鞋當成新的參考點，來決定我們的進口稅。

這是在叫陣，純粹是要引起他們注意。接著我們使出了左鉤拳。我們拍了一支電視廣告來講奧勒岡一家小公司對抗惡毒大政府的故事。開頭是跑者在路上孤單地練跑，深沉的嗓音則一面讚揚愛國心、自由、美國精神的理想，還有對抗暴政。這使得民眾熱血沸騰。

接著我們使出了重拳。在一九八〇年二月二十九日，我們向紐約南區的美國地方法院提出了兩千五百萬美元的反托拉斯訴訟，指控我們的競爭對手和一籮筐的橡膠公司共謀透過卑劣的商業手法要把我們鬥垮。

我們好整以暇地等待。我們知道要不了多久，而確實也是。官僚海怪抓狂了。他威脅要動用核武，不管那是什麼意思。無所謂。他並不重要。他的老闆和老闆的老闆再也不想打這場仗了。我們的競爭對手和他們在政府裡的樁腳體認到，他們低估了我們的意志。

他們立刻就上門來談和解。

上市而不丟掉任何控制權

我們的律師天天都會打電話來。從某個政府辦公室、某家重量級的法律事務所、東岸的某個會議室跟對方會面後，他們就會把最新開出的和解條件告訴我，我則會立刻回絕。

有一天，律師說我們可以用天價的兩千萬美元把整件事和解，不用勞師動眾，不用上演法庭大戲。

我說，想都別想。

又有一天，他們打電話來說，我們可以用一千五百萬美元和解。

我說，別逗了。

隨著數字緩步下降，我跟海耶斯、史崔瑟和我爸出現了多次激烈的會談。他們要我和解，把這件事了結。「你的理想數字是多少？」他們問道。我說，是零。

我一毛錢都不想付。連一毛錢都不公平。

但賈夸、豪瑟表哥和查克全都研議過這個案子，有一天他們要我坐下來，解釋說政府需要理由來保住面子。他們不能毫無所獲就退出這場對戰。隨著談判趨於停擺，我跟查克一對一會面。他提醒我說，在這場對戰解決前，我們不可能去想上市的事，而假如不上市，我們就會繼續背負失去一切的風險。

我耍起性子來。我埋怨起公平性。我談到要堅持到底。我說也許我壓根就不**想**上市。我再次表達我擔心上市會改變NIKE，毀了它，使控制權落到別人手上。例如要是受到股東投票或蓄意收購公司者的要求所左右，奧勒岡的運動文化會是什麼樣子？那一小群無擔保債的持有人已讓我們稍稍體驗過那樣的局面，擴大引進**成千上萬**的股東則會慘一千倍。最重要的是，某個怪物把股份掃光，變成董事會裡的巨獸，我一想到就受不了。「我不想丟掉控制權。」我對查克說。「那是我最擔心的事。」

「唔……或許有辦法上市而不用丟掉任何控制權。」他說。

「什麼？」

「你可以發行兩類股票——A類和B類。大眾拿到的是B類，每股可投一票。創辦人、圈內人和可轉換無擔保債的持有人拿到的是A類，有權在董事會裡任命四分之三的席次。換句話說，你籌到大筆的錢，使成長馬力大增，但又確保能握有控制權。」

我瞠目結舌地看著他。「我們真的做得到這點嗎？」

「是不容易。但《紐約時報》、《華盛頓郵報》和其他一些業者都做到了。我認為你做得到。」

這也許不是見性或頓悟，但絕對是一語驚醒夢中人。我長年尋求的突破。我說：「查克，那聽起來像是個……解答。」

在隔次的雜碎會議中，我解釋了A類和B類的概念，大夥兒的反應都一樣。總算啊。但我提醒雜碎：不管這是不是解決之道，我們都得立刻拿出辦法來，一舉解決現金流的問題，因為我們的機會正在流走。我可以猛然看到，衰退近在眼前。半年，頂多一年。假如我們等下去，想要到那時候再上市，市場給我們的身價就會低得多。

我要求舉手表決。上市……全都贊成嗎？

一致通過。

跟競爭對手與聯邦官員的長期冷戰一化解，我們就啟動了公開發行。

絕對不會跳票

在春花綻放之際，我們的律師和政府官員談妥了一個數字：九百萬美元。聽起來還是偏高，但大夥兒都叫我繳了。他們一直說，就接受條件吧。我花了一個小時盯著窗外沉思。月曆上說春天到了，但那天的雲層低到了眼前，灰到有如洗碗水。

我很不爽。我拿起電話，撥給擔任首席談判人員的魏奇庫。「就這樣吧。」

我叫菲爾茲去開支票。她把它拿來給我簽名。我們看著彼此，當然都是想到了我簽下那張一百萬美元的支票卻軋不過來的那次。如今我簽的支票是九百萬美元，而且絕對不會跳票。我看著簽名線。「九百萬。」我喃喃地說。我還記得，我配有賽車輪胎和雙凸輪軸的一九六〇年名爵賣了一千一百美元。恍如昨日。**把我從不現實帶進了現實**。

一九六二年的瘋狂點子

夏天剛開始，信就來了。中國政府敬邀參訪……

我花了一個月決定要由誰去。我認為必須是精銳部隊才行，於是我坐下來把黃色拍紙簿擺在大腿上，列出名單，刪掉，再列新名單。

張，當然要去。

史崔瑟，自然要去。

海耶斯，肯定要去。

我交代要去的每個人，把文件、護照和東西準備好。然後我花了幾天彙整行前讀物，以惡補中國史。義和團之亂、長城、鴉片戰爭、明朝、孔子、毛澤東。

假如我成了唯一的學生，那我就死定了。我列了課綱給旅行團的所有成員。

一九八〇年七月，我們上了飛機。北京，我們來了。但要先去東京。我認為順路在那裡停靠是個好主意。日本市場的銷量又開始成長，姑且去看看吧。另外，日本也是讓大夥兒適應中國的好方法，畢竟這對大家都是個挑戰。一步一步來。佩妮和戈爾曼——我學到教訓了。

十二個小時後，獨自走在東京的街上，我的思緒一直回轉到一九六二年。我的瘋狂點子。如今我回來了，即將把那個點子帶進巨大的新市場。我想到了馬可．波羅。我想到了孔子。但我也想到了這些年來看過的所有比賽，美式足球、籃球、棒球，當球隊在最後幾秒或幾局大幅領先時，便鬆懈下來或緊繃起來。因此就輸了。

我要自己停止回頭看，緊盯著前方。

我們吃了幾頓很棒的日式晚餐，並拜訪了幾位老朋友。經過兩、三天的休息與準備就緒後，我們全都蓄勢待發。隔天早上，我們就要飛去北京了。

我們一起在銀座吃了最後一頓飯，喝了好幾杯調酒，大夥兒早早就睡了。我洗了個熱水澡，打電話回家，並上床就寢。幾個小時後，我被急促的敲門聲給吵醒。我看著床頭櫃上的鐘。半夜兩點。「是哪位？」

「大衛．張！讓我進去！」

我走到門前，發現張看起來一反常態。衣衫不整，一身狼狽，斜紋領帶歪了一邊。「海耶斯不去了！」他說。

「你在說什麼？」

「海耶斯在樓下的酒吧裡，他說他沒辦法，他沒辦法上那班飛機。」

「為什麼？」

「他犯了某種恐慌症。」

「對。他有恐懼症。」

「哪種恐懼症？」

「他有……各種的恐懼症。」

我開始把衣服穿好，下去酒吧。此時我想起來，我們要對付的人是誰。「去睡覺。」我對張說。「海耶斯會在那邊待到早上。」

「可是——」

「他會待在那邊。」

一大早，眼神呆滯、臉色慘白的海耶斯就站在大廳裡。

當然，他確定為他下次的發作帶夠了「藥」。幾個小時後，在北京通關時，我聽到後面傳來一陣大騷動。現場很簡陋，隔層用的是夾板，而在某道隔層的另一頭，有好幾個中國官員正在大小聲。我繞過隔層，發現有兩個被惹毛的官員指著海耶斯和他打開的手提箱。

我走了過去。史崔瑟和張走了過去。海耶斯的大內褲上面擺了十二夸脫的伏特加。

在最長的時間裡，沒有人說一句話。然後海耶斯嘆了口氣。

「那是我要喝的。」他說。「你們的自己想辦法。」

「贏」是什麼？

在接下來的十二天，我們在政府地陪的帶路下跑遍了中國。他們帶我們去天安門廣場，並確定我們在巨大的毛主席肖像前站了很久，那時他已死了四年。他們帶我們去紫禁城。他們帶我們去明十三陵。我們當然很著迷，而且好奇——太好奇了。我們所有的發問都讓地陪冷汗直流。

在某一站時，我環顧四周，看到有好幾百人穿著毛裝，以及似乎是用圖畫紙做的單薄黑鞋。但有幾個小朋友穿的是帆布運動鞋。那給了我希望。

我們想要看的當然是工廠。地陪勉為強其難地同意了。他們帶我們搭火車去偏僻的城鎮，離北京很遠。我們在那裡看了大到嚇人的工業園區、小型的工廠集中區，一處比一處落後。這些又舊又鏽的工廠讓海耶斯在薩柯的古老廢墟看起來很先進。

尤其是它們都髒兮兮。鞋子從組裝線送出來時會有髒污、一層污垢，完全不及格。既沒有足夠的清潔觀念，也沒有真正的品管。當我們把有瑕疵的鞋指出來時，經營工廠的官員卻聳聳肩說：「穿起來好得很。」

美觀則是想都別想。中國人不明白，一雙鞋的尼龍或帆布為什麼需要左右腳的色度一樣。左腳淺藍色、右腳深藍色是普遍現象。

我們拜會了幾十位工廠官員、地方政治人物和形形色色的達官顯要。我們受到了敬酒、款待、詢問、監視、談論，以及幾乎總少不了的盛情歡迎。我們吃了一大堆海膽和烤鴨，有好幾站則是用皮蛋來招待我們。我吃得出來，那每一樣都是陳年了。

我們當然喝了不少茅台。在歷次去過台灣後，我已有所準備。我的肝練過了。我沒有準備到的是，海耶斯會這麼喜歡它。每啜一口，他就咂咂嘴，並伸手再要。

在參訪接近尾聲時，我們搭了十九個小時的火車到上海。我們原本可以搭飛機，但我堅持坐火車。我想要到鄉村看看，體驗一下。在頭一個小時裡，大家把我罵翻了。天氣悶熱，火車上又沒有空調。

在火車車廂的角落有一具舊風扇，扇葉根本吹不動四周的熱塵。為了涼快，中國乘客對於脫到剩內衣不以為意，這也使海耶斯和史崔瑟認為，自己大可依樣畫葫蘆。假如能活到兩百歲，我都不會忘記那些大塊頭穿著T恤和內褲上下火車車廂的畫面。那天在火車上的任何中國人也不會。

在離開中國前，我們在上海有最後一、兩件事要辦。首先要跟中國的田徑聯盟洽談協議。這代表要跟政府的體育部洽談協議。不像西方世界是由每位運動員自談協議，中國本身會替轄下所有的運動員談判代言協議。所以在上海的舊校舍裡，教室裡有用了七十五年的設施和巨幅的毛主席肖像，我和史崔瑟拜會了部裡的代表。在頭幾分鐘，代表向我們訓示了共產主義的美好。他高聲地說，中國人喜歡跟「志趣相投的人」做生意。我和史崔瑟對看了一眼。志趣相投？什麼意思？接著訓示突然停了下來。代表往前一靠，以在我聽來是中國版體育經紀人雷伊・史坦柏格（Leigh Steinberg）的低聲問說：「你們出價多少？」

在兩個小時內，我們有了自己的協議。四年後，在洛杉磯，中國田徑隊將在近兩代以來，首次穿著美國的鞋子和熱身服走進奧運會場。

NIKE的鞋子和熱身服。

我們最後拜會的是外貿部。就跟之前所有的拜會一樣，長篇大論來了好幾輪，主要是由政府官員上陣。海耶斯在第一輪就聽膩了。到第三輪時，他想去死了。他開始玩弄身上聚酯西裝襯衫前面的鬆脫線頭。他突然對線頭看不順眼，還掏出了打火機。外貿次長正談到我們是值得的夥伴時，停下來一抬頭，卻看到海耶斯在對自己點火。海耶斯用手拍打火苗，勉強把它撲滅，但也毀了那一刻演講者的手采。

無所謂。就在搭機返家的前夕，我們跟兩家中國工廠簽定了協議，並正式成為二十五年來第一家獲准在中國做生意的美國製鞋業者。

把它稱為「生意」，似乎不太對。以生意這個輕描淡寫、不痛不癢的標題來涵蓋所有那些忙亂的日子與失眠的夜晚、所有那些重大的勝利與絕望的掙扎，似乎不太對。我們所做的事感覺起來像是遠甚於此。新的每一天都會冒出五十個新問題、五十個當場就要下的艱難決定，而且我們向來心知肚明，一個貿然的舉動、一個錯誤的決定就可能完蛋。犯錯的空間永遠都是愈變愈小，賭注永遠都是愈下愈大。而且我們沒有一個人動搖過的是，相信「賭注」不代表「金錢」。我深知對某些人來說，生意就是全力追求利潤，沒有第二句話，但對我們來說，把生意等同於賺錢就跟把人等同於造血沒兩樣。對，人體是需要血。它需要製造紅血球、白血球和血小板，平均、順暢地重新分配到所有對的地方，而且不準時就完了。但人體的那種日常事項並不是我們當人的使命所在。更崇高的目標要靠基本流程才能實現，而生命總是在努力超越生活的基本流程。在一九七〇年代末的某個階段，我也是如此。我把贏加以重新定義與擴展，使它不只是原本所定義的沒有輸，或是把命保住就好。那不再足以支撐我，或是我的公司。我們就跟所有偉大的企業一樣，想要創造、貢獻，而且我們敢很大聲地說出來。當你以每件事都應該但卻鮮少做到的方式來做東西，改善東西，實現東西，為陌生人的生活增添某種新事物或新服務，使他們更快樂、更健康、更安全、更好，而且全都做得利落、有效率、聰明時，你就是在更充實地參與整齣盛大的人間劇場。不光只是活著，你更是在幫助別人活得更充實。假如這叫作生意，那就稱我是生意人吧。

也許我的生意會愈做愈大。

只能在一人之下經營

行李沒有時間打開。中國行之後的嚴重時差沒有時間調整。我們回到奧勒岡時，上市流程正如火如荼地進行。有大事需要抉擇，尤其是發行要由誰來管理。

公開發行並不是必然會成功。相反地，要是管理不善，它就會變成列車失事。所以這是箭在弦上的關鍵決定。查克在庫恩羅布公司（Kuhn, Loeb）服務過，跟裡面的人還是有很好的交情，並認為找他們最好。我們訪談過四、五家其他公司，但最後決定照著查克的直覺走，他還沒帶我們走錯過。

接下來，我們必須製作公開說明書。草稿至少打了五十遍，才讓它看起來和聽起來是我們所要的樣子。

最後，在夏季終了時，我們把所有的文書作業呈報給證交會，而到了九月一開始，我們便發出正式的公告。NIKE將發行兩千萬股的A類股票和三千萬股的B類股票。我們告訴全世界，股價將落在一股十八到二十二美元之間。尚待定案。

在全數的五千萬股當中，差不多有三千萬股將作為保留準備，大約有兩千萬股的B類則將公開銷售。在剩下大概一千七百萬股的A類股票中，既存股東或內部人士將掌握五六％，那指的就是我、鮑爾曼、無擔保債的持有人和討厭鬼。

我個人將掌握四六％左右。大家都同意需要這麼多，因為公司需要在一人之下經營，以一錘定音的姿態發言，不管發生什麼事。這樣可能就無從搞結盟或派系分裂，控制權的鬥爭也無從存在。對外人來說，股權的劃分或許看起來不成比例、不平衡、不公平。對雜碎來說，它卻是有其必要，從來沒有人有過一句異議或抱怨。

局面真的變了，但他沒變

我們上路了。在發行前的幾天，我們出門去向潛在投資人推銷本身產品、公司、品牌的價值。親自上陣。去完中國後，我們就沒有任何旅行的心情，但別無他法。我們必須做華爾街所謂的「馬戲表演」。十二座城市，七天。

第一站，曼哈頓。早餐會上滿場虎視眈眈的銀行業者代表了成千上萬的潛在投資人。海耶斯首先起身說了幾句開場白。他簡潔地把數字總結了一遍。他相當棒。有力、沉穩。接著強森站起來說明鞋子本身，它有什麼不一樣和特別，它如何能這麼創新。他棒到不能再棒了。

結尾換我。我談到了公司的起源，它的靈魂與精神。我拿著小抄，上面潦草寫了幾個字，但我一眼都沒看。對於自己要說什麼，我胸有成竹。我不確定我有沒有辦法把自己解釋給滿場的陌生人聽，但我解釋ＮＩＫＥ起來毫不費力。

我以鮑爾曼來開頭。我談到了在奧勒岡為他而跑，然後在我二十五歲左右時，和他這個小夥子組成了搭檔。我談到了他的腦筋、他的勇敢、他神奇的鬆餅機。我談到了他在信箱裡裝炸藥。那是個好玩的故事，在引發笑聲上從來沒有失手過，但它有個重點。我想要讓這些紐約客知道，我們雖然是來自奧勒岡，但可不是好惹的。

懦夫壓根沒有起步，弱者則死在路上。剩下的就是我們了。

在那第一天的晚上，我們在中城的正式晚宴上發表了同樣的報告，所面對的銀行業者則是兩倍之多。雞尾酒事前就送上來了。海耶斯喝得有點茫。這次起身發言時，他決定即興發揮、自由演出。「我跟這幾個人相處了**很長**的時間。」他笑著說。「你可以說是公司的核心，而我在這裡要告訴各位，哈哈，他們全都是長期的求職困難戶。」

乾咳聲。

後面有人在清喉嚨。

孤單的蟋蟀發出鳴叫，然後就停了。

在遠處的某個地方，有一個人笑得像個傻瓜。我至今都認為是強森。

對這些人來說，錢不是開玩笑的事，這種規模的公開發行可不是講笑話的場合。我嘆了口氣，低頭看著小抄。假如海耶斯把推土機開進現場，可能一點都不會更糟。當晚到了後來，我把他拉到一旁，跟他說我認為他最好別再開口了。我和強森會把正式的報告給搞定。但我們還是需要他來接受問答。

海耶斯看著我，眨了一下眼。他明白了。「我還以為你要叫我回家咧。」他說。「沒的事。」我說。「這要有你在才行。」

我們繼續到了芝加哥，然後是達拉斯，然後是休士頓，然後是舊金山。我們接著來到洛杉磯，然後是西雅圖。每到一站，我們都愈感疲憊，累到簡直要哭出來了。尤其是我和強森。莫名的愁緒向我們襲來。在飛機上，在飯店的酒吧裡，我們談起了青春歲月：他那些沒完沒了的信。**請寄點鼓勵的話來**。我沉默以對。我們談起了NIKE這個名稱浮現在他的夢裡。我們談起了小章魚伸展、吉安佩卓、萬寶路硬漢，以及我在全國各地來回猛搖他的所有不同時期。我們談起了他差點被艾希特的員工給吊死，因為那天他們的薪資支票跳票了。有一天，在前往下一場會議的城交車後座，強森說：「經過這一切之後，現在我們是華爾街寵兒了。」

我看著他。局面真的變了，但他沒變。在那次馬戲表演數一數二漫長、緊繃的一天後，此時強森把手伸進袋子裡，拿出了書開始看。

路演是在感恩節的前一天結束。我隱約記得有火雞、一些蔓越莓，家人也在身邊。我隱約記得有察覺到，那姑且算是週年紀念。我第一次飛去日本就是在一九六二年的感恩節。

在晚餐時，我爸對公開發行有上千個問題，我媽則是一個都沒有。她說打從買了一雙七塊美金的訓練鞋那天起，她就知道會有這一天。他們覺得與有榮焉，值得慶賀，這可以理解，但我很快就要他們別說了，拜託他們別把話講得太早。遊戲還沒結束，比賽正在進行。

一股二十二美元，就是這個數字

我們選好了發行日。是一九八〇年十二月二日。最後剩下的門檻就是訂價。

在發行的前一晚，海耶斯走進我的辦公室。「庫恩羅布的人建議每股二十美元。」他說。

「太低了。」我說。「這是在侮辱人。」

唔，他提醒說，可不能太高。我們要的是把東西賣出去。

整個過程讓人抓狂，因為不周嚴。**沒有適當**的數字，從頭到尾都是意見、感覺、銷售。**銷售**——過去這十八年來，那正是我多半在做的事，我厭煩了。我再也不想銷售了。我們的股票值一股二十二美元。就是這個數字。這個數字是我們爭取來的。我們理當擁有高檔的價位。我對海耶斯說，一家名叫蘋果的公司也要在同一週上市，一股賣二十二美元，而我們就跟它一樣值錢。假如有一票華爾街的人不是這樣看，那我就打算不玩了。

我怒視著海耶斯。我知道他在想什麼。我們又碰到了。**先付錢給日商**。

什麼都沒變，尤其是我

隔天早上，我和海耶斯開車進城去法律事務所。職員把我們帶進資深合夥人的辦公室。律師助理打電話去紐約的庫恩羅布，然後在一張大胡桃木桌的中央按下擴音器的鍵。我和海耶斯盯著擴音器。脫離現實的聲音充斥著室內。有一個聲音愈發響亮與清楚。「兩位……早。」

「早。」我們說。

響亮的聲音開了頭。對於庫恩羅布所推斷的狗屁股價，它給了冗長而仔細的解釋。響亮的聲音說，所以我們不能比二十一美元再高了。

「不行。」我說。「我們的數字是二十二。」

我們聽到別的聲音在嘀咕。他們提出了二十一塊半。那個聲音說：「那恐怕是我們的最終出價了。」

「各位，二十二就是我們的數字。」

海耶斯盯著我。我盯著擴音器。

一片靜悄悄。我們可以聽到沉重的呼吸、碰撞、摩擦。有紙張在交疊。我閉上眼睛，讓那些背景雜訊全部向我迎來。我回想起在此之前人生中的每場談判。

所以爸，你記不記得我在史丹福想出的那個瘋狂點子……？

各位，我代表奧勒岡州波特蘭的藍帶體育用品公司。

妳看，多特，我愛佩妮，佩妮也愛我。假如局面繼續這樣走，我看我們就要一起生活了。

「抱歉。」領頭的聲音生氣地說。「我們必須再回電給你們。」

按鍵。

我們坐著。我們什麼話都沒說。我又長又深地吸了口氣。職員的臉色慢慢垮掉。

五分鐘過去。

十五分鐘。

汗水從海耶斯的額頭和脖子上流下來。

電話響了。職員看看我們，以便確定我們準備就緒。我們點點頭。接著他按下擴音器上的鍵。

響亮的聲音說：「兩位，那就一言為定。我們會在這星期五向市場公開。」

我開著車回家。我記得兒子在外面玩耍。佩妮站在廚房。「今天過得怎麼樣？」她說。

「唔。還行。」

「那就好。」

「我們的價錢過了。」

她露出了笑容。「你們當然會過。」

我去跑了很久的步。

然後我洗了個熱到不行的澡。

然後我很快吃了晚餐。

然後我把兒子送進被窩，跟他們講了個故事。

那年是一七七三年。二兵馬特和崔維斯在華盛頓將軍的麾下作戰。又冷、又累、又餓、制服破爛的他們為過冬而在賓州的佛吉谷紮營。他們所睡的木屋夾在兩座山之間：喜悅山和苦難山。從早到晚，刺骨的冷風都會颼過山間，並灌進木屋的縫隙裡。糧食短缺；只有三分之一的人有鞋穿。

每當走到屋外，他們就會在雪中留下血腳印。有成千上萬人喪命。但馬特和崔維斯撐了下來。

終於，春天來了。部隊收到通報說，英國人撤退了，法國人正前來助殖民者一臂之力。二兵馬特和崔維斯知道，從今以後，自己什麼事都熬得過去了。喜悅山，苦難山。

說完了。

晚安，兒子們。

晚安，爹地。

我把燈關掉，走去坐在電視機前陪伴佩妮。我們都沒有真的在看。她在看書，我則在腦袋裡計算。

等下週的這個時候，鮑爾曼就會有九百萬美元的身價。

凱爾是六百六十萬美元。

伍德爾、強森、海耶斯和史崔瑟大概是六百萬美元。

如夢似幻的數字。毫無意義的數字。我從來不知道，數字可以同時這麼有意義和這麼沒意義。

「睡覺吧？」佩妮說。

我點點頭。

我到屋子各處把燈關掉。然後我加入了她。我們在黑暗中躺了很長的時間。還沒結束。還早得很。我告訴自己，第一個部分走完了。但這只是第一個部分。

我問自己：你有什麼感受？

不是喜悅。不是如釋重負。假如有**任何**感受的話，是……遺憾嗎？

我心想，天哪。對，是遺憾。

因為說老實話，我真希望自己能重來一遍。

我瞇了幾個鐘頭。等我醒來時，天氣又冷又雨。我走到窗邊。樹上在滴水。一切都籠罩在霧靄中。世界就跟前一天一樣，跟平常一樣。什麼都沒變，尤其是我。我卻有了一億七千八百萬美元的身價。

我洗個澡，吃個早餐，就開車去上班。我自顧自地待在我的辦公桌前。

| 終章・晚上 |

絕非純粹是生意，永遠都不是

找志業，就算不知道那是什麼意思，去找就對了。
假如跟著志業走，
疲憊會比較容易熬過去，
絆腳石會成為燃料，
高牆則會像是你壓根就感覺不到。

我們很愛看電影。我們一向都會去。但今天晚上，我們陷入了兩難。對於佩妮最喜歡的暴力電影，我們全都看過了，所以我們必須冒險走出舒適圈，嘗試不同的東西。也許是喜劇。

我翻了報紙。「《一路玩到掛》（*The Bucket List*）怎麼樣？世紀戲院？傑克・尼可森（Jack Nicholson）和摩根・弗里曼（Morgan Freeman）？」

她眉頭一皺：姑且一試吧。

時間是二〇〇七年的耶誕假期。

在名人面前還是會害羞又尷尬

《一路玩到掛》到頭來根本就不是喜劇，而是一部談生命終點的電影。兩個人，尼可森和弗里曼，都是癌症末期，決定要在剩下的日子裡做遍好玩的事、瘋狂的事，自己一直想做卻沒做的事，以便在掛掉前充分利用時間。電影演了一小時，卻讓人笑不出來。

那部片子和我的人生還有很多奇怪、令人不安的相似之處。首先，尼可森一直讓我聯想到《飛越杜鵑窩》，這又讓我想到了凱西，而把我拉回了在奧勒岡大學的日子。其次，尼可森的角色把看喜馬拉雅山排在遺願清單的前面，而這件事也把我帶去了尼泊爾。感覺起來是好久以前，卻又好近。

最重要的是，尼可森的角色請了私人助理，類似乾兒子，名叫馬修。他甚至長得有點像我兒子。一樣雜亂的山羊鬍。

當電影演完、燈光亮起時，我和佩妮都如釋重負地站起來，回到現實生活的明亮眩光下。

戲院是新的十六廳巨大場館，位在大教堂市（Cathedral City）的中心，就在棕櫚泉（Palm Springs）外面。如今在冬天時，我們有很多時候都會去那邊，以躲避奧勒岡冷颼颼的雨。在走過大廳，等待眼睛適應時，我們認出了兩張熟面孔。起初我們想不起來是誰。我們在腦中看到的還是尼可森和弗里曼。但這些面孔同樣熟悉、同樣有名。此時我們想到了。是比爾和華倫。蓋茲和巴菲特。

我們晃了過去。

兩人都不是你會稱為死黨的人，但我們在社交活動和會議上見過他們好幾次。而且我們有共通的志業、共通的興趣、幾位共同的舊識。「想不到會在這裡遇到你們！」我說。然後我就手足無措了。我真的這麼說了嗎？我在名人面前**還是**會害羞又尷尬的情況下，這有可能嗎？

「我才剛想到你。」其中一位說。

我們輪番握了手，談的多半是棕櫚泉。這個地方豈不是很美嗎？脫離寒冷豈不是很棒嗎？我們談了家庭、生意、運動。我聽到背後有人在低聲說：「嘿，你看，是巴菲特和蓋茲耶。另外那個人是誰？」

我笑了。應該的。

我忍不住在腦中很快算了一下。此刻我的身價是一百億美元，這兩位的身價則各是五、六倍以上。**把我從不現實帶進了現實**。

佩妮問他們覺得電影好不好看。兩人都說好看，並低頭看著自己的鞋，雖然這有點令人洩氣。「你們的遺願清單是什麼？」我差點就要問了，但並沒有。蓋茲和巴菲特似乎這輩子所要的一切都做到了。他們肯定沒有遺願清單。

這使我不禁自問：我有嗎？

歲月流離的悸動

在家裡時，佩妮拿起她的刺繡，我則替自己倒了一杯酒。我拿出黃色拍紙簿來看我的筆記和明天的清單。好一陣子以來，它是第一次……空白。

我們在十一點新聞的前面坐著，但我的思緒卻飄蕩在九霄雲外，穿越了時光隧道。是最近都很熟悉的感覺。

我很容易一整天花很長的時間沉浸在童年裡。基於某種原因，我常想到我爺爺邦普．奈特（Bump Knight）。他什麼都沒有，比沒有還少。然而，他卻設法縮衣節食買了一台全新的T型車，並靠它把太太和五個孩子從明尼蘇達的溫尼貝戈（Winnebago）一路搬到了科羅拉多，後來又到了奧勒岡。他曾告訴我，他並沒有特地去考駕照，而是直接上路。開著那輛嘎嘎作響、晃來晃去的馬口鐵在落磯山落腳時，他不斷訐譙。「喝，喝，你這個王八蛋！」在他還有姑姑叔伯和堂表親的口述下，這個故事我不知道聽了多少次，使我覺得彷彿身歷其境。而在某種程度上也是。

邦普後來買了輛小卡車，而且他很愛把我們這些孫子放在後面，載我們進城去辦事。沿路上，他總是一到薩瑟林麵包店（Sutherlin Bakery）就停下來，並買一打糖霜甜甜圈給我們——是一人一打。我只要抬頭看著藍天或白色的天花板（任何空白螢幕也行），就會看到自己在他的車斗上懸著光腳，臉上感受著清新的綠風，把溫熱甜甜圈的糖霜給舔下來。要是沒有早期那種感覺、那種安全與滿足的福分作為根基，我在創業時能不能這麼冒險、這麼放膽地走在安全與災難的剃刀邊緣？我想是不行。

四十年後，我卸任NIKE的執行長，在我認為是後繼有人並相信是體質良好下離開了公司。在最後一年的二〇〇六年，營業額是一百六十億美元（愛迪達則是一百億美元，但誰在算那個？）。我們的鞋子和衣服進了世界各地的五千家店面，而且我們有一萬個員工。我們光是在上海的中國據點就有七百人（中國是我們的第二大市場，現在也是我們最大的鞋子生產地。我想一九八〇年跑那一趟獲得了回報）。

在比佛頓的世界總部，五千個員工是安頓在伊丹尼克（Edenic）的大學校區。它是兩百英畝的野外林地，有溪水潺潺流過，簡易的球場散布其中。使建物得名的男男女女所帶給我們的，不只是名字和代言。瓊・班瓦・薩繆森（Joan Benoit Samuelson）、小葛瑞菲（Ken Griffey, Jr.）、米亞・漢姆（Mia Hamm）、老虎・伍茲（Tiger Woods）、丹・傅茲（Dan Fouts）、傑瑞・萊斯（Jerry Rice）、史蒂夫・普雷方丹——我們的身分是由他們所賦予。

身為董事長，我多半還是會去辦公室。我環顧所有的建物，看到的不是建物，而是殿堂。只要你用心打造，任何建物都是殿堂。我常想起我在二十四歲時的那趟重大旅程。我想起自己站在雅典的高處，凝視著萬神殿，從來沒有一次不感受到歲月流離的悸動。

在校區建物之間，沿著校區走道，都掛有巨幅的旗幟：超級運動員、傳奇、巨星和巨頭的動態照，他們把NIKE提升為不只是品牌。

喬丹（Michael Jordan）。

柯比（Kobe）。

老虎・伍茲。

我不禁又想起了我的世界之旅。

約旦（Jordan）河。

神秘的日本**神戶**（Kobe）。

那場在鬼塚的第一次拜會，向眾主管懇求**虎**（Tiger）牌的銷售權……

這有可能全都是巧合嗎？

我想起了NIKE在世界各地數不清的辦事處。無論在哪國，每一處的電話號碼都是以六四五三結尾，NIKE在輔助鍵盤上的拼法。但純粹碰巧的是，要是從左拼到右，它也是普雷跑一英里算到十分之一秒的最佳時間：三分五十四秒六。

我說是純粹碰巧，但真的是嗎？我可不可以想說，有些巧合不只是巧合？我能不能冒昧地認為或希望，是宇宙或某個主宰在提示我，對我低語？要不然就是單純為了跟我玩？歷來所發現最古老的鞋子是一雙九千年前的涼鞋，並且是從奧勒岡的洞穴裡挖出，真有可能只是地理上的僥倖嗎？

涼鞋是在我出生的一九三八年發現的，這沒有什麼寓意嗎？

謝謝對我賭一把

校區的兩條主要街道分別是以NIKE的創始人來命名，開車經過它的交會點時，我總會覺得激動、腎上腺素分泌。前門的警衛整天、每天為訪客所指的路都一樣。**您所要做的就是走鮑爾曼車道**（Bowerman Drive），**一路直達德爾海耶斯道**（Del Hayes Way）……我也頗愛開過校區中央的綠洲，日商岩井日式庭園。在某一層意義上，我們的校區是NIKE歷史和成長的地形圖；在另一層上，它則是我的人生縮影。還有另外一層意義在於，它有生命、有溫度地展現了那份至關重大的人類情感，也許是最最至關重大，僅次於愛。那就是感恩。

NIKE最年輕的員工似乎就有，而且很深。對於街道和建物上的名字，以及過往的歲月，他們十分在乎。就像馬修會為了床邊故事請求，他們也會吵著要聽老故事。每當伍德爾或強森來訪，他們就會湧進會議室。他們甚至組成了討論小組，是非正式的智庫，以保存那份最初的創新感。他們還以填滿我心裡的「七二魂」來自稱。

但尊崇歷史的不光是公司內的年輕人。我回想起二〇〇五年的七月，在某次活動的中場，我記不得是哪次了，雷霸龍．詹姆斯（LeBron James）要求私下談談。

「菲爾，我能不能耽誤你一下？」

「當然好。」

他說：「我當初跟你簽約時，對於NIKE的歷史並沒有了解得那麼多，所以我研究了一下。」

「喔？」

「你是創辦人。」

「唔。共同創辦人。對。它出乎很多人的意料。」

「而且NIKE是誕生在一九七二年。」

「唔。誕生——？對。我想是。」

「那好。所以我去珠寶店請他們找了一支一九七二年的勞力士手表。」

他把表拿給我。上面刻著：**謝謝對我賭一把**。

一如平常，我什麼話都沒說。我不曉得該說什麼。那不太算是賭一把。他就跟打包票沒什麼兩樣。但對別人賭一把——他說得對。你可以說一切就是這麼回事。

父與子

我走出廚房，又倒了一杯酒。回到躺椅上，我看著佩妮刺繡一陣子，腦海中的畫面攪動得愈來愈快。彷彿我正在刺繡回憶。

在許多屆溫布頓的其中一屆，我看著彼特．山普拉斯（Pete Sampras）把每個對手打得落花流水。在拿下最後一分後，他把球拍扔進了觀眾席——要給我！（他扔過了頭，打中我後面的人，當然就挨告了。）

我看到比特的宿敵安卓．阿格西（Andre Agassi）以非種子身分在最後一拍贏得美網後，流著淚跑到我的包廂前。「我們做到了，菲爾！」

我們？

老虎．伍茲在奧古斯塔（Augusta）打進最後一記推桿時，我露出了笑容——還是在聖安德魯斯（St. Andrews）？他擁抱了我，而且抱得比我預期中要久了好幾秒。

我把思緒拉回到許多私下、親密的時刻，與我共享的人有他、波．傑克森（Bo Jackson）和麥可．喬丹。住在喬丹的芝加哥住宅裡，我拿起客房床邊的電話，發現有聲音傳來。**需要為您效勞嗎？**是客房服務。如假包換、夜以繼日、使命必達的客房服務。

我放下電話，嘴巴張得大大的。

他們全都像是兒子和兄弟，也就是家人。不折不扣。當老虎的尊翁厄爾（Earl）過往時，堪薩斯的教堂請了不到一百人，我很榮幸受邀。當喬丹的尊翁遇害時，我飛去北卡參加葬禮，並嚇一跳地發現留給我的座位是在前排。

這一切當然把我拉回到了馬修身上。

我想起了他漫長而辛苦的追尋，對於意義、認同、我。他的追尋常看起來無比熟悉，即使馬修沒有我的運氣或重心，或是我的不安全感。也許他的不安全感要是多一點的話……

為了追求找尋自我，他並沒有把大學念完。他去實驗、涉獵、叛逆、爭辯、逃避。一無所獲。接著到最後，在二〇〇〇年時，他似乎樂得當個先生、爸爸和慈善家。他加入了在薩爾瓦多蓋孤兒院的慈善機構你我一家（Mi Casa, Su Casa）。他有一次去那裡，在幾天辛苦、滿意的工作後休了個假。他跟兩個朋友開車去一座深水湖伊洛潘戈（Ilopango）從事水肺潛水。

基於某種原因，他決定看看自己能潛多深。他決定去冒一場連他冒險成性的老爸也絕對不會去冒的險。

事情出了差錯。在一百五十英尺處，馬修失去了意識。

假如要我去設想馬修拚命吸氣的最後片刻，我相信我的想像可能會使我跟他必然感受到的情況差不多。在我跑了有記錄可查的數千英里後，我知道那種為了下一口氣而拚命的感覺。但我不會讓自己的想像碰觸到那裡，絕對不會。

不過，我有跟陪他去的兩個朋友談過。為了潛水意外，我讀了所有我能拿到手的資料。我所學到的是，當情況出差錯時，潛水客常會感覺到所謂的「馬丁尼效應」。他認為一切都沒事。比沒事還好。他會覺得飄飄然。我告訴自己，馬修一定是遇到了這種情況，因為他在最後一秒拿掉了咬嘴。我選擇相信這種飄飄然的結果，相信我兒子最後並沒有受苦。我兒子很開心。我選擇的原因在於，這是我唯一能熬過去的方式。

我和佩妮是在看電影時收到消息。我們看的是五點播映的《史瑞克2》（*Shrek 2*）。電影播到一半，我們轉過頭去，就看到崔維斯站在通道上。崔維斯。**崔維斯？**

他在黑暗中低聲對我們說話。「你們得跟我走才行。」

我們走過通道，出了戲院，從黑暗到光亮。我們一出來，他就說：「我剛接到薩爾瓦多來的電話……」

佩妮癱在了地上。崔維斯幫忙她起身。他用手抱住媽媽，我則是腳步蹣跚地來到走廊的盡頭，眼淚撲簌簌地流下來。我還記得有幾個怪字在腦中自動冒出來，一而再、再而三，就像是某首詩的片段：**所以這就是它的結束方式**。

絕非只是生意，永遠都不是

到了隔天早上，消息就傳遍了。網路、廣播、報紙、電視，全都在報導事件經過。我和佩妮拉下窗簾，把門鎖上，與外界斷絕聯絡。但後來我們的外甥女布蘭妮（Britney）搬過來陪我們。時至今日，我相信是她救了我們一命。

NIKE的每位運動員都寫信來、寄電郵來、打電話來。沒有一位例外。但第一位是老虎·伍茲。他的電話是在早上七點半打來。我永遠、永遠不會忘記。所以只要我在場，我就不允許有人說老虎·伍茲的壞話。

另一位很快就來電的是阿爾貝托・薩拉查（Alberto Salazar），鬥志過人的中長距離跑者，曾穿著NIKE連贏三屆紐約市馬拉松。有很多事會讓我一直喜愛他，但最重要的就是那次所給予的關懷。

他現在當了教練，最近帶幾位旗下的跑者來比佛頓。他們在隆納多球場（Ronaldo Field）中間簡單鍛鍊，此時有人轉過身看到阿爾貝托倒在地上喘氣。是心臟病。他在法律上死了十四分鐘，直到醫務人員把他救活，並趕緊送往了聖文森（St. Vincent's）醫院。

我對那家醫院熟門熟路。我兒子崔維斯在那裡出生，我媽在那裡過世，我爸則是早了二十七年。在我爸的最後半年，我能帶他長途旅行，為他是否感到自豪的永恆問題畫下休止符，向他證明**我**以**他**為榮。我們跑遍了世界，看到我們造訪的各國都有NIKE，而且每次勾勾一出現，他就會眼睛一亮。他對於我的瘋狂點子感到不耐與敵視的痛苦逐漸散去，早已消失無蹤。但回憶卻沒有。

自古以來，父子都是一個樣。阿諾・帕瑪（Arnold Palmer）曾經在名人賽時向我透露：「我爸想盡了辦法阻止我當職業高爾夫選手。」我笑了。「不會吧。」

在前去探望阿爾貝托，走進聖文森的大廳時，我的腦中盡是雙親的身影。我覺得他們伸手可及，近在耳邊。我相信他們的關係緊繃。但就跟冰山一樣，一切都在水面下。在他們位於克雷伯恩街的屋子裡，摩擦遭到了掩蓋，冷靜和理性幾乎總是占上風，因為他們愛我們。愛並沒有說出來或表現出來，但它就在那裡，向來如此。我和妹妹長大後才知道，雙親都在乎，儘管他們彼此有所不同，跟我們也有所不同。那是他們的遺澤。那是他們恆久的勝利。

我走去心臟科病房，看到門上的熟悉標誌：**非請勿入**。我晃過標誌，進入門內，走過通道，找到了阿爾貝托的病房。他從枕頭上抬起頭，擠出虛弱的笑容。我拍拍他的臂膀，好好聊了一番。此時我看到他倦了。「先告辭了。」我說。他把手伸出來，抓住我的手。他說：「假如我有什麼三長兩短，答應我，你會照顧蓋倫（Galen）。」

他的運動員。接受他指導的那位。有如是他兒子。

我懂。噢，我再懂不過了。

「當然。」我說。「當然。蓋倫。包在我身上。」

我走出病房，根本沒聽到機器在嗶嗶叫、護士在談笑、病患在通道那頭呻吟。我想起了那句話。「純粹是生意。」絕非純粹是生意，永遠都不是。假如有朝一日真的變成純粹是生意，那就代表那門生意非常糟糕。

用你來衡量自己的人

該就寢了，佩妮說，並收起她的刺繡。

好，我告訴她。我馬上就來。

我不斷想起《一路玩到掛》裡的一句台詞。「你在衡量自己時，要看的是用你來衡量自己的人。」我忘了那是尼可森還是弗里曼。這句台詞真對，真是非常對。而且它帶我去了東京，去了日商的辦事處。我在不久前去那裡拜訪。電話響起。「找您的。」日本接待員說，並把話筒遞過來。「找我？」是麥可．強森（Michael Johnson），三屆金牌得主，兩百和四百公尺的世界記錄保持人。他做到這一切時，所穿的都是我們的鞋子。他說他恰巧在東京，聽到我也在。「你要不要吃個飯？」他問說。

我受寵若驚。但我告訴他沒辦法。日商為我設了宴。我邀請他過來。幾個小時後，我們就一起坐在地板上，面前的桌上擺滿了涮涮鍋，並用一杯接一杯的清酒互相敬酒。我們談笑、歡呼、乾杯，彼此之間心有靈犀，就跟我和大部分合作的運動員之間一樣心有靈犀。是情感交流，是肝膽相照，是某種**聯繫**。它稍縱即逝，但幾乎總是會發生，而且我知道，我在一九六二年跑遍世界時，有一部分要找的就是這個。

忘了自己，才能真正認清自己。你我一家。

在某方面合而為一，樣子或外形，它就是我所認識的每個人所追尋的東西。

變與不變

我想起了其他沒能走到這麼遠的人。鮑爾曼在一九九九年的耶誕節前夕在化石城過世。他回到了老家，如同我們一直所猜想。他還是擁有校區上方的山頂住宅，但他選擇不住了，而跟太太搬進化石城的養老院。他需要回歸起點——他有跟別人說過這件事嗎？還是他在我的想像中對自己嘀咕？

記得我大二時，我們跟華盛頓州大在普爾曼（Pullman）有場對抗賽，鮑爾曼便要巴士司機繞去化石城，好讓他能把我們帶上。當我聽到他躺在床上再也起不來時，我立刻就想起了那次用心良苦的繞路。

電話是賈夸打來的。我正在看報，耶誕樹則閃呀閃的。對於這樣的時刻，你總會記得最奇怪的細節。我在電話中無法言語，「我得再回你電話」，然後就走到樓上的窩。我把燈全關了。閉上眼睛，我把百萬個不同的時刻重演一遍，包括很久以前在大都會旅館的午餐。

一言為定？

一言為定。

過了一小時，我才有辦法重新開燈並回到樓下。那天晚上到後來，我放棄了面紙，而直接把毛巾披在肩上。這是我從另一位教練——約翰．湯普森——身上學來的招數。

史崔瑟也是猝逝。心臟病，一九九三年。他還這麼年輕，無異是場悲劇，而且由於我們之前有過爭執，使它更是如此。史崔瑟一手簽下了喬丹，捧紅了喬丹品牌，並用魯迪的氣墊鞋底把它包覆起來。飛人喬丹改變了ＮＩＫＥ，把我們推向另一個再另一個境界，但它也改變了史崔瑟。他覺得自己再也不該聽命於任何人的指令，包括我在內。尤其是我。我們不知道吵了多少次，於是他就不幹了。

假如他只是不幹了，那還沒關係。可是他跑去投效愛迪達。忍無可忍的背叛。我從來沒有原諒他。真希望我們能在他過世前一笑泯恩仇，但我知道不可能。我們兩個都天生好強，也都拙於原諒。

令我有同樣那種背叛感的是，ＮＩＫＥ因為海外工廠的條件而遭到攻擊，也就是所謂血汗工廠的爭議。每當記者說工廠令人不滿時，他們從來不說它比我們最早進去時好了多少。他們從來不說我們跟工廠的夥伴有多努力在聯手提升條件，以使它更安全與更乾淨。他們從來不說這些工廠不是我們的，我們是房客，房東則有很多。他們拚命打探，直到找到有工人抱怨為止，然後就用那個工人來詆毀我們，而且只有我們，因為知道我們的招牌所掀起的波瀾會最大。

我的危機處理當然只是使它更糟。在憤怒、心痛下，我的反應多半是自以為是、任性、氣憤。在某種程度上，我知道自己的反應有害無益，但我就是克制不了。當你有一天醒來，想到自己在創造就業，幫助窮國現代化，使運動員能登峰造極，卻發現自己的肖像在自己老家的旗艦零售店外遭到焚燒時，要保持心平氣和真的不容易。

公司的反應跟我一樣。情緒化。大夥兒手忙腳亂。有多次在比佛頓的深夜，你會看到燈火通明，反省的會談在各會議室和辦公室展開。雖然我們知道有很多批評有失公允，NIKE是個象徵，是代罪羔羊，而多過是個真兇，但這一切都不是重點。我們必須承認：我們可以做得更好。

我們告訴自己：我們必須做得更好。

接著我們告訴世界：走著瞧吧。我們會讓我們的工廠變成亮眼的榜樣。

而且我們做到了。從不利的頭條和中傷的爆料算起，我們在十年內用這場危機改造了整個公司。

舉例來說，鞋子工廠以往有一件事最令人詬病，那就是黏合鞋面和鞋底所在的橡膠室。氣味嗆人、有毒、致癌。於是我們發明了不會散發氣味的水性黏劑，進而消除了空氣中九七%的致癌物。接著我們向競爭對手公開了這項發明，誰想要就給他。

他們全都要了。他們現在幾乎全都在用。

這是許許多多例子中的一個。

我們從改革者的箭靶化身為工廠改革的急先鋒。如今替我們製造產品的工廠都是世界頂尖。聯合國有一位官員最近這麼說：「ＮＩＫＥ是我們衡量所有服裝工廠的黃金標準。」

血汗工廠的危機還衍生出了女孩效應（Girl Effect），也就是ＮＩＫＥ以大規模的行動來為世界上最陰暗的角落，打破世世代代的貧窮循環。在聯合國和其他企業與政府夥伴的配合下，女孩效應把數千萬美元投入費力、艱辛的全球運動，以教育、串連和拉拔年輕女孩。經濟學家、社會學家、更不用說我們自己的內心都告訴我們，在很多社會裡，年輕女孩在經濟上最為弱勢，並且對人口結構至關重要。所以幫助她們就是幫助所有的人。無論是致力於終結衣索比亞的童婚，為奈及利亞的青少女建構安全的空間，還是推出雜誌和廣播節目來向年輕的盧安達人傳達鼓舞人心的有力訊息，女孩效應正改變數以百萬計的人生，在我週週月月歲歲年年的生活中，最棒的日子就是收到前線的捷報時。

我願意不計一切回頭做出許許多多不同的決定，雖然不見得避得掉血汗工廠的批評。但我不能否認的是，這場危機為ＮＩＫＥ的裡裡外外帶來了不可思議的改變。對此我必須心存感激。

當然，工資的問題向來都少不了。第三世界工廠的勞工薪資在美國人看來低得沒道理，我心裡也有數。不過，我們必須在各國、各經濟體的規範和結構內經營；我們不能愛付多少就付多少。在某一個姑隱其名的國家，我們試圖調薪，卻發現自己被打臉，被叫到政府高官的辦公室去勒令踩煞車。他說，我們打亂了該國的整個經濟制度。他堅稱，製鞋工人賺得比醫生多就是不對或不可行。

改變從來不會來得如我們所要的那麼快。

我不斷想起我在一九六〇年代環遊世界時所目睹的貧窮。我當時就知道，這種貧窮的唯一解方就是基層工作，而且要多。我這套理論並不是自行發想而來。我是從所就教的每位經濟學教授口中聽來的，奧勒岡和史丹福都有，並從我後來所看到和讀到的一切中得到印證。國際貿易總是、**總是**對貿易國雙方都有利。

從同樣那些教授的口中，我常聽到的另一件事則是這句老格言：「當貨物過不了國際邊界時，過去的就會是軍人。」雖然我被說是在發動沒有子彈的商業戰爭，但這反倒是阻止戰爭的巧妙防禦工事。貿易是共存、合作的途徑。和平是以繁榮為糧食。這就是為什麼縱使拋不開越戰的陰影，我總是立誓有朝一日，ＮＩＫＥ要在西貢或附近有工廠。

到一九九七年時，我們有四座了。

我非常自豪。當我得知我們將得到越南政府致敬並表彰為該國前五大創匯業者之一時，我覺得自己非去一趟不可。

五味雜陳的旅程。直到我在和平後的二十五年回去，直到我跟過往的死敵緊握雙手，我才會知道自己是否搞懂了我對越戰的深仇大恨。主辦人員一度貼心地問我，他們能替我做什麼，我的行程要有什麼特殊或難忘的安排。我的喉嚨哽住了。我說我並不想給他們添任何麻煩。

但他們堅持要。

於是我說，那好，那好，我想跟七十六歲的武元甲將軍見面，他是越南的麥克阿瑟。此人曾隻手打敗日本人、法國人、美國人和中國人。

主辦人員瞪大了眼，驚訝得不發一語。他們慢慢起身，退到一邊，站到老遠的角落，以連珠砲似的越南語交談。

五分鐘後，他們回來了。他們說，明天。一小時。

我深深一鞠躬。然後就為這場重大的會面倒數計時。

當武元甲將軍走進房間時，我注意到的第一件事就是他的個頭。這位優秀的武將、這位天才的謀略家組織了春節攻勢，規劃了那些不知有多少英里的地下隧道。這位歷史的巨人與我的肩膀同高。他**也許**有五呎四。

而且很謙虛。並沒有武元甲的玉米心菸斗。

我記得他穿著暗色的西裝，跟我的類似。我記得他笑起來就跟我一樣，靦腆而遲疑。但他英氣逼人。我在偉大的教練、偉大的企業領袖等菁英中的菁英身上，看過那種閃耀的自信。我在鏡子裡則從來沒看過。

他知道我有疑問。他等著我發問

我開門見山地說：「你是怎麼做到的？」

我想我看到他的嘴角動了一下。是笑容？也許吧？

他想了又想。他說：「我可是叢林裡的教授。」

日式管理智慧

想到亞洲總會回想起日商。要是沒有日商，沒有日商的前任執行長速水優，我們究竟會走到哪裡？在NIKE上市後，我得好好認識他才行。我們不得不綁在一起：我是他最賺錢的客戶，最有心的弟子。而且他大概是我所認識最睿智的人。

與其他很多睿智的人不同的是，他從睿智中得到了高度的平靜。那種平靜使我受益良多。

一九八〇年代時，每當我去東京，速水就會請我去他的海邊別墅度週末，在日本的里維耶拉（Riviera）熱海附近。我們總是在週五的下半天搭火車離開東京，並在沿路喝著科尼亞克（cognac）白蘭地。不到一小時，我們就會抵達伊豆半島，並跑去某一家超棒的餐廳用餐。隔天早上，我們會去打高爾夫。到了週六晚上，我們則會在他的後院吃日式烤肉。我們會解決全世界的問題，或者我會把我的問題丟給他來解決。

在某次的旅程中，來到當晚的尾聲，我們泡在速水的澡桶裡。在冒泡的水面上，我還記得遠處海水拍岸的聲音。我還記得風吹過樹間的涼爽氣味——岸邊的樹有千千萬萬棵，數十個品種則是在奧勒岡的任何森林裡都看不到。我還記得巨嘴鴉在遠處呱呱叫，當時我們在討論無限。後來變成有限。我抱怨著生意的事。連在上市後，問題還是一籮筐。「我們遇到的機會不少，但我們很難找到能抓住那些機會的經理人。我們試過外面的人，但他們搞不定，因為我們的文化天差地別。」

速水先生點點頭。「看到那邊那些竹子了沒？」他問說。

「看到了。」

「明年……你來的時候……它就會長高一呎了。」

我凝望著。我明白了。

等回到奧勒岡，我便努力不懈地慢慢培養和扶持現有的管理團隊，更有耐心，並投入更多的訓練和更多的長期規劃。我把眼光放得更廣、更遠。隔次看到速水時，我跟他說了。他只是再次點點頭，是，然後就移開了視線。

叢林裡的教授

在將近三十年前，哈佛和史丹福開始研究NIKE，並把研究成果與其他大學分享，而為我創造出許多機會去拜訪不同的學院，參與激盪性的學術討論，以及繼續學習。走進校園向來都是開心的場合，但也令人揪心，因為我雖然發現現今的學生比我那時候要聰明與能幹得多，但也發現他們悲觀得多。他們偶爾會懷憂喪志地問說：「美國會怎麼走？世界會怎麼走？」或者：「新的企業家在哪裡？」或者：「我們注定會是個使子孫的未來變差的社會嗎？」

我告訴他們，我在一九六二年時所看到的日本殘破不堪。我告訴他們，斷垣殘壁反而造就了像速水、伊藤和皇湯姆這樣睿智的人。我告訴他們，世界上蘊含了未經開發的天然與人力資源，諸多的危機有不計其數的方式與手段可以解決。我告訴學生，我們必須做的就是盡力工作和念書，念書和工作。

換句話說：大家都必須是叢林裡的教授。

那些雜碎

我把燈關掉，上樓去睡覺。書在旁邊、身體蜷曲的佩妮睡得很沉。那種默契、那種心靈相通的感覺依舊，就從初級會計的第一天起。我們的衝突儘管免不了，但多半是集中在工作與家庭的對立上。找出平衡。定義平衡這兩個字。在我們最難熬的時刻，我們盡力去仿效那些我最崇拜的運動員。我們堅持到底，勉力前進。如今我們走過來了。

我躡手躡腳地鑽進棉被底下，以免吵醒她，並想著其他走過來的人。海耶斯住在圖瓦勒頓谷（Tualatin Valley）的農場裡，前後有一百零八英畝，加上推土機和其他重型機具的荒謬收藏（他的驕傲和樂趣是一台強鹿牌〔John Deere〕JD-450C。它是校車型的亮黃色，而且跟一房式的獨戶公寓一樣大）。他有些健康問題，但照衝不誤。

伍德爾跟太太住在奧勒岡中部。多年以來，他都是親自開著他的私人飛機，而對每個說他不行的人打臉（最重要的是，開私人飛機代表從此以後，他再也不必擔心航空公司弄丟他的輪椅了）。

他是NIKE史上數一數二會說故事的人。我最愛的自然就是我們上市那天的故事。他要爸媽坐下來，並把消息告訴他們。「那代表什麼意思？」他們倒抽了一口氣。「那代表你們當初貸給菲爾的八千美元值一百六十萬美元了。」他們看著彼此，看著伍德爾。「我不懂。」他媽說。

假如你信不過你兒子任職的公司，那你信得過誰？

伍德爾從NIKE退休後，成了波特蘭港的主管，掌管所有的河川和機場。那些運轉全都是由一個行動不便的人在指揮。真妙。他也是一家成功精釀啤酒廠的大股東和董事。

但每當我們在一起聚餐時，他當然都會告訴我，他最大的樂趣和最自豪的成就，就是他即將念大學的兒子丹。

伍德爾的宿敵強森等於是住在羅伯特・佛洛斯特（Robert Frost）的詩當中，就在新罕布夏野外的某個地方。他把舊穀倉改造為五層樓的豪宅，並稱它為自己的孤獨堡壘（Fortress of Solitude）。離過兩次婚的他在屋子裡密密麻麻地擺了幾十張閱讀椅、成千上萬本書，而且全都是靠大量的卡片目錄來查詢。每本書都有自己的編號和索引卡，上面列有作者、出版日期、內容摘要——以及它在堡壘中的確切位置。

當然要有。

強森的大片空地上有無數活蹦亂跳的野生火雞和花栗鼠，大部分都被他取了名字。他對牠們全數瞭若指掌、無比親密，他還能告訴你哪一隻冬眠遲了。在遠處的那頭，平躺在青草拔高和槭樹搖曳的田野上，強森蓋了第二座穀倉，是座聖倉。他把它上了油漆與亮漆，並布置和填滿了他的私人圖書館所擺不下的東西，外帶他在圖書館拍賣時所買的成櫃二手書。他把這個圖書烏托邦稱為「典藏館」，一天二十四小時都保持開燈、開放、免費，任何及所有需要場地來閱讀和思考的人都能來。

這是天字第一號的全職員工。

我聽說在歐洲，有圓領衫上寫著，**傑夫·強森在哪？**宛如艾茵·蘭德（Ayn Rand）的開場名句，**約翰·高爾特（John Galt）是誰？**答案是，就在他該在的地方。

奧勒岡大學裡

當金錢滾滾而來時，它影響了我們大家。不深也不久，因為我們從來沒有一個人是受到金錢所驅使。但那就是金錢的本質。無論你有沒有，無論你想不想要，無論你喜不喜歡，它都會試著定義你的日子。我們當人的任務就是不要讓它得逞。

我買了一台保時捷。我試圖買下快艇隊（Clippers），並了結了與唐諾·史特林（Donald Sterling）的官司。不管在室內室外，我到哪都戴著墨鏡。我有一張照片是戴著灰色的寬邊牛仔帽，我不知道是在哪、什麼時候或為什麼。我必須好好放縱一下。連佩妮都無法免俗。在過度補償童年的不安全感下，她會在皮包裡塞進成千上萬的美元到處跑。她會一次買好幾百件日用品，像是捲筒衛生紙。

過了不久，我們就恢復了正常。如今我和她倘若真會考慮到錢，也是把心思集中在少數明確的志業上。我們每年都捐出一億美元，而且等我們走了以後，剩下的也會捐出大部分。

目前我們正在奧勒岡大學蓋一座吸睛的新籃球館。馬修奈特球場。半場的標誌將是鳥居形的馬修名字。**從入世到出世……**我們也快蓋完了一座新的運動場館，我們打算獻給彼此的媽媽多特和洛塔。入口旁邊的牌匾將會刻上：**因為母親是我們的啟蒙教練**。

誰能說得準一切會變得有多不一樣，假如我媽沒有阻止那個醫生以手術切除那個疣，使我的整個徑賽季免於泡湯？或者假如她沒有告訴我，我可以跑得**很快**？或者假如她沒有買下那第一雙訓練鞋，而使我爸啞口無言？

每當我回到尤金並走在校園裡，我就會想起她。每當我站在海沃德運動場外，我就會想起她所跑的無聲比賽。我就會想起我們兩個所跑過的許許多多比賽。我靠在欄杆上，看著跑道，聽著風聲，想起了領結吹到背後的鮑爾曼。我想起了普雷，上帝眷顧他。轉過身，從我的肩膀上看過去，我的心跳加速了起來。矗立在對街的是威廉奈特法學院。外觀非常莊嚴的大廈。從來沒有人會在那裡嬉鬧。

你自己的清單

我睡不著。我止不住地想到那部該死的電影《一路玩到掛》。躺在黑暗中，我一遍又一遍地問自己。你的清單上有什麼？

金字塔？去了。

喜馬拉雅山？去了。

恆河？去了。

所以……沒有了嗎？

我想到了幾件我想去做的事。幫忙幾所大學改變世界。幫忙找到癌症的療法。除此之外，我想去做的事就不像我想要說的話那麼多了。也許是想收回的話。

說說ＮＩＫＥ的故事或許還不錯。其他每個人都說過這個故事，或者試著說過，但他們總是一知半解，所以搔不到癢處。或者反之亦然。在開啟或結束這個故事時，我或許是帶著遺憾。糟糕的決定有幾百個，也許是幾千個。說魔術強森是「沒有位置的球員，在ＮＢＡ永遠闖不出名堂」的人是我；稱萊恩・李夫（Ryan Leaf）在ＮＦＬ擔任四分衛會比培頓・曼寧（Peyton Manning）要強的人是我。

要對這些事一笑置之很容易。其他的遺憾就比較深了。沒有在岩野光辭職後打電話給他。沒有在一九九六年續簽波・傑克森。喬・派特諾（Joe Paterno）。

經理人當得不夠好，沒有避開資遣。十年裡有三次，總共一千五百人。還是耿耿於懷。

最重要的當然就是，遺憾沒有花更多的時間陪兒子。假如有的話，也許我就能解開馬修・奈特的密碼了。

然而，我知道這個遺憾和我最大的遺憾有所扞格，那就是我無法重來一遍。

老天爺，我多希望能把這整件事重演一遍。撇開這點不談，我則想要分享經驗、起落，或許能使某個在某方面遇到同樣考驗與磨難的年輕男女得到啟發、安慰，或警覺。也許是某個年輕的企業家，某個運動員、畫家或小說家，或許能往前衝刺。

全都是同樣的心願。同樣的夢想。

幫助他們避開典型的絆腳石還不錯。我會要他們按下暫停，長遠而用心地思考自己想要怎麼運用時間，未來四十年想要跟誰度過。我會告訴二十五歲左右的男女，不要隨便找個工作或行業，甚至是職業。要找的是志業。就算不知道那是什麼意思，去找就對了。假如跟著志業走，疲憊會比較容易熬過去，絆腳石會成為燃料，高牆則會像是你壓根就感覺不到。

我想要告訴其中的佼佼者、叛逆分子、創新分子、反動分子，他們總是會樹大招風。樹愈大，風就愈強。這不是一人之言，而是自然定律。

我想要提醒他們，美國並不是大家所想的企業天堂。自由的企業總是會招惹那種討厭鬼，他們活著就是為了阻擋、擾亂、說不行，抱歉，就是不行。而且事情總是如此。企業家總是火力吃虧、人數吃虧。他們總是仰攻，而且地勢陡到不能再陡。美國正變得對企業家不利，而不是有利。哈佛商學院的研究最近從企業家精神的角度來為世界各國排名。美國排到了祕魯後面。

那些侈言企業家要永不放棄的人呢？不懂裝懂。有時候你非放棄不可。知道什麼時候要放棄、什麼時候要另謀出路，有時候才是本事。放棄不代表停下來。千萬別停下來。

運氣扮演了吃重的角色。我想要公開坦承運氣的威力。運動員要靠運氣，詩人要靠運氣，生意要靠運氣。努力不懈至關重要，好的團隊不可或缺，頭腦和決心無比珍貴，但決定結局的或許是運氣。有些人可能不把它稱為運氣，而是稱為道、理、智或法。或是天意。或是靈。

這麼說吧。你愈努力不懈，你的道就愈強。而且由於從來沒有人好好定義過道，所以我現在都試著固定去望彌撒。要對自己有信念，但也要對信念有信念。不是別人所定義的信念，而是你所定義的信念。是信念在你心中定義自己的信念。

我想要以什麼形式說出這一切？回憶錄？不，不是回憶錄。我無法想像它怎麼能全部套用在一套統一的敘事裡。

也許是小說。或者演講。或者一系列的演講。也許只是給孫子的一封信。
我在黑暗中瞇著眼。所以也許我終歸還是有遺願清單？
另一個瘋狂的點子。
我的思緒突然轉個不停。我需要致電的人。我需要看的書。我得跟伍德爾聯絡才行。我應該要看看，對於強森所寫的那些信，我們有沒有任何副本。那可是有一大堆！我妹妹瓊安還住在我爸媽的房子裡，屋裡的某個地方一定有個箱子是裝著我環遊世界的投影片。
有好多事要做。有好多事要學。我對自己的人生有好多事不知道。
現在我真的睡不著了。我起身把桌上的黃色拍紙簿拿過來。我走去客廳，坐在我的躺椅裡。
不動如山、平靜無比的感覺向我襲來。
我瞇起眼來看著窗外的月亮發光。同樣的月亮曾啟發古代的禪宗大師無所擔憂。在那顆月亮的亮光下，我開始列出清單。

誌謝

我的人生有相當一部分是在負債中度過。身為年輕的企業家時，我對那種感覺變得熟悉到煎熬。每個晚上睡覺，每個白天醒來，欠很多人的金額都遠多於我所能償還。

不過，沒有一件事像寫這本書讓我覺得虧欠這麼多。

正如同我的感恩沒有終點，要開始把它表達出來似乎也欠缺適當、合理的地方。所以說，在NIKE方面，我想要謝謝我的助理Lisa McKillips包辦了一切，我的意思就是一切，完美、愉快，而且總是帶著燦爛的笑容；老朋友傑夫・強森和鮑勃・伍德爾為我喚起了回憶，並在我的回憶有所不同時耐心以對；歷史學家Scott Reames熟練地從似是而非的論調中過濾出事實；Maria Eitel則是把本身的專長應用到最重大的事件上。

當然，我要對NIKE在世界各地的六萬八千位員工致上最大和最衷心的感謝，沒有他們每天努力付出，就不會有書、作者、一切。

對史丹福，對於當個職業作家和朋友是什麼意思，我想要謝謝瘋狂天才兼明師Adam Johnson的黃金示範；Abraham Verghese又教又寫，不著痕跡、輕鬆寫意；還有我坐在寫作課後排時所認識的無數研究生，每一位對用語和手法的熱情都激勵了我。

對Scribner，謝謝傳奇人物Nan Graham的堅定支持；Roz Lippel、Susan Moldow和Carolyn Reidy的熱忱令人振奮、鼓舞；Kathleen Rizzo使產製順利往前推進，並總是保持無比的冷靜；尤其要謝謝超有才華又犀利的對口編輯Shannon Welch，在我需要時給了我肯定，儘管彼此都沒有完全察覺到我有多需要。她早早給予的讚美與分析以及早熟的智慧代表了一切。

隨機、不照順序地感謝諸多好友和同事這麼慷慨地獻出時間、才華與建言，包括超級經紀人Bob Barnett、不凡的詩人兼經營者Eavan Boland、大滿貫傳記作者阿格西，以及數字的藝術家達德爾・海耶斯。特別要深深感謝的是傳記作者、小說家、記者、運動作家、繆思兼友人J. R. Moehringer的大方與幽默，而他令人羨慕的說故事本領更在本書許許多多次草擬時，助了我一臂之力。

最後，我想要謝謝家人，所有的家人，但尤其是兒子崔維斯，他的支持和情誼向來就代表了全世界。當然還要掏心掏肺地謝謝我的佩妮洛普。她老是在等。我在旅行時，她等；我在迷路時，她等。我在回家的路上慢到令人抓狂時，她等了一晚又一晚，而且通常晚到飯菜都涼了。過去幾年，我在全部回想一遍時，用口述、在腦中、在紙上，她都在等，即使有的部分是她所不願回想的。從一開始，歷經半個世紀，她都在等。現在我總算可以把這些嘔心瀝血的篇幅拿給她，並針對它、針對ＮＩＫＥ、針對一切說：「佩妮，要是沒有妳，我就做不到。」

譯者簡介

鍾玉玨（序章至第3章）

台大外文系畢，夏威夷大學傳播系碩士。譯作涵蓋政治、經濟、心理、管理，譯有《無敵》、《活出歷史》、《我的一生：柯林頓傳》（以上為合譯）、《失業並非壞事》、《常識不可靠》、《忠實的劊子手》等。

諶悠文（第4章至第10章）

政治大學新聞系畢業，目前任職報社。譯有《優秀是教出來的》、《如何移動富士山》、《活出歷史》（合譯）、《抉擇》（合譯）等書。

洪世民（第11章至第16章）

台灣大學外文系畢，現為專職譯者，譯有《一件T恤的全球經濟之旅》、《窮人為什麼變得更窮》、《如何獨處》、《使命曲》等文學及非文學書籍。

戴至中（第17章至終章）

政治大學新聞系畢，現為職業譯者。

跑出全世界的人
Nike創辦人菲爾・奈特　夢想路上的勇氣與初心

作者	菲爾・奈特
譯者	鍾玉玨、謝悠文、洪世民、戴至中
商周集團執行長	郭奕伶
視覺顧問	陳栩椿
商業周刊出版部	
總編輯	余幸娟
責任編輯	林雲
校對	呂佳真
封面設計	黃聖文
內頁排版	林婕瀅
出版發行	城邦文化事業股份有限公司 - 商業周刊
地址	115020 台北市南港區昆陽街16號6樓 電話：(02)2505-6789 傳真：(02)2503-6399
讀者服務專線	(02)2510-8888
商周集團網站服務信箱	mailbox@bwnet.com.tw
劃撥帳號	50003033
戶名	英屬蓋曼群島商家庭傳媒股份有限公司城邦分公司
網站	www.businessweekly.com.tw
香港發行所	城邦（香港）出版集團有限公司 香港灣仔駱克道193號東超商業中心1樓 電話：(852)25086231 傳真：(852)25789337 E-mail：hkcite@biznetvigator.com
製版印刷	中原造像股份有限公司
總經銷	高見文化行銷股份有限公司 電話：0800-055365
初版1刷	2016年（民105年）6月
初版29.5刷	2024年（民113年）4月
定價	台幣560元
ISBN	978-986-93128-6-8(平裝)

SHOE DOG: A Memoir by the Creator of NIKE
Copyright © 2016 by Phil Knight
Original English Language edition Copyright © Scribner, a Division of Simon &Schuster, Inc.
Published by arrangement with the original publisher, Scribner, a Division of Simon &Schuster, Inc. through Andrew Numberg Associates International Limited
Complex Chinese edition copyright © 2016 by Business Weekly, a division of Cite Publishing Ltd.
All Rights Reserved.

版權所有・翻印必究
Printed in Taiwan（本書如有缺頁、破損或裝訂錯誤，請寄回更換）
商標聲明：本書所提及之各項產品，其權利屬各該公司所有

國家圖書館出版品預行編目資料

跑出全世界的人：Nike創辦人菲爾・奈特　夢想路上的勇氣與初心 / 菲爾・奈特（Phil Knight）著；鍾玉玨等譯. -- 初版. -- 臺北市：城邦商業周刊, 民105.06
　面；　公分.
譯自：Shoe dog : a memoir by the creator of Nike
ISBN 978-986-93128-6-8（平裝）
1.ㄗㄧㄎㄝ公司(Nike (Firm))　2.體育用品業
479.2　　105010100

紅沙龍

Try not to become a man of success but rather to become a man of value.
~Albert Einstein (1879 - 1955)

毋須做成功之士，寧做有價值的人。 —— 科學家 亞伯・愛因斯坦